BIBLIOTHÈQUE
SCIENTIFIQUE INTERNATIONALE

PUBLIÉE SOUS LA DIRECTION

DE M. ÉM. ALGLAVE

CIII

63-05. — Coulommiers. Imp. PAUL BRODARD. — 6-05.

L'ÉVOLUTION INORGANIQUE

ÉTUDIÉE PAR L'ANALYSE SPECTRALE

PAR

SIR NORMAN LOCKYER

Membre de la Société royale de Londres
Correspondant de l'Institut de France

Avec 45 figures dans le texte.

TRADUIT DE L'ANGLAIS PAR ÉDOUARD D'HOOGHE

PARIS
FÉLIX ALCAN, ÉDITEUR
ANCIENNE LIBRAIRIE GERMER BAILLIÈRE ET Cⁱᵉ
108, BOULEVARD SAINT-GERMAIN, 108

1905

PRÉFACE

Le présent volume contient le résultat de més recherches les plus récentes sur la chimie des étoiles et sur certaines questions qui se sont posées à la suite de ces recherches. Il a pris la forme présente parce que quelques-uns de mes amis, au jugement desquels je puis me fier, m'ont conseillé de faire précéder l'exposé de mes travaux, et les conclusions que j'en tire, d'une explication, aussi claire et simple que possible, des principes de l'Analyse Spectrale et des errements primitifs des recherches diverses dont la convergence a conduit à l'état actuel de la science.

Dans ma *Chimie du Soleil*, publiée en 1887, je m'occupais surtout de l'état du problème, à cette époque, dans la mesure où le soleil y était intéressé. Dans deux ouvrages plus récents, *l'Hypothèse météoritique* et *la Place du Soleil dans la nature*, j'y ajoutais l'étude des étoiles. La courte histoire que je donne dans la première partie du présent livre est un résumé de ce qui, dans ces trois volumes, se rapporte à la question de la dissociation.

Suivent les preuves, analysées par d'autres chercheurs, et qui tendent à fortifier ma théorie première. Dans la dernière partie de l'ouvrage, j'entreprends de montrer comment, dans l'étude de la dissociation, nous avons réuni des faits réels concernant l'évolution des éléments chimiques. J'établis spécialement que les premiers degrés de cette évolution peuvent être étudiés peut-être et représentés le plus clairement au moyen de la longue série de faits que nous possédons, relatifs aux changements du spectre observés dans les étoiles les plus chaudes.

Je dois des remercîments d'abord à MM. Lockyer, Fowler, Baxandall, et autres assistants de South Kensington qui m'ont aidé à accomplir ce travail, ensuite à mes collègues, les professeurs Perry, Howes et Farmer, au professeur Poulton et au docteur Woodward qui m'ont si gracieusement donné des renseignements sur certains points étudiés dans les derniers chapitres; ensuite au professeur Kayser, à Sir William Crookes, au professeur A. Schuster, au docteur Preston qui ont été assez bons pour revoir les parties ayant des rapports avec leurs recherches, enfin au bureau et à la commission de la Société Royale et à MM. Macmillan qui ont mis à ma disposition certaines des gravures de ce livre.

Norman Lockyer.

Observatoire de Physique solaire.
South Kensington, 9 janvier 1900.

TABLE DES MATIÈRES

LIVRE V

ÉVOLUTION INORGANIQUE

L'ÉVOLUTION INORGANIQUE

D'APRÈS L'ANALYSE SPECTRALE

LIVRE PREMIER

LES BASES DE LA RECHERCHE

CHAPITRE PREMIER

Principes et méthodes.

L'œuvre que je vais résumer, accomplie ces trente dernières années, a porté sur la radiation et l'absorption de la lumière. La science de l'analyse spectrale en est une partie. L'analyse spectrale donne des résultats si importants, spécialement dans les recherches sur l'état des différents corps célestes, que bien des personnes désireraient connaître quelque chose de ses enseignements. A beaucoup d'entre elles, cependant, les termes employés par les hommes de science sont peu familiers et semblent difficiles à comprendre parce que l'occasion de voir les choses que ces termes se proposent de définir, et définissent d'ailleurs la plupart du temps admirablement, ne s'est jamais présentée à elles. Je voudrais démontrer qu'il n'y a rien de mystérieux dans ces termes; tous ceux qui voudront se donner un peu de peine pourront observer eux-mêmes ces phénomènes, après quoi le sens des termes employés ne présentera plus de difficulté pour eux.

Une clef de ces hiéroglyphes qui sont l'histoire de la lumière, clef dissimulée dans chacun de ses rayons, nous est fournie par l'arc-en-ciel. Il nous apprend que la lumière blanche, dont la nature nous gratifie abondamment dans les rayons solaires, est composée de rayons de couleurs diverses. Et chacun sait qu'il y a une analogie presque parfaite entre ces lumières colorées et les sons de hauteurs différentes.

Le bleu de l'arc-en-ciel peut être comparé aux plus hautes notes du clavier d'un piano et le rouge aux plus grandes longueurs d'onde, qui produisent les notes basses. Et, de même qu'en musique, nous pouvons nommer chaque note en particulier, telle que le *Do* grave ou le *La* aigu, etc., ainsi on définit les ondes lumineuses par leurs couleurs ou longueurs d'ondes.

Ce que la nature accomplit par le moyen d'une goutte de pluie nous pouvons le faire au moyen du prisme ou du réseau.

Un *prisme* est un morceau de verre ou d'autre matière transparente à travers lequel la lumière est détournée de sa route, c'est-à-dire *réfractée*. Un *réseau* est une série de fils ou d'entailles sur du verre ou du métal, fils ou entailles équidistants, très rapprochés et parallèles. Lorsque la lumière traverse un pareil système ou est réfléchie par lui, on dit qu'elle subit une *diffraction*, ce qui, au point de vue qui nous intéresse, donne le même résultat que le passage à travers un prisme.

C'est un fait familier à bien des personnes que, lorsque

la lumière est réfractée par un prisme ou diffractée par un réseau, il se forme une bande colorée pareille à un arc-en-ciel, et cela parce que la lumière blanche est constituée par de la lumière de toutes couleurs, chaque couleur ayant sa longueur d'onde spéciale et son degré de réfrangibilité. Notre bande d'arc-en-ciel s'appelle un *spectre*.

Un prisme ou un réseau est la partie principale de l'instrument appelé spectroscope, et le spectroscope le plus compliqué que nous puissions imaginer utilise simplement le rôle que joue le prisme ou le réseau en séparant un faisceau de lumière blanche en ses rayons constituants, du rouge au violet. Entre ces deux couleurs nous trouvons la série orangé, jaune, vert et bleu, avec laquelle l'arc-en-ciel nous a familiarisés.

UN SPECTROSCOPE SIMPLE.

Pour douze sous chacun peut se faire un instrument qui lui montrera quels merveilleux champs de connaissances se sont récemment ouverts devant nous. Chez un opticien nous achetons un petit prisme de douze sous. Nous prenons un morceau de bois long de 10 à 20 pouces[1] (la distance de la vision distincte), large d'un pouce[2] et épais d'un 1/2 pouce[3].

A un bout nous collons un bouchon, haut de 2 pouces, et à l'autre bout nous fixons, en en fondant la base, un morceau de bougie de longueur telle que le cône obscur qui est au-dessus de la mèche soit à la même hauteur

1. 277^{mm} à 554^{mm}.
2. 27 ^{mm}.
3. 13 ^{mm} 1/2.

que le dessus du bouchon. Nous collons alors le prisme
sur le bouchon de façon qu'en regardant de côté à travers le prisme, on puisse apercevoir l'image colorée, ou
spectre, de la flamme de la bougie placée à l'autre bout
de la règle de bois.

Nous obtenons une bande colorée, ou spectre, de la
flamme, constituée par un nombre infini d'images de la
flamme produites par les rayons lumineux de toute cou-

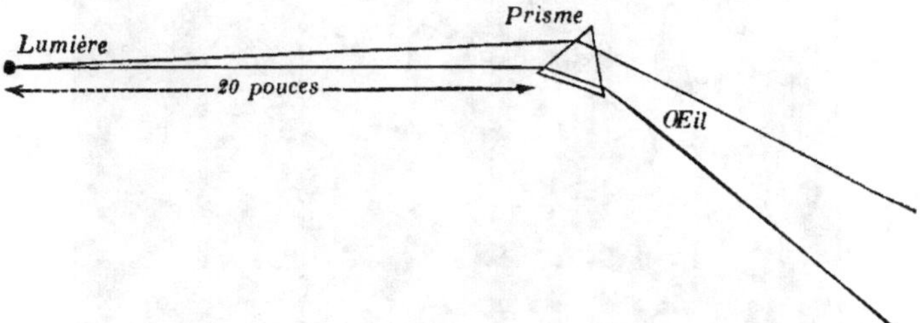

Fig. 1. — Position de la lumière, du prisme et de l'œil.

leur. Mais le spectre est impur parce que les images
empiètent les unes sur les autres. Nous pouvons remédier à cet inconvénient en remplaçant la bougie par une
aiguille.

Si nous faisons réfléchir par l'aiguille la lumière de la
bougie, en ayant soin que la lumière venant directement
de la bougie ne puisse tomber sur la face du prisme, nous
aurons une bande colorée beaucoup plus pure. Nous
avons ainsi en effet, au lieu des images mélangées d'une
large flamme, l'innombrable multitude des images de la
mince aiguille. L'aiguille est l'équivalent de la fente
des spectroscopes plus compliqués employés dans les
laboratoires.

Nous pouvons varier cette expérience en collant

deux morceaux de papier d'étain, coupés bien droit, sur un morceau de verre, de façon que les bords soient parallèles et bien rapprochés.

De cette manière nous avons une fente; elle devra être fixée contre la bougie, entre celle-ci et le prisme.

Fig. 2. — Emploi du spectroscope simple.

Or la lumière de la bougie est blanche, et l'expérience précédente nous a appris qu'une pareille lumière donne une bande contenant toutes les couleurs sans interruptions ni lacunes. Nous avons ce qu'on appelle un *spectre continu*.

LE SPECTRE CONTINU.

Si nous brûlons un morceau de papier, ou une allumette, ou du gaz d'éclairage, nous obtenons une lumière blanche identique à celle que nous donne la bougie; les

solides qui, portés à l'incandescence, ne se liquéfient
pas; les liquides qui, dans ce même cas, ne se volati-
lisent pas et certains gaz denses chauffés, nous donnent
la même lumière. Ceci est dû à la présence de lumières
de toutes les longueurs d'onde produisant une image de
l'aiguille (ou de la fente). Ces images se fondent les
unes dans les autres, d'une manière continue, d'un bout
à l'autre du spectre.

Nous considérerons donc comme établi que les corps
solides et liquides et les gaz denses portés à l'incandescence donnent un spectre continu. Dans ces conditions, la
lumière, dans le spectroscope, paraîtra, à l'œil, blanche
comme celle de la bougie ou du tisonnier porté au rouge-
blanc.

LA LONGUEUR DU SPECTRE CONTINU VARIE
AVEC LA TEMPÉRATURE.

Si nous mettons un tisonnier dans le feu il devient
rouge. Si nous chauffons un fil de platine en y faisant
passer un faible courant électrique, il devient rouge
comme le tisonnier.

Dans l'un et l'autre cas, l'examen par le prisme montre
que l'extrémité rouge du spectre est seule visible. Mais
si on chauffe graduellement davantage le tisonnier ou le
fil, les rayons jaunes, verts, bleus apparaissent successivement. Finalement, quand on atteint le blanc brillant,
l'ensemble des couleurs du spectre est présent.

Nous apprenons par là que si le degré d'incandescence
n'est pas élevé, la lumière sera seulement rouge. Mais
si loin que le spectre s'étende — et, comme nous l'avons
vu, il s'allonge vers le violet au fur et à mesure que l'in-

candescence augmente — il reste un spectre continu. Ce corps est rouge par le fait de l'absence de lumière bleue. Il devient blanc par l'addition graduelle du bleu au fur et à mesure que la température s'élève.

Une des lois formulées par Kirchhoff dans l'enfance de la spectroscopie détermine la nature des radiations émises par des corps à des températures différentes. La loi énonce que plus une masse est chaude et plus son spectre s'étend dans l'ultra-violet.

La lumière du gaz est plus rouge que la lumière d'une lampe à incandescence parce que celle-ci est plus chaude. Les charbons d'une lampe à arc nous donnent une lumière blanc bleuâtre parce qu'ils sont encore plus chauds.

En étendant les conclusions dérivées de cette expérience, nous sommes amenés à considérer la température comme décroissant quand on passe des étoiles blanc bleuâtre aux étoiles blanches, jaunes, rouges et rouge-sang [1].

Nous n'aurons pas tort de croire que les étoiles qui ont la plus intense radiation continue dans l'ultra-violet sont les plus chaudes, faisant abstraction des conditions d'absorption que, en l'absence de preuves contraires, nous supposerons suivre les mêmes lois.

Une enquête sur les faits mis à notre disposition par la photographie stellaire montre qu'il y a des variations

---

1. Sur ce point j'écrivais en 1892 : « Une théorie erronée sur les indications de la température stellaire a été avancée par ceux qui n'ont pas étudié spécialement cette matière. On a cru que la présence de la série des raies de l'hydrogène dans l'ultra-violet était par elle-même une preuve suffisante d'une très haute température. Les expériences de Cornu, cependant, ont montré que la série complète des raies peut être vue avec une étincelle ordinaire sans bouteille de Leyde. Ainsi la haute température de Sirius n'est pas prouvée par le fait que son spectre montre toute la série des raies de l'hydrogène, mais *par le fait qu'il y a une radiation continue dans l'ultra-violet.*

considérables de la distance à laquelle les radiations s'étendent dans l'ultra-violet et que ceci permet de ranger les étoiles par ordre de température. D'après ce seul criterium, quelques-unes des étoiles les plus chaudes observées sont γ d'Orion, ζ d'Orion, α de la Vierge, γ de Pégase, η de la Grande Ourse, et λ du Taureau. Rigel, ζ du Taureau, α d'Andromède, β de Persée, α de Pégase, β du Taureau sont d'une température qui n'est guère moindre.

C'est ainsi que l'analyse spectrale nous sert à juger des températures à la fois sur la terre et dans le ciel.

SPECTRES DISCONTINUS AVEC RAIES BRILLANTES

Laissons maintenant le solide qui reste incandescent sans fondre, comme le fil de platine, ou le liquide qui demeure incandescent sans se volatiliser comme le fer fondu, et voyons ce qui va arriver.

Nous avons trouvé que lorsque la lumière entrant dans la fente contient toutes les couleurs et toutes les nuances nous avons une bande continue. S'il y a quelque lacune dans la lumière nous avons une bande *discontinue*, parce qu'une image de la fente ne peut être produite dans une partie quelconque du spectre, s'il n'y a pas de lumière de la couleur correspondante pour la produire.

Il y a beaucoup de flammes artificielles colorées, si nous analysons leur lumière de la même façon que celle de la bougie, une espèce tout à fait nouvelle de phénomène se présente à nous.

Faisons usage de nouveau de notre spectroscope improvisé et éclairons l'aiguille avec une lampe à alcool dans la flamme de laquelle tombe lentement du sel.

Nous voyons aussitôt pourquoi la flamme est jaune. Elle ne contient ni rayons rouges, ni verts, ni bleus, ni violets, de telle sorte que nous ne pouvons représenter le spectre par :

$$V I B V J O R \; {}^{1}$$

Comme dans le cas de la bougie, mais seulement par

$$J$$

Nous voyons une seule image de l'aiguille, colorée en jaune.

Nous avons passé du spectre de la lumière polychrome

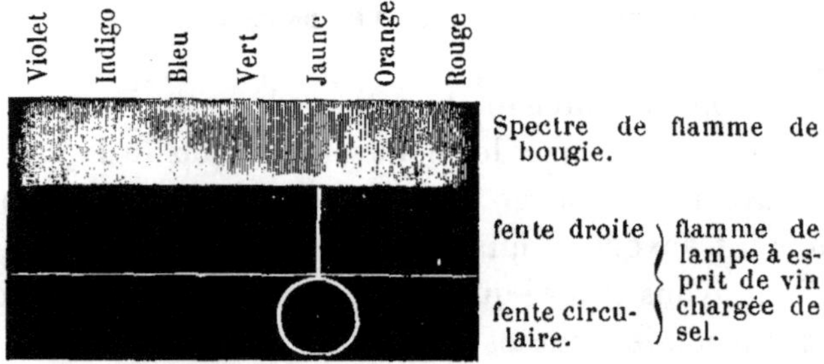

Fig. 3. — Un spectre continu et un spectre discontinu.

au spectre de la lumière monochrome, — de la lumière blanche à la lumière colorée, — de la lumière de toutes longueurs d'onde à la lumière d'une seule longueur d'onde, — d'un nombre infini d'images de la fente, donnant une bande continue de toutes les couleurs, à une image unique de la fente produite par de la lumière d'une même refrangibilité, la couleur de l'image dépendant de la réfrangibilité. Ce que nous verrons en passant du spectre de la bougie à celui de la vapeur de sodium

1. Violet, indigo, bleu, vert, jaune, orangé, rouge.

dans la lampe à alcool est montré dans la figure 3 :

Que nous ayons réellement affaire à l'image d'une aiguille (ou d'une fente), cela peut être prouvé en usant de fentes de divers modèles. Cela peut être démontré en déformant légèrement l'aiguille avec laquelle nous expérimentons. Prenons un morceau de verre et un morceau de papier d'étain d'un pouce et 1/2 carré ; découpons, au centre du papier d'étain, un disque légèrement plus large qu'une pièce de dix sous et collons ce qui reste sur le verre. Au centre, où le disque a été découpé, collons la pièce de dix sous. L'intervalle entre la pièce et le papier d'étain constitue une fente circu-laire. Substituons-la à l'aiguille et examinons comme auparavant la flamme de la lampe à alcool chargé de sel. On comprend aisément, par suite de ce qui a été établi, que dans le cas des flammes colorées, la lumière passant à travers le spectroscope étant uniquement rouge, ou jaune, ou verte suivant les cas, constituera une image de la fente dans la partie correspondante du spectre et que cette image aura la forme d'une ligne ou d'un cercle suivant la forme de la fente dont nous nous servons.

Beaucoup de substances chimiques, sels de divers métaux, deviennent lumineux quand on les introduit dans la flamme, comme nous avons fait pour le sel ordinaire (chlorure de sodium). Avec chaque métal la couleur communiquée à la flamme est différente. Le spectre résultant est appelé un spectre *discontinu* parce qu'il se produit çà et là seulement, des images de la fente, et cela parce que certains rayons colorés sont présents et d'autres absents.

L'appareil usuel de laboratoire employé pour observer les spectres de flammes est montré par la figure 5.

D'ailleurs le système d'images de l'aiguille ou de la
fente varie avec chaque substance : cela justifie le terme
analyse spectrale parce que nous pouvons par ce moyen

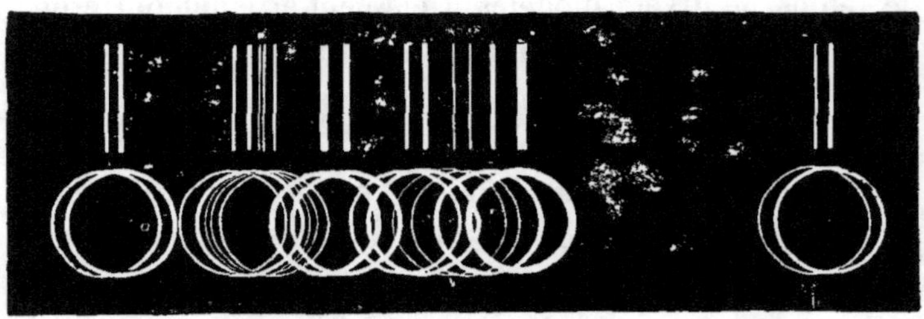

Fig. 4. — Le spectre d'une source de lumière complexe, vu avec une
fente circulaire et vu avec une fente linéaire.

reconnaître dans la flamme les diverses substances.
Mais nous ne sommes pas limités aux températures

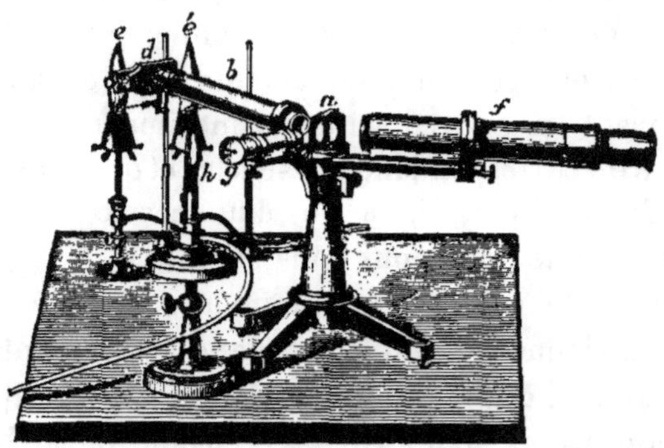

Fig. 5. — Observation d'un spectre de flamme avec le spectroscope ordinaire à prisme de comparaison : *a*, prisme; *b*, collimateur; *d*, fente;
e, *e'*, flammes à comparer entre elles; *f*, lunette d'observation; *g*,
échelle éclairée par *h*, et réfléchie par la seconde surface du prisme
dans la lunette.

des flammes; des substances à l'état de gaz ou de vapeur
peuvent être rendues lumineuses par l'électricité.

A ces hautes températures des spectres très complexes

sont produits et de nouveau le spectre est spécial à la substance sur laquelle on opère. Les images de l'aiguille (ou de la fente) occupent diverses positions le long du spectre selon la nature de la source lumineuse.

La figure 5 nous donne un spectroscope à prisme de laboratoire de petite dispersion; avec les spectres plus

Fig. 6. — Spectroscope Steinheil à quatre prismes.

compliqués, les phénomènes s'observent souvent mieux quand on emploie plus d'un prisme.

La figure 6 montre un instrument où quatre prismes sont employés.

C'est dans le cas des spectres les plus compliqués qu'on doit particulièrement considérer la longueur d'onde pour définir la position d'une raie. Il n'est pas suffisant de dire, comme on disait dans le cas du sodium, qu'elle est située dans l'orangé.

Les longueurs des différentes ondes lumineuses sont

très petites. L'onde sonore du *do* moyen du piano a une
longueur d'environ 4 pieds, tandis que la longueur d'onde
de la lumière jaune, définie par celle d'une raie très soigneusement mesurée, est de 0,000 589 5 de millimètre,

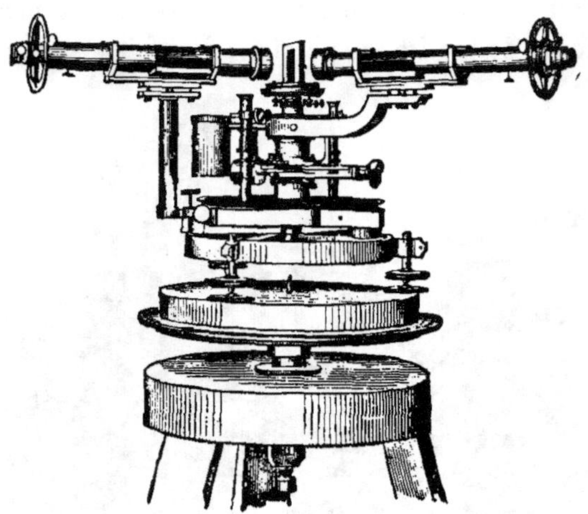

Fig. 7. — Spectromètre à réseau d'Angstrom.

c'est-à-dire 5 895 dix-millionièmes de millimètre, de sorte
qu'il y a 43 088 ondes dans un pouce anglais. L'unité
de longueur communément employée est le dix-millio-
nième de millimètre. Ces longueurs d'ondes diminuent
du rouge au violet.

Pour la mesure précise des longueurs d'ondes des
raies, on emploie un réseau, comme le montre la figure 7.

On procède ainsi en général pour les radiations données
par des sources lumineuses; c'est la manière dont le
spectroscope les montre et dont les chercheurs notent
leur position.

L'analyse spectrale fut établie quand l'expérience

eût prouvé qu'il n'y avait pas deux substances donnant un spectre de raies constitué par la même suite de raies d'un bout du spectre à l'autre. En d'autres termes, le spectre de raies de chaque substance diffère de celui donné par toute autre substance.

C'est là un des secrets du nouveau pouvoir d'investi-

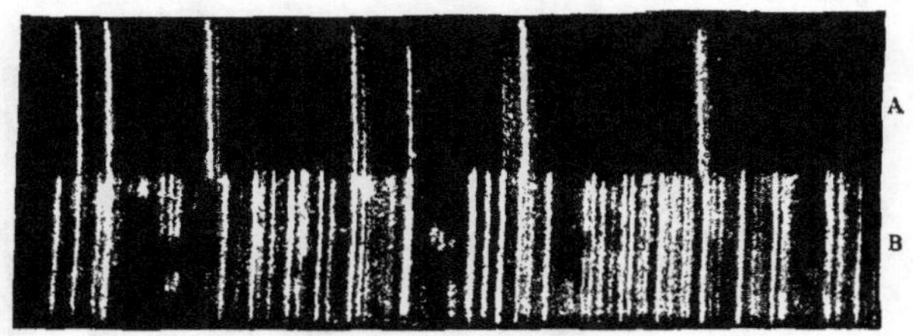

Fig. 8. — Parties du spectre A du baryum, B du fer (d'après photographie).

gations que le spectroscope nous a donné : nous pouvons reconnaître chaque élément par son spectre, que ce spectre soit produit au laboratoire ou qu'il provienne

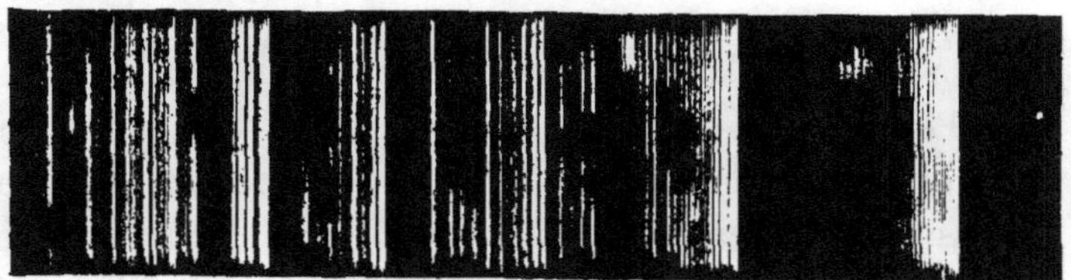

Fig. 9. — Cannelures du carbone.

de lumière envoyée vers la terre par les plus lointaines étoiles, *pourvu que les mêmes éléments existent ici et là-bas.*

C'est par ce moyen que l'analyse spectrale nous sert en chimie.

Le spectre varie suivant la substance chimique qui le produit. On s'en rendra compte par l'inspection de la figure 8.

Cannelures.

Les plus anciennes observations spectroscopiques révélèrent le fait que, dans quelques spectres, les raies, au lieu d'être distribuées irrégulièrement tout le long du spectre, étaient arrangées d'une manière rythmique facile à remarquer. Une pareille disposition des raies est

Fig. 10. — Cannelures de magnésium.

appelée *cannelures*, car leur succession rappelle beaucoup l'apparence d'une cannelure de colonne corinthienne vue sous un fort éclairage oblique.

Notre spectroscope improvisé nous aide ici également. Servons-nous de la bougie et de la fente droite placée en face d'elle comme plus haut, mais raccourcissons la fente et permettons à la seule lumière bleue de la base de la flamme de passer à travers la fente et le prisme. Nous voyons alors deux ou trois successions de cannelures. Ce sont les cannelures du carbone. Elles sont parmi les plus beaux exemples connus et sont tout à fait typiques.

Séries.

Une des plus importantes découvertes faites en ces dernières années nous apprend que, dans le cas de beaucoup d'éléments chimiques, la distribution, irrégulière en apparence, des raies est, en fait, dominée par une belle loi, et que le rythme le plus parfait peut être obtenu en distribuant les raies en ce qu'on appelle des

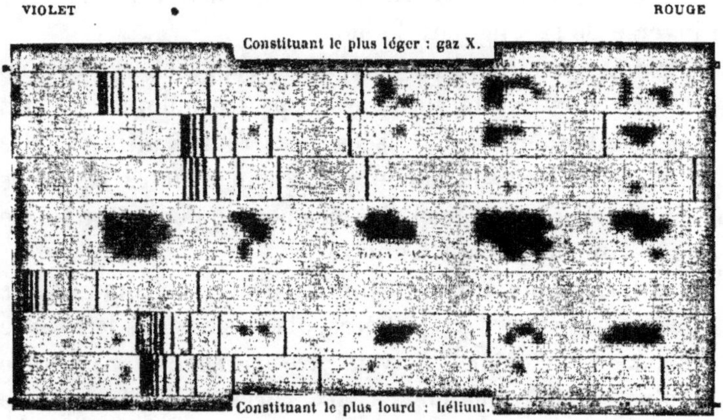

VIOLET   ROUGE

Constituant le plus léger : gaz X.

Constituant le plus lourd : hélium.

Fig. 11. — Les séries dans les gaz de la cleveite.

« séries », c'est-à-dire des groupes de raies ayant un rapport numérique entre elles.

MM. Runge et Paschen[1] ont montré en 1890 que les spectres du lithium, du sodium et du potassium étaient la somme des spectres de diverses séries. Plus tard ils ont montré que cela est vrai aussi dans le cas des gaz de la cléveïte.

Une « série » de raies spectrales peut être définie une succession de raies dont l'intensité décroît avec la longueur d'onde; et le nombre de vibrations, ou fréquence des ondes, peut être déterminé par la formule

$$A + \frac{B}{n^2} + \frac{C}{n^4}$$

où n prend des valeurs entières successives supérieures à

1. *Abh. k. Akad. Wiss.*, Berlin, 1890.

trois et où les constantes A, B et C sont à déterminer pour chaque élément en particulier. Plus courtes sont les longueurs d'ondes, plus nombreuses seront les vibrations dans une longueur donnée; la fréquence varie comme l'inverse de la longueur d'onde.

Le fait que les raies doivent se rapprocher l'une de l'autre à l'extrémité violette du spectre indique que les séries sont mieux caractérisées à l'extrémité ultra-violette du spectre. Dans la partie visible du spectre les raies formant séries sont trop écartées pour qu'on reconnaisse qu'elles appartiennent à une série.

Le diagramme ci-contre (fig. 11) fait voir comment les raies, en apparence irrégulières, observées dans le spectre des gaz de la cléveïte, peuvent être arrangées dans l'ordre le plus parfait quand les six séries de raies qui le composent sont montrées séparément.

Certaines de ces séries sont composées de doublets et certaines de triplets au lieu de raies simples.

Voici ce que j'écrivais sur ce sujet en 1879 :

« Je suis en ce moment occupé à étudier cette question de rythme et j'ai déjà trouvé que beaucoup des raies de premier ordre du fer viennent probablement de la superposition ou de l'intégration d'un nombre de triplets harmoniques. Tout cela tend à montrer quelle longue série de simplifications nous pouvons produire dans le cas des soi-disant corps élémentaires par l'application d'une température que nous ne pouvons pas encore déterminer. Certainement, plus on étudie les spectres en détail, spécialement en variant les conditions de température (ce qui nous permet d'observer le renversement tantôt de tel groupe de raies, tantôt de tel autre), plus leur origine possible devient complexe. Certains spectres sont remplis de doublets, d'autres de triplets, l'élément le plus espacé étant quelquefois du côté le plus réfrangible du spectre, quelquefois du côté qui l'est le moins [1]. »

Mascart [2] avait noté ce retour de configurations analogues dans les spectres, dix ans auparavant.

SPECTRES DISCONTINUS A RAIES OBSCURES.

Il est temps maintenant de faire une autre expérience avec notre aiguille et notre prisme. Si nous étudions la lumière du soleil et que, prenant toujours garde d'abriter le prisme, nous permettions à un rayon de soleil d'éclairer l'aiguille, nous avons un spectre d'une espèce différente de ceux que nous avons vus jusqu'à présent; non seulement la bande de couleur est interrompue, mais elle est pleine de raies sombres. Certains rayons colorés manquent, et il y a des images de l'aiguille qui, par places, ne se produisent pas. Les positions de certaines raies principales que Fraunhofer a désignées par des lettres, sont indiquées dans la figure 12.

Nous savons maintenant que ce résultat est produit par ce que nous appelons l'*absorption* de la lumière. Pour comprendre ce fait nous n'avons qu'à regarder une bougie à travers des verres de diverses couleurs. Un verre bleu absorbe ou arrête la lumière rouge, et l'extrémité bleue

---

1. *Proc. Roy. Soc.*, vol. XXVIII. Mars 1879.
2. En 1879 il écrivait : « Il semble difficile que la reproduction d'un pareil phénomène soit un effet du hasard. N'est-il pas plus naturel d'admettre que ces groupes de raies semblables sont des harmoniques qui tiennent à la constitution moléculaire du gaz lumineux? Il faudra sans doute un grand nombre d'observations analogues pour découvrir la loi qui régit ces harmoniques. »

du spectre demeure seule. Un verre rouge arrête ou absorbe le bleu et l'extrémité rouge reste seule.

Dans ces exemples, de larges régions du spectre sont alternativement effacées, suivant qu'on emploie des verres de couleurs différentes, mais l'absorption à laquelle nous avons affaire la plupart du temps a un caractère plus restreint : il ne s'agit que de raies, c'est-à-dire d'images simples de la fente.

Un des résultats les plus importants obtenus par l'étude de cette absorption est que, si nous regardons une source lumineuse capable de nous donner un spectre continu, à travers une des vapeurs ou un des gaz que nous avons vus plus haut donner un spectre de raies brillantes, — et si la source lumineuse est plus chaude que ces gaz ou vapeurs, — les rayons particuliers constituant les raies brillantes, ou le spectre discontinu, de cette vapeur ou de ce gaz, disparaissent de la lumière du spectre continu.

EXPLICATION DE L'ABSORPTION.

Tandis que dans l'émission de la lumière nous avons affaire à des vibrations moléculaires si énergiques qu'elles donnent lieu à des radiations lumineuses, les phénomènes d'absorption nous apportent la preuve de ce mouvement des molécules lorsque leurs vibrations sont beaucoup moins violentes.

Chaque espèce de molécules vibre seulement selon une période qui lui est propre ; des molécules données emprunteront, par suite, un mouvement vibratoire à la lumière qui les traverse, si cette lumière a, parmi ses vibrations, celles de même période que les molécules traversées.

Nous comprendrons mieux le fait à l'aide d'un exemple tiré de l'acoustique : dans une chambre tranquille où se trouve un piano chantons une note et arrêtons-nous brusquement; nous trouverons que la note a eu son écho dans le piano. Si nous produisons une autre note, il en sera de même. Comment cela se fait-il? Lorsque nous avons chanté une note déterminée, nous avons mis l'air dans un état vibratoire déterminé. Une corde du piano était susceptible de vibrer à l'unisson de l'air; elle a donc vibré et tenu la note après que nous avons cessé de chanter.

Ce principe peut encore être mis en évidence d'une manière frappante au moyen de deux grands diapasons montés sur des caisses de résonance et réglés exactement à l'unisson. Un des diapasons est mis en vibration au moyen d'un archet et approché alors de l'autre, les ouvertures des deux caisses de résonance étant en regard l'une de l'autre pour rendre l'effet aussi grand que possible. Si, quelques instants après, on saisit le diapason primitivement excité, de façon à en arrêter la vibration, on trouvera qu'elle s'est transmise à l'autre diapason et qu'il résonne à son tour, avec moins d'intensité, il est vrai, mais encore distinctement. Si les deux diapasons ne sont pas exactement à l'unisson, on pourra passer l'archet tant qu'on voudra sur l'un sans provoquer la moindre vibration de l'autre. Supposons encore que nous ayons un violon au fond d'une longue chambre, et qu'il y ait, entre ce violon et un observateur placé à l'autre extrémité de la pièce, un rideau de violons tous accordés comme le violon isolé, nous pouvons nous figurer que dans ce cas l'observateur entendrait à peine la note produite sur une des cordes du violon isolé.

Pourquoi? La raison est que les ondes aériennes émises

par la corde de ce violon isolé mettront les cordes de tous les autres violons en vibration; or ces ondes ne peuvent produire la vibration de toutes ces cordes et de plus traverser toute la chambre pour parvenir à l'oreille de l'auditeur sans perdre de leur intensité.

Appliquons maintenant ce qui précède au cas de la lumière. Supposons que nous avons à un bout de la chambre une source puissante de lumière nous donnant toutes les longueurs d'ondes possibles du rouge au violet. Nous pouvons la représenter comme plus haut par :

$$\text{V I B V J O R}$$

Supposons aussi que nous avons au milieu de la chambre un écran de molécules, une flamme de sodium par exemple, capable d'émettre de la lumière jaune :

$$\text{J}$$

Qu'arrivera-t-il? La lumière parviendra-t-elle à nos yeux exactement comme si les molécules n'étaient pas là? Non pas. Quelle sera alors la différence? Les molécules qui vibrent de façon à émettre de la lumière jaune garderont pour leur usage propre — filtreront pour ainsi dire, — dans la lumière qui les traverse, les vibrations particulières dont elles ont besoin pour produire leur propre mouvement, et comme résultat nous aurons :

$$\text{V I B V \quad O R}$$

La lumière nous parvient diminuée des vibrations dont l'énergie a été utilisée par l'écran de vapeur. Nous avons en fait un espace qui semble sombre et peut être représenté ainsi :

$$\text{V I B V J O R}$$

Dans le spectroscope nous voyons un spectre continu, sauf qu'il y a une raie noire dans le jaune, raie dont la position est absolument identique à celle de la raie brillante observée quand les molécules de la vapeur dont l'écran est composé émettaient de la lumière dans la première expérience. Il n'y a pas cependant obscurité absolue, ou absence de ce rayon particulier, car les molécules sont mises en vibration par les rayons qu'elles absorbent et émettent un peu de lumière, mais elle est si faible qu'elle fait l'effet du noir par contraste avec les rayons beaucoup plus brillants qui viennent directement de la source originelle.

Cette grande loi peut être résumée de la manière suivante : *Les gaz et les vapeurs, lorsqu'ils sont relativement froids, absorbent les mêmes rayons qu'ils émettent lorsqu'ils sont incandescents.*

L'absorption est continue ou discontinue (on dit aussi : sélective) selon que la radiation est continue ou discontinue (sélective).

J'ai traité cette question assez longuement parce que, dans nos sources de lumière, dans le soleil et la plupart des étoiles, la lumière d'un centre à haute température passe à travers une enveloppe de vapeurs plus froides et que, par suite, des phénomènes d'absorption se produisent.

Ce fut Fraunhofer qui, au commencement du xixe siècle, découvrit ce fait que le spectre du soleil était discontinu avec des raies obscures.

Si nous désirons étendre nos études du soleil aux étoiles, nous nous servirons d'abord d'une lunette pour rassembler la lumière et ensuite d'un spectroscope.

La figure 13 montre un spectroscope ainsi adapté à l'oculaire du grand réfracteur de Lick. Dans les recher-

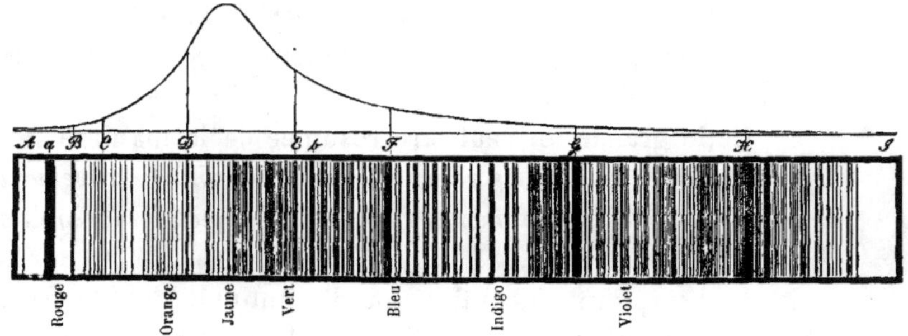

Fig. 12. — Copie du diagramme de Fraunhofer avec sa notation originale, représentant par des lettres les raies
principales du spectre solaire.

ches astronomiques les mêmes méthodes de travail sont
adoptées et quoique, comme on le voit, nous soyons loin

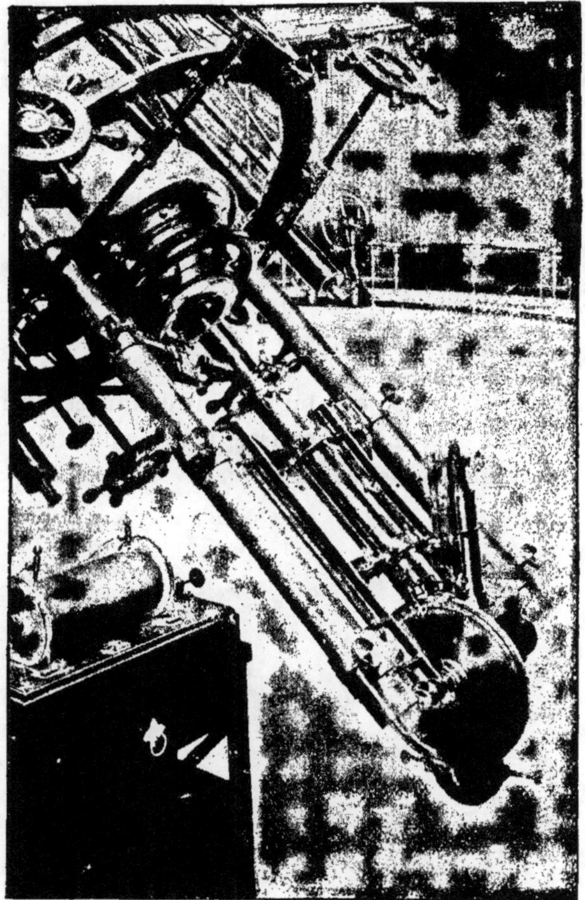

Fig. 13. — Un spectroscope stellaire adapté à l'équatorial de Lick.

maintenant, à la fois comme construction et comme
usage, du spectroscope improvisé dont je parlais au
début, il n'y a aucun nouveau principe en jeu.

Maintenant que le lecteur n'a pas hésité à dépenser ses douze sous pour acheter un prisme et a eu la patience (il n'est pas besoin d'autres qualités) de suivre mes indications, la voie lui est ouverte pour lire sans difficulté la plupart des livres traitant de l'analyse spectrale qu'il pourra rencontrer.

Des termes tels que :

Spectre,	Spectres discontinus (ou sélectifs),
Spectre continu,	Raies de Fraunhofer,
Réseau,	Longueurs d'ondes, fréquence vibratoire,
Prisme,	Radiation,
Spectroscope,	Absorption,
Fente,	Série,
Spectres de lignes,	
Spectres cannelés,	

ont maintenant pris pour lui un sens défini, et je suis sûr que ce qu'ils expriment sera assez connu pour faire partie du capital intellectuel de l'avenir

CHAPITRE II

Quelques difficultés de début.

Lorsque je commençai à appliquer les principes de
l'analyse spectrale à des investigations sur la nature des
corps célestes en 1865, on acceptait généralement l'idée,
basée sur les travaux de 1859 de Kirchhoff et de Bunsen,
que le spectre d'un élément chimique était un et indivisible, — qu'il ne pouvait être modifié, ni par la température, ni par quoi que ce soit d'autre.

Quand on regarde ainsi, en arrière, on voit aisément
que cette idée venait principalement de ce que, au début,
on se servait de flammes à basse température. Il arrive
dans ces conditions que les substances le plus visibles
dans la flamme, — et à cause de ce fait choisies pour les
expériences, — telles que le sodium, le calcium, le potassium, etc., donnent des spectres de raies aux basses température.

Aussi les premières idées des spectroscopistes s'accor-
daient entièrement avec celles des chimistes, à savoir
que l'atome chimique, défini par un certain poids atomique, était un article tout fait, indivisible, indestruc-
tible. Les substances chimiques élémentaires étaient

composées soit de ces atomes, unités indivisibles, soit de « molécules » consistant en deux ou trois atomes. D'où les termes : molécule diatomique, molécule polyatomique. La différence entre les spectres du même élément aux états solide et gazeux, — le premier, spectre continu, le second, spectre de raies — était expliquée en supposant le mouvement des atomes libre à l'état gazeux et restreint à l'état solide. C'était une question de « libre parcours ».

La différence entre les états qui nous donnent les spectres continu et discontinu était une différence physique n'ayant rien à voir avec la chimie.

Selon la théorie cinétique des gaz, les particules de tous les corps sont en état d'agitation continuelle, et la différence entre les états solide, liquide et gazeux de la matière, est que, dans un corps solide, la molécule ne s'écarte jamais, au delà d'une certaine distance, de sa position initiale. Ses déplacements sont souvent circonscrits à une très petite région de l'espace. Le professeur Clifford, dans une conférence sur les atomes, illustrait cette idée très clairement, il y a quelques années. Il supposait, au milieu d'une chambre, un corps tenu par des cordons élastiques au plafond et au plancher et de la même manière à chacun des murs. Si on vient à déranger le corps, il vibrera, mais toujours autour d'une position moyenne. Il ne se déplacera jamais beaucoup et reviendra toujours à sa place.

Venons-en maintenant aux liquides. En ce qui les concerne, nous lisons : « Dans les fluides, d'autre part, il n'y a pas de limite aux parcours de la molécule. Il est vrai qu'en général, la molécule ne peut voyager qu'à une minime distance, parce que son trajet est troublé par la rencontre de quelque autre molécule.

« Mais, après cette rencontre, il n'y a rien qui détermine la molécule à retourner à l'endroit d'où elle vient, plutôt qu'à poursuivre son chemin vers de nouvelles régions. D'où il suit que, dans les liquides, le déplacement d'une molécule n'est pas limité à une région déterminée comme dans le cas des solides ; elle peut au contraire pénétrer dans toute partie de l'espace occupé par le liquide.

« Nous avons là le mouvement de la molécule dans le solide et le liquide. Quel est-il dans un gaz ? « Un corps gazeux est supposé consister en un grand nombre de molécules se mouvant très rapidement. » Par exemple, les molécules de l'air font environ 20 milles par minute. « Durant la plus grande partie de leur course, les molé-cules ne sont soumises à aucune force sensible et, par conséquent, elles se meuvent en ligne droite avec une vitesse uniforme. Lorsque deux molécules arrivent à une certaine distance l'une de l'autre, une action mutuelle a lieu qui peut être comparée à la collision de billes de billard. Le mouvement de chaque molécule est changé et elle repart dans une nouvelle direction. »

La collision entre deux molécules est dénommée « choc » ; la course d'une molécule dans l'intervalle des chocs, « libre chemin ». Dans les gaz ordinaires, le libre parcours d'une molécule prend beaucoup plus de temps que le choc. Au fur et à mesure que la densité augmente le « libre chemin » diminue.

On comprend, d'après cette manière de voir, que la différence entre les spectres continus et discontinus dépendrait simplement des états gazeux et solide ; aucun solide ne pourrait nous donner un spectre de lignes, et les spectres d'absorption du verre de didyme et d'autres corps solides ne pourraient exister.

Une autre série de faits importants fut bientôt constatée. Plücker et Hittorf, en 1865, annoncèrent « qu'il y a un certain nombre de corps simples qui, traités de deux manières différentes, fournissent deux sortes de spectres de caractère tout à fait différent, n'ayant ni une raie ni une bande communes ».

La différence de caractère, à laquelle on faisait allusion, consistait en ce que le spectre produit à basse température était composé de cannelures que remplaçaient des raies quand la température s'élevait.

Ce fut la première atteinte à l'hypothèse générale : « un élément, un spectre », à laquelle je me référais plus haut. On y arriva par deux voies.

Prenant le spectre de raies comme représentant la vibration propre de l'unité chimique, j'ai montré que le spectre continu s'expliquait par les circonstances physiques qui accompagnent l'état solide ou liquide. Il n'y a pas alors à se placer au point de vue chimique.

Les spectres cannelés avaient été hardiment expliqués par des « impuretés ». Cela n'était pas toujours sage car, sans parler de la difficulté présentée par les deux spectres de l'hydrogène, deux spectres parfaitement distincts étaient indiqués pour l'acétylène.

On mit de nouveau en avant l' « hypothèse de la cloche », selon laquelle le spectre ne dépendait pas tant de la substance vibrante que de la façon dont elle était mise en vibration. D'après cette hypothèse, le même atome chimique pouvait avoir une douzaine de spectres différents s'il était mis en vibration de douze façons différentes.

Mais, pour cette raison même, on objectait que cette explication expliquait trop. Mitscherlich montra en 1864 que quelques corps connus pour être des composés chimiques donnaient, portés à l'incandescence, un spectre propre, c'est-à-dire qu'il y avait un spectre spécial du corps composé. Aucune raie de l'un ou de l'autre des composants ne s'y voyait.

Je montrai plus tard que lorsque la température était suffisante pour produire la décomposition, les raies des corps élémentaires dont le composé était constitué, apparaissaient selon la température atteinte. Et je montrai aussi que la même chose arrive précisément dans le cas du spectre cannelé ou de raies d'un même élément. Nous pouvons obtenir à basse température le premier tout seul. Nous pouvons, en élevant la température, le troubler un peu, quelques raies faisant leur apparition; ensuite, en employant une très haute température, nous pouvons détruire tout à fait le spectre cannelé et obtenir seulement un spectre de raies.

Du moment que la différence entre les deux spectres d'un même élément n'était pas plus marquée que celle entre le spectre d'un composé connu et le spectre de ses constituants (après la dissociation du composé par la chaleur), il était aussi logique de nier l'existence de corps composés que de nier l'existence de plusieurs degrés de complexité moléculaire dans les phénomènes ressortissant de l'analyse spectrale.

Des attaques de ce genre amenèrent les chimistes à examiner de plus près leur assertion et, quelque temps après, étant sous l'impression — qui plus tard se révéla injustifiée — que les éléments « monoatomiques », tels que le mercure, n'avaient pas de spectre cannelé, ils admirent que les spectres cannelés pouvaient représenter la vibration de la molécule « diatomique » dans les éléments

« diatomiques ». Ceci, naturellement, était abandonner l' « hypothèse de la cloche ».

Au moment où l'on discutait sur les spectres cannelés

Fig. 14. — Spectroscope attaché à un grand réfracteur qui projette une image du soleil sur la fente.

et à raies de divers éléments, les observations solaires commençaient à nous apporter une masse de faits dépourvus en apparence de tout ordre et de toute loi.

En 1866, je projetai une image du soleil sur la fente d'un spectroscope (fig. 14) afin d'observer les spectres de ses différentes parties ; c'est ainsi que j'observais le spectre des taches solaires et, accidentellement, celui des protubérances.

Dans le procédé de recherche primitivement adopté,

le spectroscope était dirigé vers la source de lumière, de façon que le spectre était composé de la lumière venant de toutes les parties de cette source sans distinction.

En 1869, j'introduisis, dans le travail de laboratoire, la méthode employée pour le soleil dans les observatoires,

Fig. 15. — Première méthode de travail, la fente du spectroscope étant tout près de la source lumineuse. Dans la présente expérience, la source lumineuse est une étincelle électrique produite par une bobine d'induction avec une bouteille de Leyde dans le circuit. L'extrémité du spectroscope portant la fente est figurée à droite.

c'est-à-dire que l'image de la source de lumière examinée était projetée par une lentille sur la fente (fig. 16) de façon qu'on pouvait observer le spectre propre à chacune des parties de cette source. Voici quelques-uns des résultats obtenus par la nouvelle méthode :

Les raies spectrales, obtenues en se servant d'une source lumineuse telle que l'arc électrique ou l'étincelle, étaient de longueurs différentes. Certaines apparaissaient seulement dans le spectre du centre de la source lumineuse, d'autres s'étendaient au loin dans les enveloppes extérieures. Cet effet fut mieux étudié quand on projeta l'image d'un arc ou d'une étincelle horizontaux sur une fente verticale. Les longueurs des raies photographiées dans l'arc électrique de beaucoup d'éléments métalliques furent réunies en tableaux publiés en 1873 et 1874.

Dans la figure 17 et la figure 18, ces raies, appelées

Fig. 16. — Méthode pour projeter l'image d'une source lumineuse (la flamme d'une bougie en l'espèce) sur la plaque fendue d'un spectroscope.

« longues » et « courtes », sont dessinées. Dans un cas, nous avons affaire à un mélange de sels de calcium et de strontium, dans l'autre au sodium métallique. La richesse des raies dans le spectre du cœur même de l'arc sera mieux montrée par la figure 17, les différences de longueur entre les raies par la figure 18.

C'était la première indication de l'idée que le spectre complet d'un élément chimique obtenu à la plus haute température peut être la somme de deux ou plusieurs spectres de raies différents, produits à divers degrés de température; ce qui nous met en présence de deux ou plusieurs complexités moléculaires, c'est-à-dire de molécules différentes désagrégées à des températures différentes.

Aussitôt que les expériences de laboratoire eurent donné par ces moyens un résultat définitif pour le spectre d'un métal particulier, je me mis à étudier le soleil afin de déterminer comment ce métal s'y comportait.

Cela impliquait, avant tout, des photographies du spectre solaire avec ses raies sombres, et des comparaisons photographiques de ces raies sombres avec les raies brillantes constituant les spectres des éléments métalliques. Cela nous permet de comparer la lumière totale donnée par chaque source de lumière avec la lumière reçue de toutes les parties du soleil indistinctement.

Enfin les spectres de différentes parties du soleil (chromosphère, protubérances, taches) furent comparés avec les différentes parties de la source lumineuse, le centre de l'arc, le centre de l'étincelle, et les parties extérieures de l'un et de l'autre.

On verra, par la suite, que la recherche avait alors une base très solide, et on en eut immédiatement la preuve de plusieurs façons, à chaque étape.

D'étonnantes anomalies furent alors révélées. Des raies connues pour appartenir au même élément chimique se comportaient différemment dans les différents cas.

Certaines étaient limitées aux protubérances, d'autres aux taches (fig. 20) et, dans les orages solaires, différentes raies du fer indiquaient des vitesses différentes (fig. 21). Dans le spectre de la partie la plus chaude du soleil accessible à nos investigations (c'est-à-dire la région qui recouvre immédiatement la photosphère et que j'ai appelée la chromosphère), les anomalies devinrent légion. Qu'il suffise de dire que dans la partie du soleil la plus chaude à laquelle nous puissions atteindre, le spectre du fer (représenté alors par 460 raies dans la carte du spectre ordinaire du soleil dressée par Kirchhoff) était réduit à trois raies.

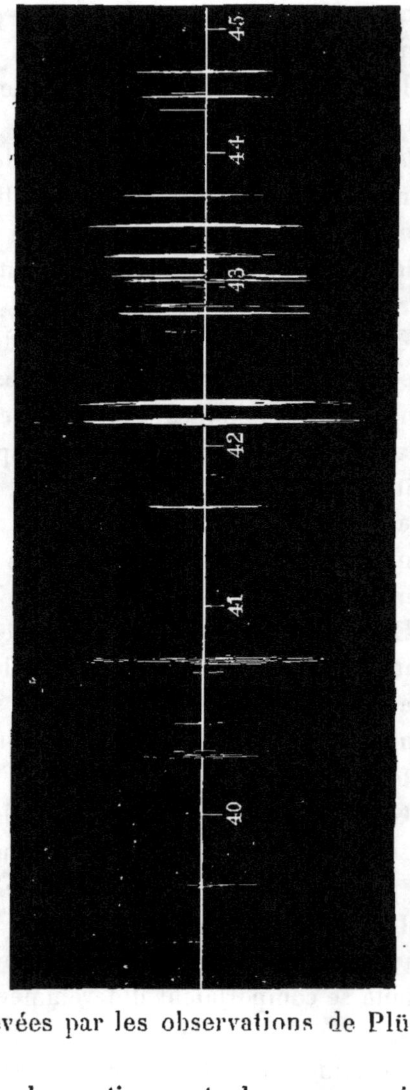

Il n'était plus seulement question de résoudre les difficultés soulevées par les observations de Plücker et de Hittorf.

De nombreuses observations et des comparaisons

Fig. 17. — Les raies longues et courtes. Reproduction d'une photographie prise avec une fente verticale, des composés de strontium et de calcium étant volatilisés entre les pôles de charbon horizontaux.

frappantes de cette sorte durant ces quelques dernières années me convainquirent que cette théorie : *chaque élément a un seul spectre de raies*, était erronée. Les résultats obtenus suggéraient l'idée que les divers phéno-mènes terrestres et solaires étaient causés par une série de simplifications produites par chaque élévation de la tem-pérature employée. Ce nou-vel instrument, le spectro-scope, montrait que l'emploi de températures plus élevées que celles dont on s'était servi jusqu'alors conduisait à faire admettre au chimiste — comme d'autres investiga-tions l'avaient fait jadis — l'existence de constituants encore plus subtils dans des substances considérées jus-qu'alors comme simples.

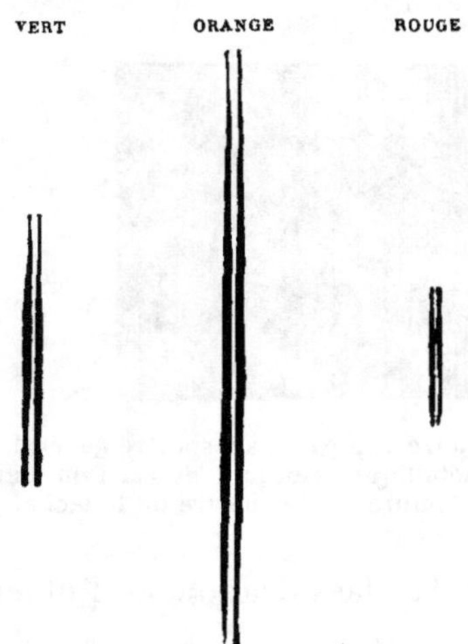

Fig. 18. — Les raies longues et courtes du sodium prises dans les mêmes conditions montrant que les raies de l'orangé s'éten-dent le plus loin des pôles.

C'était le premier soupçon de la dissociation, dans ses rapports avec la modifica-tion des spectres de raies.

En 1872, les travaux de Rutherford et Secchi sur les spectres stellaires permirent à ces investigations de s'étendre aux étoiles aussi bien qu'au soleil. Dans certaines étoiles l'existence de l'hydrogène, du magné-sium et du carbone ne faisait plus question. Le point qui me frappa le premier fut que, dans les étoiles blanches telles que α de la Lyre et Sirius, ayant des spec-tres continus s'étendant loin dans le violet, — étoiles par suite plus chaudes que leurs sœurs jaunes ou rouges, — nous avions affaire à l'hydrogène presque seul.

C'est en 1873 que j'appelai d'abord l'attention de la Société Royale sur les faits très remarquables qui avaient été réunis déjà alors, relatifs à l'action possible de la chaleur dans le soleil et les étoiles.

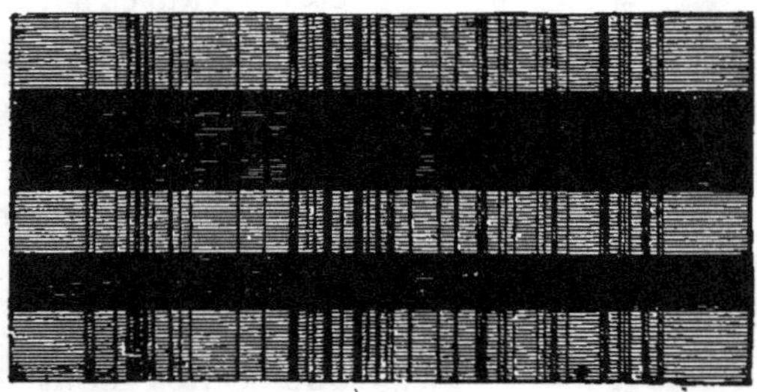

Fig. 19. — Spectre d'une tache solaire comparée au spectre général et montrant que certaines raies métalliques (sodium et calcium dans l'espèce) sont dilatées. La partie sombre est le spectre de la tache.

Spécialement, au sujet de la classification de Rutherford, j'écrivais ce qui suit[1] :

« Je me suis demandé si tous les faits précédents ne peuvent être expliqués par cette hypothèse que dans les couches de renversement du soleil et des étoiles, des degrés variés de « dissociation céleste » opèrent. Cette dissociation empêche la réunion des atomes qui, à la température terrestre et à toutes les températures artificielles atteintes ici-bas, jusqu'à présent, composent les métaux, les métalloïdes et leurs composés. »

Subséquemment, dans une lettre particulière à M. Dumas, qui prenait le plus aimable intérêt à mes travaux sur le soleil, j'écrivais : « Il semble que plus une étoile

1. *Phil. Trans.*, vol. CLXIV, partie II, p. 491.

est chaude, plus son spectre est simple. » Je constatai

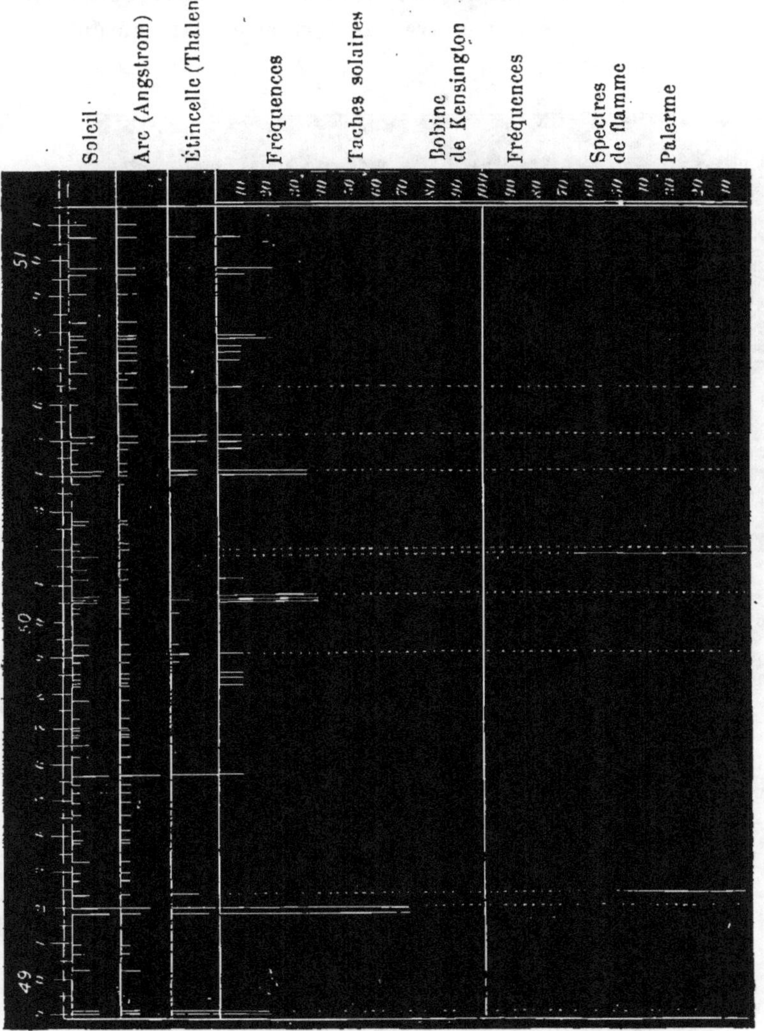

aussi l'étroite relation de l'hydrogène avec le calcium, le
magnésium et autres métaux. C'était sur ce fondement

que j'avais nommé « hélium » la substance qui donnait la raie D^2, et qui variait toujours avec l'hydrogène; je constatais que tout autre gaz terrestre était absent du spectre solaire.

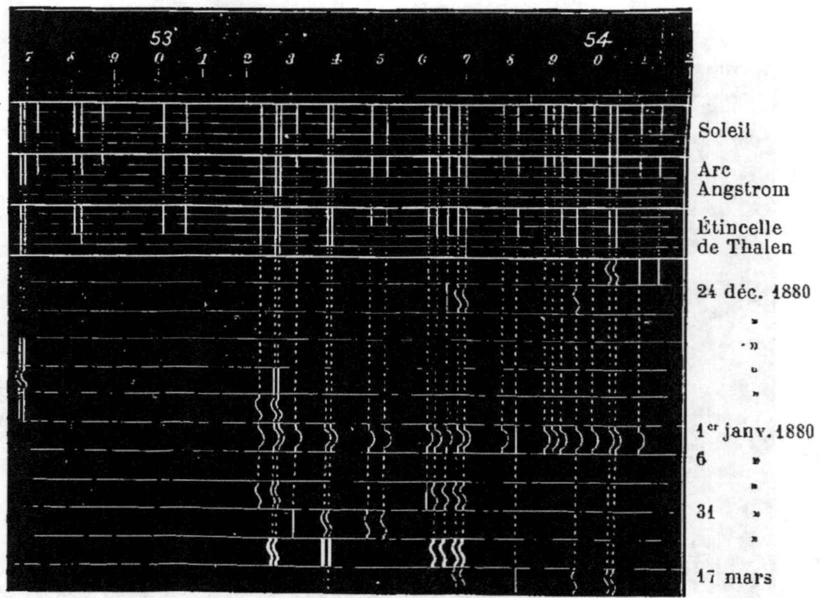

Fig. 21.

Une discussion intéressante à l'Académie des Sciences reçut de M. Dumas cette conclusion :

« En résumé, quand je soutenais à l'Académie que les éléments de Lavoisier devaient être considérés, comme il l'avait établi lui-même, non comme les éléments *absolus* de l'univers, mais comme les éléments *relatifs* de l'expérience humaine; quand je professais, il y a long-temps, que l'*hydrogène* était plus près des métaux que de toute autre classe de corps, j'émettais des opinions que les découvertes actuelles viennent confirmer et que je n'ai point à modifier aujourd'hui [1]. »

Une des réponses à mon hypothèse était que les divers éléments chimiques existaient probablement en proportion différente dans les différentes étoiles. Il arrivait ainsi, disait-on, que dans Véga et Sirius, l'un d'entre deux, l'hydrogène, existait pratiquement seul.

En 1878, j'allai plus loin et montrai que mille phénomènes solaires recueillis avec soin durant les années précédentes ne pouvaient s'expliquer sans admettre que les modifications dans l'intensité des raies du spectre de raies lui-même, indiquaient de successives dissociations.

Je dépeignais l'effet de ces fournaises de températures différentes et j'écrivais ce qui suit [2] :

« Il est bien manifeste que si les prétendus éléments ou, pour mieux dire, leurs atomes les plus fins — ceux qui nous donnent les spectres de raies — sont réellement des composés, ces composés doivent s'être formés à une très haute température. Il est facile d'imaginer qu'il peut n'y avoir aucune limite supérieure à la température et par suite aucune limite au delà de laquelle de pareilles combinaisons soient possibles parce que les atomes qui ont la faculté de se combiner ensemble à ces degrés transcendants de température n'existent pas comme tels ou plutôt existent combinés avec d'autres atomes, semblables ou différents, à toutes les températures plus basses. Ainsi l'association sera une combinaison de molécules plus complexes quand la tempéra-

1. *Chemistry of the Sun,* p. 205.
2. *Proceedings of Royal Society*, vol. XXVIII, p. 169. Voir aussi *Chemistry of the Sun*, chap. vxiii.

ture diminuera et la dissociation se produira d'une façon indéfinie, avec l'augmentation de la température.

En 1878 je revins à l'étude des modifications des spectres de raies dans leurs rapports avec les modifications observées lorsque des composés connus sont dissociés, et après avoir discuté certaines objections, j'avançais cette conclusion que les faits connus de modification des spectres de raies « se groupent aisément et qu'on peut établir une continuité parfaite entre les phénomènes, par l'hypothèse de dissociations successives analogues à celles observées dans les cas où il s'agit indubitablement de composés ».

On voit ainsi que les conclusions auxquelles mon travail spectroscopique m'avait conduit avant 1880 avaient la même tendance que celles auxquelles Berthelot arrivait cette même année par des investigations purement chimiques : « L'étude approfondie des propriétés physiques et chimiques des masses élémentaires qui constituent nos corps simples actuels, tend chaque jour davantage à les assimiler non à des atomes indivisibles, homogènes et susceptibles d'éprouver seulement des mouvements d'ensemble, — il est difficile d'imaginer un mot et une notion plus contraires à l'observation, — mais à des édifices fort complexes, doués d'une architecture spécifique et animés de mouvements intestins très variés [1] ».

1. *Comptes rendus de l'Académie des Sciences,* vol. XC (1880), p. 1512.

CHAPITRE III

État actuel de la science.

Dans le dernier chapitre je m'occupais de quelques-
unes des difficultés rencontrées dans l'analyse spectrale par les premiers chercheurs. Dans celui-ci je me
propose de passer sur l'histoire du labeur de ces vingt
dernières années avec tous leurs doutes et difficultés
passagers pour m'occuper du résultat auquel ce travail
nous a conduits, la parfaite harmonie des phénomènes
stellaires, solaires et de laboratoire.

Il a été prouvé définitivement que dans le cas de la
plupart des éléments, non seulement le spectre cannelé et
le spectre de raies étaient l'un et l'autre visibles, mais
que beaucoup d'éléments métalliques dont j'aurai à
m'occuper dans la suite, ont au moins deux espèces de
raies dont l'apparition accompagne l'action de températures très différentes, si même elle n'en est pas le résultat.

Il est important de mentionner que les divers éléments chimiques se comportent très différemment en ce
qui concerne l'action de la chaleur et de l'électricité sur
eux, quand nous passons de la forme solide à la forme
liquide et gazeuse, c'est-à-dire que ces deux formes

d'énergie sont susceptibles d'agir très différemment. La première différence est celle qu'on constate entre les gaz dits permanents et les corps qu'on voit généralement à l'état solide ; la seconde s'observe entre les corps à faible poids atomique et point de fusion peu élevé et les autres corps.

Quand l'énergie calorifique peut aller assez loin, nous obtenons d'abord un accroissement du « libre chemin » des molécules, qui finalement sont mises elles-mêmes en vibration.

Dans le cas de l'électricité à haute tension, d'autre part, l'augmentation du « libre chemin » est à peine en jeu et nous pouvons avoir des effets semblables à ceux des hautes températures, avec des effets à peine perceptibles de la chaleur au sens ordinaire du mot.

Conversant sur ce sujet avec mon ami Clifford, il y a des années, nous en vînmes à la conclusion que l'énergie communiquée à une molécule peut causer : 1° une extension du « libre chemin » ; 2° une rotation ; 3° une vibration. Nous parlions de « chaleur de marche », « chaleur de rotation », « chaleur de vibration ». Les faits semblaient montrer que l'énergie calorifique ne produit pas de spectres de raies jusqu'à ce que les deux premiers résultats aient été atteints et que, dans tous les gaz et beaucoup de métaux, elle n'a pas la propriété de produire de vibrations.

L'électricité, d'autre part, se comporte généralement comme si elle produisait d'abord le troisième effet, et son action est efficace sur toutes les substances chimiques sans aucune exception.

Quoi qu'il puisse en être, nous savons maintenant que beaucoup d'éléments présentent des modifications à plusieurs degrés de température très différents les uns des autres. Les spectres de raies d'éléments, tels que le sodium, le lithium et autres, peuvent être obtenus par la chaleur de la flamme d'une lampe à alcool ou d'un brûleur ordinaire Bunsen, la substance étant introduite dans la flamme au moyen d'un fil de platine bien propre noué en boucle à son extrémité.

Cette température est sans effet sur le fer et les métaux analogues. Pour avoir une indication spectrale spéciale de ces métaux, il faut une température supérieure à celle du Bunsen. On peut employer le chalumeau dans lequel on insuffle un jet d'air au centre de la flamme du gaz d'éclairage brûlant à l'extrémité d'un tube cylindrique.

Nous obtenons de cette manière ce qu'on appelle un « spectre de flamme » où l'on voit des cannelures et quelques raies. Afin d'obtenir le spectre de raies complet de quelques-uns des métaux les moins volatils, comme le fer et le cuivre, nous sommes forcés de nous servir de l'énergie électrique et d'employer le courant voltaïque, passant entre des électrodes faites avec le métal choisi ; elles sont assez échauffées par le passage du courant pour que de la vapeur du métal en question soit produite et portée à l'incandescence.

Nous pouvons dire en général qu'aucune quantité de chaleur ne pourrait rendre visibles les spectres des gaz. On les obtient en enfermant des gaz dans des tubes de verre et en les illuminant par le moyen d'un courant électrique. Nous pouvons aller plus loin et dire que le courant voltaïque ordinaire employé dans les laboratoires est également inefficace. Nous avons besoin du courant induit et, à des tensions différentes, il se produit des spectres différents.

Voici donc à quel point nous sommes arrivés :
L'énergie calorifique qui nous donne des spectres de
raies quand il s'agit de certains métaux, nous laisse en
défaut dans le cas des gaz permanents et de beaucoup de
métaux. Un courant voltaïque nous donne des spectres pour
les métaux, mais, comme l'énergie calorifique, il ne parvient pas à faire vibrer les molécules des gaz permanents.

Mais lorsque les métaux, aussi bien que les gaz permanents, sont soumis à l'action d'un fort courant induit,
c'est-à-dire d'un courant de haute tension, tel qu'on
l'obtient en employant une bobine d'induction avec des
bouteilles de Leyde et une coupure du circuit, cette vibration a lieu ; les gaz alors deviennent lumineux ; un changement très net s'observe dans les spectres des métaux,
changement aussi marqué, sinon davantage, qu'aucun de
ceux observés à des températures plus basses.

Les différences produites dans le spectre par les
augmentations successives de la tension électrique sont
surtout marquées dans le cas des gaz, car, enfermés
dans les tubes, ils ne peuvent échapper à l'action du
courant et toutes leurs molécules sont également affectées. *Quelquefois le spectre n'est pas mélangé.* Dans le cas
des métaux, on fait passer l'étincelle entre de petits
pôles pointus et la région de l'action la plus intense est
très limitée. Les particules qui sont hors de cette région
nous donnent le spectre qu'on obtient avec de l'énergie
électrique à un degré inférieur. Ce spectre est un spectre
mélangé. Même lorsque nous prenons la précaution de
projeter une image de l'étincelle sur la fente du spectroscope, les couches extérieures plus froides à travers lesquelles on voit les autres ajoutent leurs raies au spectre
de la région centrale.

Ce n'est pas tout; l'individualité des divers éléments chimiques ressort d'une façon remarquable.

Prenons un ou deux exemples : je commence par les gaz en employant un faible, puis un fort courant induit. L'hydrogène nous donne ce qu'on appelle un « spectre de structure », c'est-à-dire un spectre plein de raies. Celui-ci se réduit à une série.

L'oxygène nous donne des séries qui se changent en un spectre de raies compliquées où on n'a pas déterminé de séries. L'azote nous donne un spectre cannelé qui se change en un spectre de raies compliqué.

Je passe maintenant aux métaux et, pour aller plus vite, je parlerai de trois substances seulement. Dans les cas du magnésium, du fer et du calcium, les changements observés en passant de la température de l'arc à celle de l'étincelle ont été minutieusement notés :

Dans tous ces métaux, avec l'élévation de la température, de nouvelles raies apparaissent, ou bien les anciennes augmentent d'intensité. On a appelé ces raies : « *raies renforcées* ».

On ne voit pas ces raies renforcées seules, dans le cas de l'étincelle comme dans le cas de l'arc, au dehors de la région de haute température où ces raies renforcées sont produites, les vapeurs plus froides nous donnent les raies visibles à plus basse température.

Ayant présent à l'esprit ce qui arrive dans le cas des gaz, nous pouvons concevoir qu'on verrait seules les raies renforcées dans un espace suffisamment abrité contre l'action d'un abaissement de température. Mais cela est impossible dans nos laboratoires. Dans l'atmosphère des étoiles, comme je le montrerai, nous approchons, probablement d'aussi près que cela est possible à notre observation, de cette condition à laquelle je faisais allusion d'un espace uniformément chaud.

Les raies renforcées sont en très petit nombre, si nous les comparons à celles qu'on voit à la température de l'arc. Dans le cas du fer, des milliers se réduisent à des dizaines.

Tout ce qui précède n'est exact que d'une façon générale. Si nous passons aux métalloïdes, des stades de température plus nombreux sont nécessaires, et il devient alors évident qu'à la même température, des espèces différentes de spectres sont produites, dans le cas d'éléments différents. En d'autres termes, à de nombreux niveaux de température différents, des changements se produisent, toujours dans le même sens, mais différant beaucoup aux basses températures pour les diverses substances. A la plus haute température — à la limite — il y a une constance beaucoup plus grande dans les phénomènes observés, si nous négligeons la question des séries. Si nous nous plaçons à ce point de vue des séries, il n'y a plus de constance du tout.

On voit que, grâce à l'observation de tous ces effets de température sur un grand nombre d'éléments, beaucoup de comparaisons deviennent possibles; elles montrent toutes que si la dissociation est réellement en jeu, en quelques cas du moins, plus de deux simplifications dans l'état des raies sont nécessaires pour expliquer les faits. Il est possible que les effets, d'abord attribués à la quantité de matière, soient dus à la présence d'une série de molécules de complexités différentes et que ce soit la vraie raison pour laquelle « plus il y a à dissocier, plus il faut de temps pour parcourir les séries et mieux les premiers degrés se voient[1] ».

1. *Proc. Roy. Soc.*, 1879, n° 200.

Après cette constatation générale des changements observés dans les spectres et parallèles aux changements dans la quantité et l'espèce de l'énergie employée, je me propose de relater brièvement les travaux récents sur les modifications observées en passant de l'arc à l'étincelle dans le cas d'un certain nombre d'éléments métalliques.

Grâce à la bonté de M. Hugh Spottiswoode j'ai pu avoir des photographies des raies renforcées obtenues avec une grande bobine d'induction donnant une étincelle de quarante pouces de long, appartenant au Dr Spottiswoode, P. R. S. Je tiens beaucoup à exprimer ici la profonde obligation que j'ai à M. Hugh Spottiswoode pour le prêt de ce magnifique appareil.

L'étincelle obtenue par cette bobine est si lumineuse qu'on a pu parvenir à des dispersions plus fortes qu'auparavant, ce qui a permis de déceler beaucoup plus aisément les raies renforcées. Aussi leur nombre a-t-il été considérablement augmenté.

Aux températures les plus élevées, les raies renforcées font leur apparition dans le spectre de presque tous les métaux examinés jusqu'à présent. Le lithium fait exception à cette règle.

Si on néglige tous les changements qui se produisent aux plus basses températures, mais si on tient compte du spectre de flamme, les variations spectrales des métaux indiquent quatre étages distincts de température. Pour la simplicité je me bornerai à prendre le fer pour exemple. Ce sont :

1° Le spectre de flamme, consistant seulement en un petit nombre de raies et cannelures, y compris plusieurs raies bien marquées, quelques-unes d'entre elles groupées en triplets.

2° Le spectre d'arc consistant, selon Rowand, en 2 000 raies ou davantage.

3° Le spectre d'étincelle, différant du spectre d'arc par le renforcement de certaines raies courtes et la diminution relative d'éclat des autres.

4° Un spectre qui consiste en un nombre relativement très petit de raies qui sont rendues plus intenses dans l'étincelle. Nous pouvons concevoir, comme il a été dit plus haut, qu'elles soient visibles seules, à la température la plus haute, dans un espace abrité efficacement contre l'action de toute température plus basse, puisque les raies renforcées se comportent comme celles d'un métal quand un composé de ce métal est détruit par l'action de la chaleur.

Chaque raie de chaque élément, à quelque température qu'elle se produise, peut toujours être comparée, en ce qui concerne sa position dans le spectre, avec les raies visibles dans les corps célestes, afin de déterminer si cet élément existe dans ces astres.

A l'époque où les premières recherches de cet ordre furent faites, on ne pouvait guère observer les corps célestes que par la vue. Les résultats étaient donc limités au spectre visible.

Durant ces dernières années, on a obtenu des photographies du spectre des étoiles les plus brillantes, et, durant les éclipses, des photographies du spectre de la chromosphère solaire. Il devient donc important d'étendre aux régions photographiques les observations des spectres terrestres, afin de pouvoir faire les comparaisons qui étaient nécessaires à la continuation de la recherche.

Les travaux récents ont été effectués à ce point de vue. La façon dont on a employé les raies renforcées est la suivante. Celles appartenant à certains éléments métalliques principaux ont été réunies pour former ce que j'ai appelé un « *spectre témoin* ».

Celui-ci a été traité comme s'il était le spectre d'un élément inconnu et il a été comparé aux spectres divers présentés par le soleil et les étoiles.

Je vais montrer en détail combien merveilleux ont été les résultats de cette recherche. Mais je puis dire ici par anticipation que le spectre témoin se trouve être pratiquement le spectre de la chromosphère, c'est-à-dire le spectre de la partie la plus chaude du soleil que nous puissions atteindre, et qu'une étoile s'est trouvée dans laquelle il existe presque seul, étoile dont environ toutes les raies avaient été jusque-là considérées comme inconnues.

Ce dernier résultat est de la plus haute importance, car il convaincra tous ceux que ne satisfaisaient pas les modifications de spectre vues au laboratoire. Sur la terre les raies renforcées vues dans le spectre du centre de l'étincelle sont toujours mêlées aux raies du spectre de l'enveloppe extérieure qui naturellement est en voie de refroidissement et où les molécules plus ténues se recombinent. Pendant vingt ans j'ai désiré avoir un récipient incandescent pour y emmagasiner ce que le centre de l'étincelle produit. Les étoiles y ont pourvu, comme je vais le montrer.

Quoique j'aie promis de passer sur l'historique général des travaux, je dois constater encore que les raies renforcées dans le spectre témoin comprennent actuellement toutes celles qu'on a d'abord étudiées quand tout était confus encore, et que nous voyions péniblement à travers un verre, et non, comme à présent, face à face. Pour montrer l'étroite connexion du présent avec le passé, il est désirable de se référer brièvement à une partie du travail entrepris sur quelques-unes des premières anomalies notées.

Un avantage de cette méthode est de montrer l'immense masse de faits qui sert à présent de base solide à toutes les conclusions tirées des quelques rares preuves rassemblées il y a vingt-cinq ans.

Voici quelques-unes de ces anomalies parmi beaucoup d'autres et que je donne comme exemples :

1° *Inversion de l'intensité des lignes vues en différentes conditions.* — J'ai montré en 1879 qu'il n'y avait aucune espèce de rapport entre les spectres du calcium, du baryum, du fer et du manganèse et le spectre de la chromosphère en dehors de certaines coïncidences de longueurs d'ondes. Les raies longues vues dans les expériences de laboratoire sont supprimées et les raies faibles exaltées, dans le spectre de la chromosphère. Dans le spectre de Fraunhofer, les intensités relatives des raies sont tout à fait différentes de celles des raies qui, dans la chromosphère, coïncident avec elles.

2° *La simplification du spectre d'une substance à la température de la chromosphère.* — Pour prendre un exemple, dans la région visible du spectre, le fer est représenté par près de mille raies de Fraunhofer : dans la chromosphère il n'a que deux représentants.

3° Dans les taches du soleil nous avons affaire à un lot de raies du fer, dans la chromosphère à un autre.

4° A la période du maximum des taches solaires, les raies renforcées dans les spectres des taches sont presque toutes inconnues ; à la période du minimum, elles sont dues principalement au fer et à d'autres substances connues.

5° Lé jaillissement et le retrait de ce qu'on appelle vapeur de fer dans le soleil n'est pas enregistré également par toutes les raies de fer, comme cela serait dans l'hypothèse de la non-dissociation. Ainsi, comme je l'ai observé le premier en 1880 : tandis que le mouvement est quelquefois manifesté par le changement de réfrangibilité de certaines raies attribuées au fer, d'autres raies du fer voisines indiquent un état de repos absolu.

Le travail de laboratoire a été, sans exception, mené en vue d'essayer d'expliquer les anomalies sur lesquelles l'attention a été attirée.

Je m'occupe ici seulement du travail fait sur le fer, le magnésium et le calcium, pour montrer que, dans ces métaux, les anomalies étaient dues dans la plus large mesure aux raies qu'on appelle à présent renforcées — c'est-à-dire au fait que les raies semblent changer considérablement d'intensité, quand on emploie les plus hautes températures.

Fer.

Dans le cours de mes premières observations du spectre de la chromosphère, je découvris, le 6 juin 1869, une raie brillante au 1474 de l'échelle de Kirchhoff et je constatai la coïncidence avec une raie du fer. Le 26 juin j'en découvris une autre à 2003-4 de la même échelle.

Les dernières recherches sur le spectre du fer ont montré que la raie du fer dont j'ai observé en 1869 la coïncidence avec les raies brillantes de la chromosphère à 1474 de l'échelle de Kirchhoff, ayant une longueur d'onde de 5316-79, est une raie renforcée, coïncidant absolument avec la dernière détermination de Young de la longueur d'onde de la raie chromosphérique 1474.

De même la raie 2003-4 de l'échelle de Kirchhoff avec une longueur d'onde de 4924, est aussi une raie renforcée du fer.

Les premières expériences eurent pour but d'expliquer des observations faites par moi et par des savants italiens sur la chromosphère. Ces observations prouvaient la présence de ces deux raies du fer seulement dans la partie du spectre ordinairement observée.

Le spectre ordinaire du fer dans lequel 460 raies avaient été cataloguées à ce moment était entièrement invisible.

Les anomalies furent étudiées dans les expériences avec des étincelles produites par des bobines en quantité et en tension, avec et sans bouteilles de Leyde dans le circuit.

Les résultats de ces expériences furent de montrer que les représentants chromosphériques du fer étaient précisément les raies rendues brillantes par le passage de l'arc à l'étincelle, tandis que les raies élargies dans les taches solaires correspondaient à une température plus basse.

La dernière anomalie observée était la suivante : dans une tache solaire la raie du fer 4924 n'indiquait souvent aucun mouvement de la vapeur du fer, tandis que les autres raies du fer la montraient se mouvant avec une vitesse considérable.

Il semblait parfaitement clair que dans le soleil « nous n'avions pas affaire au fer même, mais à des formes primitives de la matière contenue dans le fer et capables de résister à la haute température du soleil, après que le fer observé comme tel a été détruit, ainsi qu'il a été suggéré par Brodie[1] ».

Selon cette hypothèse, les raies de haute température

1. *Proc. Roy. Soc.*, vol. XXXII, p. 201.

du fer de la chromosphère représentent les vibrations d'une espèce de molécules, tandis que les raies qui sont élargies dans les taches correspondent à d'autres vibrations moléculaires. De même l'idée de groupements moléculaires différents procure une explication satisfaisante des différents modes de mouvement de la vapeur du fer indiqués par des raies voisines, les raies étant produites par l'absorption de différentes molécules à différents niveaux et à différentes températures.

MAGNÉSIUM.

En 1879 je fis passer l'étincelle à travers une flamme chargée de vapeurs de différentes substances. Dans le cas du magnésium l'effet de la plus haute température de l'étincelle fut très marqué : certaines raies de la flamme étaient supprimées, pendant que deux raies nouvelles faisaient leur apparition, l'une d'elles à 4481. Le fait important était que les raies spéciales à la flamme n'apparaissaient point parmi les raies de Fraunhofer, tandis que quelques-unes de celles de l'étincelle apparaissaient.

Cette raie à 4481 a sa place parmi les raies renforcées, comme celles du fer mentionnées plus haut. Les cas spéciaux rentrent dans la loi générale.

Ici encore, les expériences indiquaient des degrés différents de dissociation à des températures différentes comme étant la cause de la non-apparition des raies du magnésium dans le spectre de Fraunhofer.

De ces expériences, dont les résultats avaient été par la suite mis en regard avec les différents niveaux de chaleur indiqués par les phénomènes solaires, je tirais en 1879 les conclusions suivantes :

« Je crois raisonnable d'espérer qu'une étude soignée des tableaux, montrant les résultats obtenus jusqu'à présent, ou à obtenir, à des températures différentes, résultats contrôlés par des observations des conditions dans lesquelles ces modifications sont produites, nous permettra de déterminer si nous admettons l'idée que les dissociations variées de molécules, qui ont lieu dans les solides, sont dues à l'action de température différentes — et réciproquement le mode d'évolution par lequel les molécules vibrant dans l'atmosphère des plus chaudes étoiles, s'associent pour former celles dont un métal solide se compose. J'émets cette idée avec la plus grande confiance parce que je crois qu'on pourra tirer parti des méthodes de travail convergentes [1]. »

Calcium.

J'avais fait l'hypothèse suivante : — le groupement moléculaire du calcium donnant un spectre ayant sa principale raie à 4226-9, est à peu près détruit dans le soleil et tout à fait détruit dans l'étincelle. — En 1876, je prouvai que cette hypothèse expliquait ce fait que la raie de basse température perd son importance dans le soleil, où H et K sont de beaucoup les plus fortes raies.

Je résumais les faits touchant le calcium, comme suit : « Nous avons la raie bleue différenciée d'H et de K par sa finesse dans le spectre solaire, tandis qu'elles y sont larges, et par sa largeur dans l'arc où H et K sont étroites. Elle est également différente d'elles par son absence dans les orages solaires, tandis qu'on y voit presque univer-

1. *Proc. Roy. Soc.*, 1878, vol. XXX, p. 30,

sellement H et K, et finalement par son absence durant les éclipses où H et K ont été les raies les plus brillantes vues et photographiées. »

J'essayai ensuite d'aller plus loin par la photographie du spectre des taches solaires. Dans tous les cas, H et K furent vues renversées dans les taches, juste comme Young les avait vues à Sherman, tandis que la raie bleue du calcium n'était pas renversée. La plus ancienne de ces photographies qui ait été conservée porte la date du 1er avril 1881.

Les résultats expérimentaux dans le cas du calcium font suite à ceux obtenus pour le fer et le magnésium et indiquent que la cause de l'inversion d'intensité, dans les raies d'une substance en diverses circonstances, est due aux degrés variables de la dissociation produite à des températures différentes.

Aussi bien dans le cas du fer que du magnésium et du calcium, les raies dont il s'agit ne se voient pas du tout à basse température, même dans le cas du calcium où des plaques photographiques ont subi une pose de cent heures.

Il ressortira suffisamment de là pour chacun que la température est seule en jeu.

Ainsi donc, en résumé, les changements correspondants dans les spectres de certains éléments, observés dans le laboratoire, le soleil et les étoiles, sont expliqués simplement et suffisamment par l'hypothèse de la dissociation. Si nous la rejetons, aucune autre explication ne vient coordonner et harmoniser les résultats obtenus par tous ces travaux. Et ce n'est pas tout. Comme je le montrerai plus loin, il y a d'autres branches des recherches physiques qui suggèrent la même hypothèse.

LIVRE II

APPLICATION DE LA RECHERCHE AU SOLEIL ET AUX ÉTOILES

CHAPITRE IV

La chromosphère solaire.

Je constatais dans le chapitre précédent que, pour utiliser les renseignements mis à notre disposition par la découverte des nouvelles raies vues dans les spectres des métaux exposés à de hautes températures, j'ai rassemblé les raies renforcées des principaux éléments métalliques et formé ainsi un spectre témoin pour nous en servir comme d'un nouvel appareil de recherches.

Dans ce chapitre je m'occuperai de l'application de ce spectre-témoin à l'étude du soleil. Il est certain que le spectre du soleil, comme en général celui des étoiles, est constitué par toutes les absorptions qui *peuvent se produire* dans toutes les couches de son atmosphère de la base au sommet, c'est-à-dire de la photosphère jusqu'à la partie supérieure de la couronne. Il est important de noter que d'année en année ce spectre ne varie pas.

Les taches du soleil sont des troubles produits dans la photosphère. La chromosphère, avec ses perturbations qui portent le nom de *protubérances*, repose directement sur la photosphère. Ici donc nous avons affaire à la partie inférieure de l'atmosphère du soleil. Nous trouvons avant tout que, par opposition au spectre général qui est invariable, de grands changements interviennent avec la période des taches solaires, à la fois dans les taches et dans la chromosphère.

Le spectre des taches a pour indication, comme on l'a trouvé en 1866, l'élargissement de certaines raies. Le spectre de la chromosphère, comme on l'a trouvé en 1868, se manifeste par l'apparition sur le disque du soleil de certaines raies brillantes. Dans l'un et l'autre cas, les raies affectées, vues à un moment quelconque, sont presque toujours peu nombreuses.

Depuis 1868 nous avons pu observer non seulement le spectre des taches solaires, mais aussi celui de la chromosphère, chaque jour, quand le soleil brille. La chromosphère est pleine de choses merveilleuses. D'abord, quand notre connaissance des spectres était beaucoup plus restreinte qu'aujourd'hui, presque toutes les raies observées étaient inconnues. En 1868 je vis une raie dans le jaune que je trouvai se comporter tout à fait comme si elle appartenait à l'hydrogène, quoique je pusse prouver qu'elle n'était pas due à l'hydrogène. Pour le langage du laboratoire, je nommai *hélium* la substance qui donnait lieu à cette raie. L'année suivante, comme je le disais dans le dernier chapitre, je vis une raie dans le vert, à 1474 de l'échelle de Kirchhoff. C'était une raie inconnue, mais, dans certaines recherches subséquentes, je l'attribuai au fer. Depuis lors, nous avons observé un grand nombre de nouvelles raies.

Mais si utile que soit la méthode d'observation de la chromosphère en dehors des éclipses, qui nous permet, comme dit Tennyson, « de sentir d'un monde à l'autre », nous avons besoin d'une éclipse pour voir cette chromosphère face à face.

Durant les éclipses de 1893, 1896 et 1898 un trait de lumière extraordinaire a été jeté sur tout cela, par l'emploi de grands instruments construits sur un plan dressé par Respighi et moi en 1871.

Ils nous donnent des images de la chromosphère peintes par ses propres radiations de telle façon qu'elle indique la position exacte de chaque couche chimique. Un des instruments employés durant l'éclipse des Indes a été aussi utilisé à la photographie des spectres métalliques et des spectres des étoiles, de façon qu'il est maintenant facile de juxtaposer des photographies des spectres de la chromosphère obtenus durant une éclipse totale, et celles des spectres des étoiles et des différents métaux. Comme dans le cas des photographies prises avec les chambres prismatiques en 1891 et 1896, le spectre de la chromosphère en 1898 est très différent du spectre de Fraunhofer, de façon que nous n'avons pas affaire à un simple renversement des raies obscures de la lumière ordinaire du soleil en raies brillantes.

Beaucoup de raies chromosphériques très fortes, celles de l'hélium par exemple, ne sont pas représentées parmi les raies de Fraunhofer, tandis que beaucoup de ces dernières sont absentes du spectre chromosphérique (fig. 23). Mais le plus remarquable résultat est que, dans la photographie d'éclipse du spectre de la chromosphère, les plus importantes des raies métalliques sont précisément celles renfermées dans le spectre témoin (fig. 22). Or, en fait, cette photographie contient surtout les raies métalliques renforcées.

Je reconnais dans ce résultat une véritable pierre de

Rosette qui nous permettra de lire les hiéroglyphes terrestres et célestes que nous présentent les spectres et
nous aidera à les étudier et à obtenir des résultats beaucoup plus distincts et certains qu'auparavant.

Ce résultat prouve, d'une façon décisive, que l'absorption dans l'atmosphère solaire, qui produit les
raies de Fraunhofer, n'est pas produite par la couche la
plus basse et la plus chaude, la chromosphère.

Il est nécessaire, pour rendre solide le fondement de
l'étude future des spectres stellaires, de rechercher exactement le véritable endroit où se produit l'absorption.
Une des conclusion les plus importantes tirées de l'éclipse
des Indes est que, *pour une raison ou une autre*, la partie
la plus basse et plus chaude de l'atmosphère solaire ne
laisse pas autant de traces qu'une autre, parmi les raies
dont est constitué le spectre général.

Cette conclusion diffère considérablement de l'opinion
généralement adoptée.

Dans mon rapport sur l'éclipse de 1893[1] j'insistais
longuement sur ce point. La chose est si importante que
je n'hésite pas à me répéter :

« Comme résultat des observations spectroscopiques
solaires, combinées avec le travail de laboratoire, le
Dr Frankland et moi nous en sommes venus à la conclusion, en 1869, qu'au moins, pour un détail, la théorie de
Kirchhoff sur la constitution solaire demandait à être
modifiée. En cette année nous écrivions : « Ces faits[2]
« n'indiquent-ils pas que l'absorption à laquelle le ren-
« versement du spectre et des raies de Fraunhofer est
« dû, prend place dans la photosphère elle-même ou tout

1. *Phil. Trans.*, 1896, CLXXXVII, A, p. 603.
2. *Proc. Roy. Soc.*, vol. XVII, p. 88.

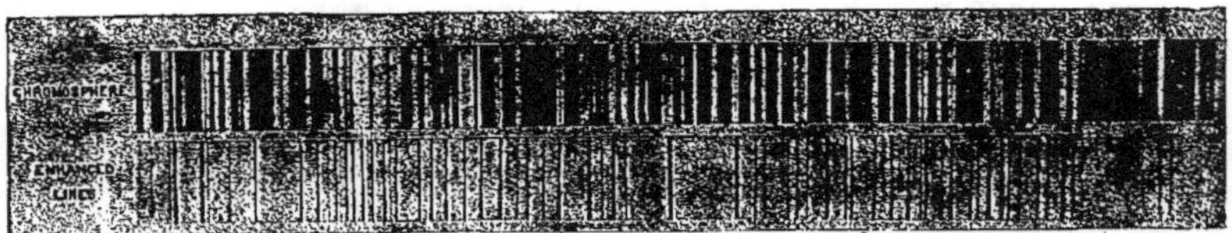

Fig. 22. — Comparaison du spectre de la chromosphère avec le spectre témoin.

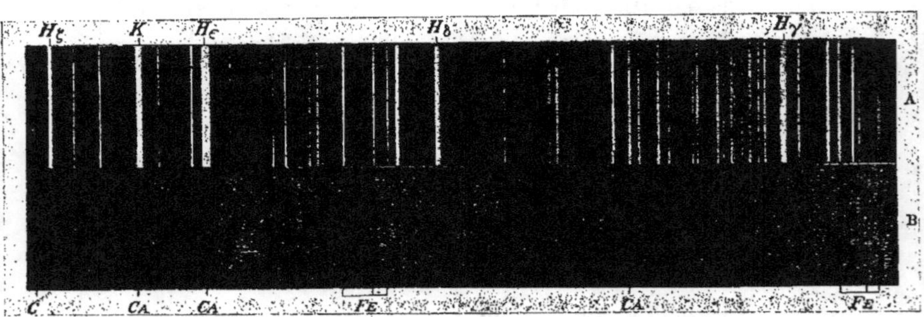

Fig. 23 — *A*, spectre de la chromosphère comparé avec *B*, les raies de Fraunhofer.

« à fait près d'elle, au lieu de se produire dans une atmo-
« sphère extérieure étendue et absorbante? »

Dans une ancienne observation d'une protubérance,
le 17 avril 1870, je trouvai des centaines de raies de
Fraunhofer brillantes à la base et je remarquai qu'il serait
difficile de formuler une preuve plus convaincante de
la théorie de la constitution solaire avancée par le
Dr Frankland et moi[1].

« Durant l'éclipse de 1870, au moment de la disparition du soleil, un renversement semblable des raies fut
signalé. Nous avions (pour citer le professeur Young)
un soudain renversement de l'éclat et de la couleur
d'innombrables raies sombres du spectre au commencement de la totalité de l'éclipse. Sur ces observations était
basée l'opinion qu'il y avait une région haute de 2″, au-
dessus de la photosphère, qui renversait pour nous *toutes*
les raies visibles dans le spectre solaire et, pour cette
raison, le nom de *couche de renversement* lui fut donné.

Poursuivant mes observations, je fus conduit, en 1873,
à abandonner cette théorie que les phénomènes d'absorption du spectre solaire sont produits par une couche
mince de ce genre, et je me convainquis que l'absorption
a lieu, à différents niveaux, au-dessus de la photosphère.
Je n'ai pas besoin d'en donner ici la preuve. Elle est
fournie dans ma *Chimie du Soleil*[2].

« Selon cette dernière hypothèse, les diverses vapeurs
existent normalement à différentes distances au-dessus
de la photosphère, suivant leur pouvoir plus ou moins
grand de résister aux effets dissociants de la chaleur[3]. »

---

1. *Proc. Roy. Soc.*, XVIII, p. 358.
2. Chap. xxii, p. 303-309.
3. *Proc. Roy. Soc.*, XXXIV, p. 292.

Mes observations durant l'éclipse de 1882, dans les
sept minutes qui ont précédé la totalité, ont assis définitivement mon opinion sur la matière. « Nous voyons
d'abord constamment une raie courte et brillante dans
les protubérances, jamais dans les taches. Ensuite, une
autre raie apparaît, vue aussi constamment dans les protubérances, et alors, pour la première fois, apparaît une
raie *plus longue* et plus fine que nous avions occasion-
nellement notée dans les taches, comme élargie [1], tandis
que, enfin, nous avons deux raies très longues, relativement très délicates, qu'on voit constamment élargies dans
les taches, et une autre raie qu'on ne voit pas dans l'étincelle, et qu'on n'a jamais, jusqu'ici, indiquée comme
élargie dans les taches. C'est un des points les plus
importants de la physique solaire, mais l'accord n'est pas
universel à ce sujet. Le professeur Young et d'autres semblent se tenir encore aux vues primitives du
Dr Frankland et aux miennes, dans l'enfance de nos
observations, à savoir que l'absorption a lieu dans une
couche mince contiguë à la photosphère. » Je procédai
ensuite à une discussion des nombreuses photographies
obtenues durant l'éclipse et donnai un tableau montrant
qu'il n'y avait qu'un léger rapport entre l'intensité des
raies communes au spectre de Fraunhofer et à l'éclipse
et de plus qu'il n'y avait là, représentées, qu'un petit
nombre de raies de Fraunhofer. En outre, dans les photographies d'éclipse, il y a beaucoup de raies brillantes
qui ne font pas partie du tout des raies de Fraunhofer.

La chromosphère, qui représente cette partie de
l'atmosphère solaire sur laquelle repose la vraie couche

---

1. *Proc. Roy. Soc.*, XXXIV, 297.

de renversement, est admirablement figurée dans les photographies de l'éclipse de 1898. L'image est si complète qu'elle est tout à fait suffisante pour ce que nous nous proposons et l'on peut d'autant plus s'y fier qu'elle représente la chromosphère prise au même moment. J'ai constaté ailleurs que la liste des raies chromosphériques d'Young peut causer des erreurs parce qu'elle est le total de résultats obtenus à différents moments en des conditions différentes. Les protubérances peuvent y être et sans aucun doute y figurent. Les longueurs et les intensités des raies sont fidèlement enregistrées dans les photographies.

Un examen des photographies de l'éclipse montre que la température des vapeurs les plus lumineuses du disque solaire n'est pas éloignée de celle que produit l'étincelle électrique de très haute tension, les raies que nous voyons se renforcer, quand on passe de l'arc à cette étincelle, étant présentes.

La chromosphère, donc, n'est certainement pas l'origine des raies de Fraunhofer, que ce soit au point de vue de l'intensité, ou du nombre. Des observations visuelles faites depuis 1888, il résulte évidemment que la chromosphère, au repos, indique une température plus haute que celle où la plus grande partie de la plus forte absorption a lieu.

En d'autres termes, la majorité des raies associées à la température la moins haute se produit au-dessus du niveau de la chromosphère et, par conséquent, la vraie couche de renversement, au lieu d'être à la partie inférieure de la chromosphère, comme certains le professent, est en réalité au-dessus.

Les photographies de l'éclipse apportent cependant, en même temps, la preuve, par les longueurs relatives de certaines raies de basse température, que nous n'avons pas besoin de situer la région absorbante, indiquée par les raies de Fraunhofer, à une grande hauteur au-dessus de la chromosphère.

Je dois dire que, pendant quelque temps, je crus que, dans le soleil, beaucoup des raies les plus sombres indiquaient des absorptions à une grande hauteur de l'atmosphère — et cela parce que le brillant spectre continu des régions inférieures peut avoir un effet important sur les phénomènes de raies d'absorption en leur superposant sa radiation et en diminuant ainsi l'absorption totale. Les observations d'éclipses de 1893, 1896 et 1898 indiquent cependant que cette opinion n'est probablement strictement vraie, que quand on considère les couches de l'atmosphère solaire exactement superposées à la photosphère.

Passons maintenant à la considération des plus hautes régions de l'enveloppe solaire pour voir quelle aide nous pouvons en tirer.

En cette matière nous dépendons absolument des éclipses et certainement les phénomènes observables, quand est visible ce qu'on nomme la couronne, sont pleins non seulement de majesté grandiose, mais encore d'enseignements précieux pour les savants. La couronne varie, comme les taches et les proéminences, avec la période des taches solaires.

Seul j'ai vu à la fois l'éclipse de 1871 au maximum de la période des taches solaires et celle de 1878 au minimum. La couronne de 1871 était aussi différente de la couronne de 1878 que deux choses peuvent l'être. En 1871 nous n'eûmes rien que des raies brillantes indiquant la présence de gaz, l'hydrogène notamment et un autre nommé provisoirement depuis lors coronium. En 1878, nous n'eûmes pas du tout de raies brillantes. Aussi supposai-je que les changements de la constitution chimique et de l'apparence de la couronne dépendent de la période des taches solaires, et les travaux récents ont confirmé cette supposition.

Je dois maintenant m'occuper spécialement de la couronne telle qu'elle a été observée et photographiée en 1898 dans l'Inde au moyen d'une chambre prismatique, remarquant qu'un point important dans l'usage de la chambre prismatisque est de nous rendre capables de séparer le spectre de la couronne de celui des protubé-rances.

Un des résultats principaux obtenus est la détermination de la position de plusieurs raies probablement de plusieurs gaz nouveaux qui, jusqu'ici, n'ont pas été reconnus exister sur la terre.

Comme la couche la plus chaude et la plus basse, *pour une raison ou pour une autre*, cette couche supérieure ne laisse point sa trace parmi les raies qui constituent le spectre général.

Jusqu'à l'emploi de la chambre prismatique, on n'a pas assez pris garde que, dans les observations faites avec un spectroscope ordinaire, on ne peut pas obtenir une vraie mesure de la hauteur à laquelle les vapeurs et les gaz peuvent s'élever au-dessus du soleil. Les premières observations montraient l'existence d'une lueur entre l'observateur et la lune obscure; elle doit donc exister aussi entre nous et les enveloppes solaires.

La chambre prismatique nous débarrasse des effets de cette lueur, et son résultat indique que la véritable couche absorbante — qui notamment donne lieu aux raies de

Fraunhofer — est beaucoup moins épaisse que les premières observations ne l'indiquaient.

Nous apprenons donc du soleil que l'absorption qui produit son spectre ordinaire est l'absorption d'une région moyenne, abritée à la fois de la très haute température des couches les plus basses de l'atmosphère, où se produisent continuellement les changements les plus violents, et de la région extérieure où la température doit être basse et où les vapeurs métalliques doivent se condenser. C'est le premier grand enseignement que donne le spectre-témoin. Le chapitre suivant va exposer le second.

CHAPITRE V

Atmosphères stellaires.

Lorsque le travail de laboratoire entrepris en vue de trouver les explications des divers phénomènes présentés par le soleil fut parvenu à un certain point, il devint nécessaire d'essayer de se faire une idée de la place du soleil parmi les étoiles, par une discussion de toutes les observations spectroscopiques existantes, qui pouvaient jeter de la clarté sur le sujet.

A cette époque un très grand nombre des plus importantes raies brillantes ou obscures, relevées dans les spectres stellaires, étaient d'origine inconnue. Dans les recherches concernant toutes les étoiles plus chaudes, il fallait traiter les lignes spectrales comme des hiéroglyphes et non comme les représentants d'espèces chimiques.

Lorsque je commençai ces recherches, d'après les idées qui prévalaient, la première période de la vie d'une étoile était celle de la plus haute température, et toutes les différences observées étaient dues aux différents degrés de refroidissement atteints. En ce qui concerne les nébuleuses, elles formaient dans la création, à ce qu'on imaginait, un ordre de choses différentes des étoiles.

Passant sur ces vues anciennes, nous relèverons seulement celle qui faisait des nébuleuses une trouée dans quelque chose d'obscur, trouée par laquelle nous parvenions à apercevoir quelque chose qui brillait plus loin, et celle qui les regardait comme composées d'un fluide enflammé. Il n'y a pas encore longtemps, on les considérait comme de simples masses de gaz à très hautes températures; on supposait aussi qu'elles représentaient le résidu laissé dans l'espace par la formation des étoiles.

Le résultat de cette étude forme la matière de deux volumes [1], aussi n'ai-je besoin d'entrer ici dans aucun détail. Mais il est nécessaire que je relate, aussi brièvement que possible, les résultats auxquels me conduisait la discussion de toutes les observations spectroscopiques alors utilisables.

L'hypothèse que tous les corps cosmiques procèdent par évolution des météorites, satisfait à toutes les observations, les différents degrés marqués par les spectres étant produits par la variété des conditions découlant de l'hypothèse même.

Les nébuleuses nous présentent le premier degré. On peut les considérer comme des essaims épars de météorites en collision, produisant ainsi leur lumière qui, au spectroscope, semble due à des gaz permanents, hydrogène, gaz de la cléveïte et composés carbonés, extraits des météorites par la chaleur des collisions; et dans une moindre mesure elle contient les raies de basse température des éléments métalliques connus pour exister dans les météorites.

Nous avons donc affaire aux particules des essaims en

---

1. *L'hypothèse météoritique* et *La place du soleil dans la nature*; Macmillan, éditeur.

collision constante et aux gaz permanents émanés d'elles et en remplissant les intervalles. La température est relativement basse. Puisque les gaz peuvent briller aussi bien à basse qu'à haute température la preuve du degré de température dépend uniquement de la présence des raies métalliques froides et de l'absence des raies renforcées.

Ainsi les nébuleuses sont des amas relativement froids de quelques gaz permanents et de quelques vapeurs métalliques froides; gaz et métaux sont précisément ceux que j'indiquais comme laissant les traces les plus visibles dans les atmosphères stellaires.

Si les nébuleuses sont ainsi composées, elles doivent se condenser en un centre, quelque immenses qu'aient été leurs dimensions initiales, quelque irrégulière qu'ait été la distribution primitive des nuages cosmiques qui les constituent. Chaque météorite, dont les collisions arrêtent la marche, doit tomber en même temps au centre de gravité de l'essaim.

Chaque paire de météorites en collision nous montre ce que doit être le stade final. Nous avons d'abord une absorption faible produite par des vapeurs métalliques autour de chaque météorite en collision. L'espace entre ces météorites est rempli par les gaz permanents qu'ils ont dégagés et qui ne peuvent se condenser. De là des raies métalliques obscures et des raies gazeuses brillantes. Avec le temps, les premières doivent prédominer, de façon que tout l'essaim de météorites finit par former une sphère gazeuse avec un centre fortement chauffé dont la lumière est absorbée par la vapeur extérieure.

Au fur et à mesure de la condensation, la température augmentant toujours au centre de condensation, tous les météorites de l'essaim primitif sont amenés à l'état gazeux.

Le bombardement météorique cesse faute de matière et l'histoire ultérieure de la masse de gaz est, d'une façon générale, celle d'un corps se refroidissant; aux violents mouvements de l'atmosphère durant la condensation a succédé maintenant un calme relatif, ce qui produit une couche de renversement dont l'observation nous permet seule de définir la température de l'étoile.

L'ordre de température des groupes d'étoiles à raies brillantes comme à raies sombres a été fixé, et des étoiles-types, indiquant les changements spectraux, ont été soigneusement étudiées; de même que celles où les phénomènes d'absorption sont seuls visibles. Et ainsi, actuellement, nous n'avons guère d'interruption dans la série qui va des nébuleuses aux étoiles en voie d'extinction.

Nous nous trouvons ici en présence de petits détails montrant les effets d'une loi nettement liée à la température. Bien plus, nous avons là des fournaises à haute température, entièrement à l'abri, par leur énormité, de ces phénomènes perturbateurs dont nous ne pouvons nous affranchir dans les conditions d'expérimentation les plus parfaites que nous puissions créer sur terre.

Grâce au spectroscope, au lieu des fantaisies d'autrefois on a le résultat d'une recherche générale à laquelle on a consacré des centaines de milliers d'observations, et, pour ma part, je ne crois pas probable que le plan de l'évolution céleste, tel que je l'ai esquissé ci-dessus, et qui est indiqué sur la courbe de température ci-contre (fig. 24), doive être transformé dans ses parties principales, tellement est large la base inductive sur laquelle il repose.

Lorsque cette hypothèse de l'évolution céleste fut formulée pour la première fois comme résultat des grands travaux spectroscopiques dont je viens de parler, beaucoup des raies des nébuleuses et des groupes stellaires III, IV et V étaient d'origine inconnue. Les groupes étaient établis en acceptant comme critérium la présence de ces raies sans aucune considération chimique. Dans les groupes inférieurs I, II et VI, la chimie avait son rôle, et l'identification de nombreuses cannelures métalliques rendait les choses plus claires encore.

Quand j'entrepris, plus tard, en 1893, le travail de la classification des étoiles d'après leurs *spectres photographiques* [1], je tombai sur deux lots importants de raies d'origine inconnue, l'un dans les étoiles les plus chaudes, l'autre dans les étoiles de température intermédiaire.

Après la découverte d'une source terrestre d'hélium par le professeur Ramsay, je montrai, dans une série de sept notes communiquées à la Société Royale [2] (mai-septembre 1895), que les gaz de la cléveïte que j'obtins par le procédé de la distillation se rapportaient dans la plus large mesure au premier groupe de raies.

Ce résultat se trouva être la clef de la chimie des groupes III et IV, lequel contient les étoiles les plus chaudes.

En 1897, dans une série de trois communications à la Société Royale [3], j'établis le fait que certaines des raies inconnues de l'autre groupe dans les étoiles de température intermédiaire, — prenant α du Cygne comme exemple,

---

1. *Phil. Trans.*, vol. CLXXXIV, p. 675.
2. 1ᵉ note : *Proc. Roy. Soc.*, LVIII, p. 67; *ibid.*, 173; 116; 192; 193; LIX, p. 4; p. 342.
3. *Proc. Roy. Soc.*, LX, p. 475; LXI, p. 148; LXI, p. 441.

— étaient dues à des raies d'étincelle renforcées du fer et

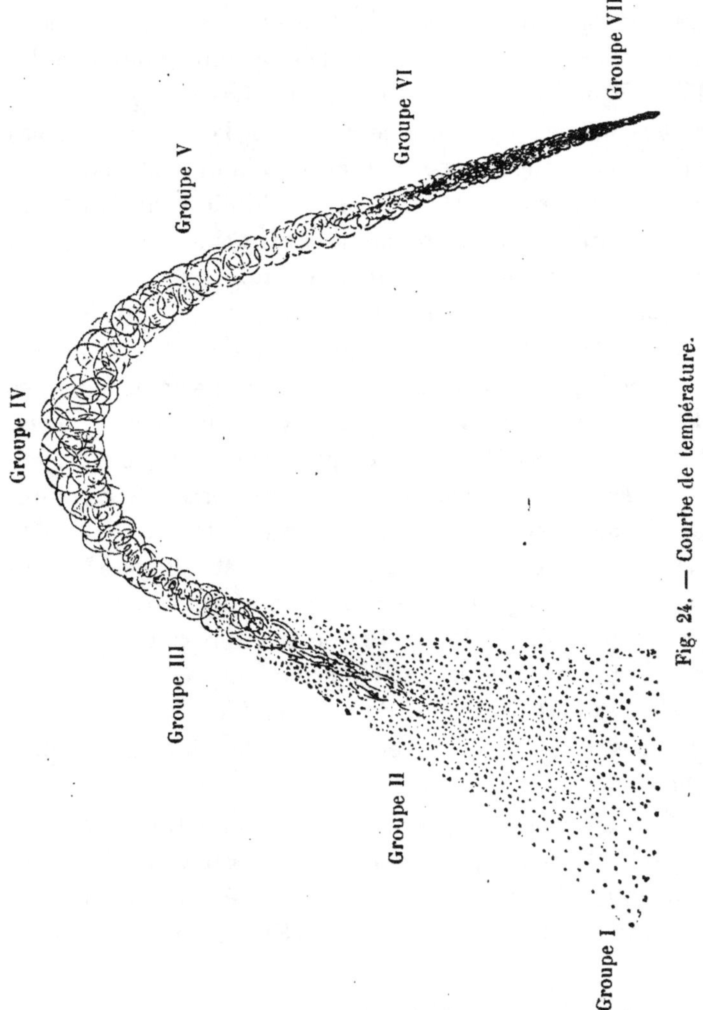

Fig. 24. — Courbe de température.

d'autres métaux, les raies d'arc étant à peu près entièrement absentes.

Les développements récents de cette recherche et en dernier lieu la formation d'un « spectre témoin » ont été rapportés dans le chapitre III. Le résultat a été de fortifier grandement l'argument basé sur les premières observations.

La photographie qui accompagne ces notes permet une comparaison entre les raies de α du Cygne et les raies renforcées des substances rassemblées pour former le spectre-témoin. Un nombre extraordinaire de coïncidences saute aux yeux. Voici les faits :

Le nombre des raies mesurées dans le spectre de α du Cygne à Kensington entre λ 3798·1 et λ 4861·6 est de *307*.

Ces raies se répartissent ainsi :

Raies coïncidant approximativement avec des raies métalliques renforcées déjà observées.................................... 120
Raies d'une intensité supérieure à 4 (le maximum étant 10, et les séries de l'hydrogène non comprises).................. 40

Dans ce dernier nombre se trouvent 38 raies qui, pour la dispersion employée, coïncident avec des raies métalliques renforcées.

L'étude des raies des étoiles de température intermédiaire, comme α du Cygne, a été longtemps considérée par les observateurs d'Harward, aussi bien que par moi-même, comme présentant de grandes difficultés.

En 1893 j'écrivais[1] : « A l'exception de la raie K, des raies de l'hydrogène et de la raie de haute température du magnésium à λ 4481, on peut dire actuellement que toutes les raies sont d'origine inconnue. Quelques-unes tombent près des raies du fer, mais l'absence des raies les plus fortes indique que les coïncidences étroites sont probablement accidentelles. »

1. *Phil. Trans., A.*, vol. CLXXXIV, p. 694.

Dans *Les spectres des étoiles brillantes*, Harward, 1897,

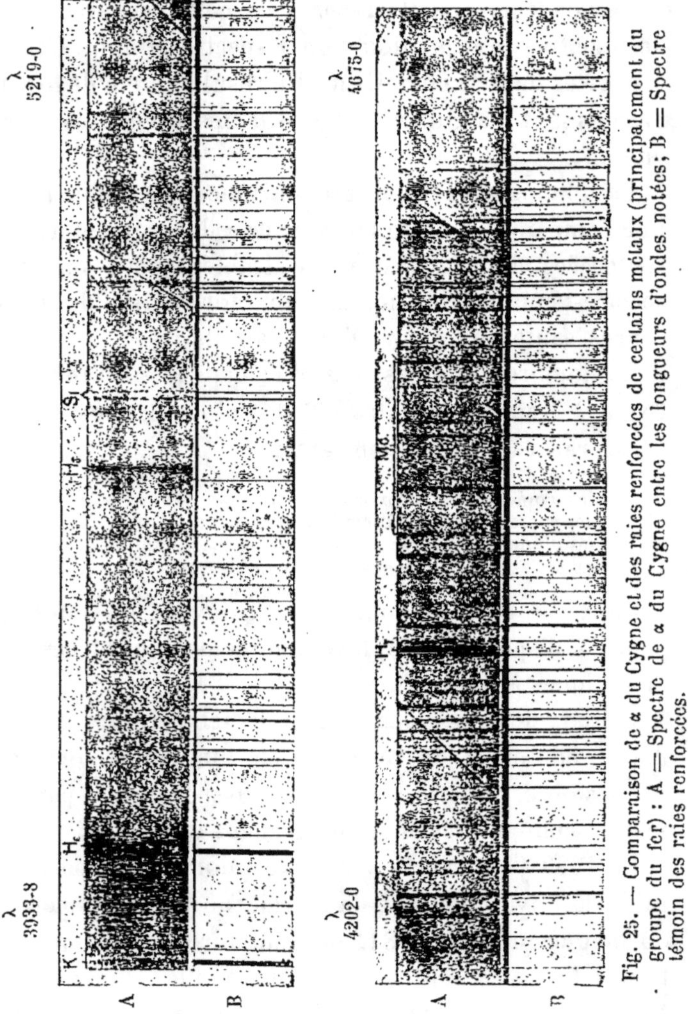

Fig. 25. — Comparaison de α du Cygne et des raies renforcées de certains métaux (principalement du groupe du fer) : A = Spectre de α du Cygne entre les longueurs d'ondes notées ; B = Spectre témoin des raies renforcées.

p. 5, on rencontre les mots suivants relatifs aux mêmes étoiles : « Ce système de raies doit être regardé peut-être

comme formant une classe séparée, comme dans le cas
des raies d'Orion, et ne doit pas être désigné comme étant
« métallique », comme on l'a fait précisément en l'absence
de tout nom plus distinctif. »

On verra que le second groupe de « raies inconnues »
est aujourd'hui aussi exactement classé par la disposition
des raies renforcées des éléments métalliques que le premier l'avait été par la découverte des gaz de la cléveïte.
Le secret des « raies inconnues » dans les étoiles les plus
chaudes est maintenant dévoilé.

Aujourd'hui que l'histoire chimique est si près d'être
complète ou tout au moins s'est tellement complétée,
nous sommes en situation de rechercher ce que les
étoiles nous révèlent de leur chimie. Mais nous devons
commencer par étudier l'origine de ces renseignements,
c'est-à-dire entre autres leurs conditions d'absorption et
ensuite les rapports de leur chimie et de leur température.

D'abord en ce qui concerne l'origine des phénomènes
d'absorption sur lesquels nos recherches porteront en
grande partie, nous avons une étoile, le soleil, si proche
de nous que nous pouvons examiner les différentes parties
de son atmosphère, ce que nous ne pouvons faire pour les
étoiles plus lointaines.

Nous avons vu, dans le chapitre iv, ce qui concerne
le soleil, à savoir que la couche d'absorption la plus forte
occupe dans l'atmosphère une certaine région, qui n'est
ni au sommet ni à la base, mais légèrement au-dessus
de la couche inférieure ou chromosphère.

D'ailleurs le spectre d'Arcturus ressemble à celui du
soleil, presque ligne pour ligne. Ce qui est vrai du soleil
doit l'être d'Arcturus, qui lui est exactement semblable.

Le nouveau point que nous avons à considérer est

celui-ci : L'absorption que le spectre nous révèle dans les étoiles en général a-t-elle lieu du haut en bas de l'atmosphère, ou seulement à certains niveaux?

Dans bon nombre de ces étoiles l'atmosphère peut avoir des millions de milles de hauteur. Dans chacune de ces étoiles, les substances chimiques des parties les plus froides et des parties les plus chaudes peuvent être extrêmement différentes. La région dans laquelle l'absorption a lieu, celle qui nous permet de distinguer spectroscopiquement une étoile d'une autre, doit être parfaitement connue avant que nous puissions obtenir la plus grande partie des informations attendues de notre recherche.

Admettant que les vapeurs les plus absorbantes dans chaque étoile particulière sont toutes voisines d'une même température, nous pouvons procéder à l'examen de l'origine des raies du spectre en commençant par tirer une conclusion sur la température probable d'après l'étendue du spectre continu et en recherchant ensuite la présence ou l'absence des raies qui sont les plus longues dans les spectres de diverses substances à cette température. Si cependant l'absorption a lieu à différents niveaux dans l'atmosphère d'une étoile, le spectre propre de chaque substance à examiner ainsi ne peut être déterminé de cette manière que par la comparaison des raies stellaires et des raies terrestres de la substance, à des températures différentes.

Cette méthode de l'examen des raies les plus longues est en défaut dans le cas d'étoiles plus chaudes que notre plus chaude étincelle. Dans ce cas nous devons nous baser sur une comparaison avec les raies qui, d'après notre étude des spectres à diverses températures, seraient probablement les plus longues dans le spectre, à une température plus haute qu'aucune de celles que nous pouvons atteindre expérimentalement.

Si j'ai consacré le chapitre précédent à l'étude du soleil c'est que cette étude est ici d'une importance capitale. Il est évident que la connaissance des phénomènes solaires a une grande valeur, car elle nous permet d'appliquer aux corps plus éloignés une série bien établie de faits, relatifs à l'étoile la plus proche de nous.

En faisant cette étude, nous avons obtenu des faits qui indiquent où se produisent les phénomènes divers sur lesquels on peut baser une classification chimique. Ces faits, nous sommes obligés de les accepter dans une discussion sur l'absorption stellaire, faute d'une preuve contraire. Et nous étendons légitimement ces conclusions à toutes les étoiles qui brillent aux cieux. Je dirai plus : en présence de résultats si nets, il ne serait pas philosophique de supposer que l'absorption puisse avoir lieu au bas de l'atmosphère d'une étoile et au haut de celle d'une autre étoile. La charge de la preuve incombe à ceux qui soutiennent une théorie de ce genre.

Nous pouvons en dire autant de la façon dont l'absorption des couches inférieures de l'atmosphère des étoiles s'inscrit dans le spectre, d'après ce que nous enseigne à ce sujet l'étude du soleil.

Si nous sommes fondés à raisonner en partant d'une étoile à photosphère aussi developpée que celle du soleil sur une étoile dans laquelle elle est probablement moins bien marquée en raison d'une température plus haute, nous devons admettre que les absorptions qui caractérisent les divers groupes d'étoiles sont réglées par les températures des couches absorbantes plutôt que par les épaisseurs de ces couches ou par la densité de leurs diverses vapeurs. Une autre considération à retenir est que les atmosphères sont en partie composées de vapeurs condensables et pas entièrement de gaz permanents à toutes les températures stellaires; par suite une condensation doit toujours se produire extérieurement dans la région de la plus basse température.

Les phénomènes d'absorption dans les spectres stellaires ne sont pas identiques pour une même température moyenne, sur les côtés ascendant et descendant de la courbe, à cause de l'énorme différence des conditions physiques. Le centre d'un essaim de météorites en condensation, centre soumis de toutes parts au bombardement des météorites, ne peut être équivalent à la chromosphère solaire.

Toute la masse est composée de vapeurs hétérogènes, à des températures différentes, se mouvant avec des vitesses différentes suivant les régions.

Dans un essaim condensé, au contraire, dont nous pouvons prendre le soleil pour type, cette action a pratiquement cessé. Nous avons une atmosphère en repos relatif, et un arrangement régulier des vapeurs, de la base au sommet, troublé seulement par la chute de vapeurs métalliques condensées. Mais encore d'après cette théorie que les différences des spectres des corps célestes représentent principalement des différences de degré de condensation et de température, il peut n'y avoir pas au fond grande différence chimique entre corps de température croissante et décroissante.

Par suite, nous trouvons sur les branches opposées de la courbe, pour des températures moyennes égales, cette ressemblance chimique des vapeurs absorbantes déjà démontrée par de nombreux points de ressemblance dans les spectres, spécialement en ce qui touche les raies métalliques renforcées et les raies des gaz de la cléveïte.

Maintenant que le spectre témoin nous a conduits à une conclusion très nette en ce qui concerne α du Cygne et les étoiles analogues, il nous faut revenir au chapitre IV, où nous discutions l'atmosphère solaire.

Nous disions quelle merveilleuse ressemblance il y avait entre le spectre-témoin et la chromosphère du soleil photographiée durant l'éclipse de 1898. Si les spectres de l'atmosphère fortement absorbante de α du Cygne et de la chromosphère solaire ressemblent ainsi au spectre témoin, les atmosphères doivent aussi se ressembler et comme composition chimique et comme température.

Nous avons là, par suite, une occasion imprévue de noter l'étroite connexion des phénomènes solaires et stellaires, non seulement en notant, comme nous avons fait, l'action identique des couches absorbantes (nous trouvons en effet les spectres du Soleil, d'Arcturus et de Capella presque identiques raie pour raie), mais encore en étudiant les rapports de la couche absorbante d'une étoile avec la couche inférieure à la couche absorbante d'une autre.

D'une part nous trouvons que la couche absorbante du soleil est semblable à celle d'Arcturus et de Capella, et d'autre part que le spectre de la chromosphère solaire ressemble à celui de la couche de renversement de α du Cygne. Le spectre-témoin leur convient à toutes deux.

De plus, d'après une loi physique bien connue, la chromosphère doit être plus chaude qu'aucune des couches qui lui sont extérieures; mais nous savons que la couche de renversement est extérieure à la chromosphère, donc la couche de renversement de α du Cygne doit être plus chaude què la couche de renversement du soleil.

Dans la chromosphère de 1898, les raies dilatées sont toutes de plus grande intensité que les raies de Fraunhofer correspondantes et elles sont aussi relativement plus fortes, par rapport aux raies de l'arc, qu'elles ne le sont dans l'étincelle du laboratoire. Donc la vapeur de fer incandescente dans la chromosphère doit être à une température au moins aussi haute que dans l'étincelle et certainement plus haute que dans la vapeur de fer qui agit le plus pour produire les raies de Fraunhofer.

Il est complètement prouvé que la température dans la couche de renversement de α du Cygne est plus élevée que dans la couche de renversement du soleil. Qu'y trouvons-nous? Parmi les raies qui disparaissent, nous avons les raies d'arc du fer, du calcium,

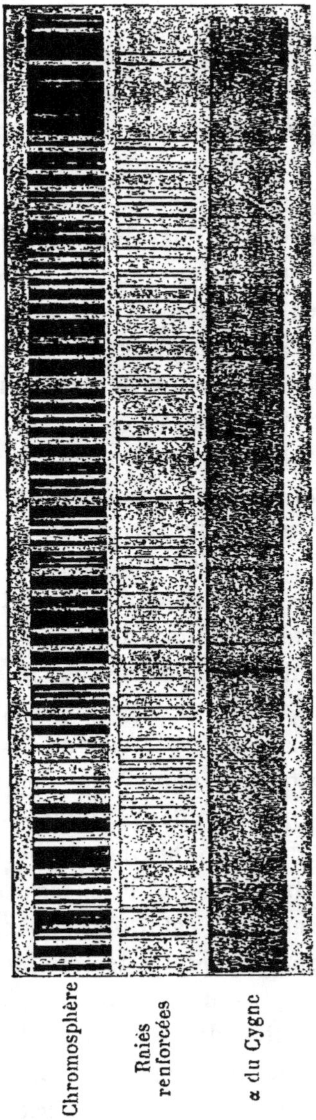

Fig. 26. — Comparaison des spectres de la chromosphère et de α. Cygni, montrant que le spectre témoin composé des raies renforcées est commun à l'une et à l'autre.

du magnésium, du strontium, etc., au nombre de quelques milliers. Parmi les raies dont l'importance croît, nous avons le petit nombre des raies renforcées du fer, les raies de l'hydrogène et quelques autres que nous ne pouvons actuellement associer au nom d'aucune substance connue. Nous sommes en face d'une série de phénomènes qui est simplement et suffisamment expliquée par la constatation qu'en passant de la température du soleil à celle d'α du Cygne, parmi les changements qui se produisent, on peut constater la substitution au spectre compliqué du fer d'un spectre plus simple de raies renforcées. D'autres recherches montrent que les autres spectres métalliques se comportent de même.

Ainsi en passant de la couche absorbante du soleil à celle de α du Cygne, nous passons des raies d'arc, des éléments métalliques aux raies renforcées. C'est vraiment un changement énorme que le spectre-témoin met hors de doute et dont la signification sera indiquée plus loin.

Dans le cas du soleil, le spectre-témoin renforcé était le seul que nous pussions employer utilement. Mais dans le cas des étoiles les plus chaudes, c'est-à-dire celles dont le spectre est le plus long, nous pouvons aller plus loin. Elles sont tellement plus chaudes que le soleil qu'elles nous donnent l'occasion de faire un nouveau pas en avant, c'est-à-dire d'employer comme spectre-témoin celui que fournit la somme des raies de l'hydrogène et des gaz de la clévéite. Comme nous l'avons vu, les raies métalliques de l'arc cèdent le pas aux raies renforcées, dans les étoiles de température moyenne, comme notre soleil et α du Cygne; de même dans les étoiles les plus chaudes les raies renforcées s'évanouissent presque entièrement et font place à un spectre à peu près entièrement gazeux.

Pour prendre l'exemple du fer, pour plus de simplicité, on verra que les phénomènes stellaires actuels peuvent être prédits jusqu'à un certain point en partant des phénomènes solaires et de laboratoire. Mais les étoiles nous mènent plus loin que ne vont nos prévisions. Nous voyons l'augmentation graduelle de l'hydrogène et des gaz de la cléveïte. Les faits démontrent qu'avec l'accroissement de la température, l'hydrogène augmente; en même temps les gaz de la cléveïte, qu'on ne voyait pas jusque-là, remplacent le fer qui a disparu.

CHAPITRE VI

La chimie des étoiles.

Les progrès récents de nos connaissances, fruit de la combinaison des recherches solaires, stellaires, et de laboratoire, effectuées à l'aide d'instruments plus puissants que ceux employés auparavant, nous a donné, au point de vue chimique, une base solide relative à tous les groupes de ma classification des étoiles.

Ces groupes avaient été formés en discutant l'ordre de succession des raies, avant que leur origine fut connue. Comme je l'ai dit plus haut, une série d'hiéroglyphes est remplacée maintenant par des faits chimiques et nous pouvons à présent étudier la chimie des étoiles et leur ordre dans une classification systématique.

La première question qui se pose est naturellement celle-ci : Les éléments chimiques se manifestent-ils indistinctement dans tous les corps célestes, de façon que, pratiquement, les corps puissent être considérés comme étant de constitution chimique pareille ? Il n'en est pas ainsi.

Considérons les étoiles analogues au soleil, consistant en un noyau intérieur entouré d'une atmosphère qui absorbe la lumière du noyau, étoiles que nous étudions du reste grâce à cette absorption. Leur spectre nous fait conclure que les atmosphères de quelques étoiles sont principalement gazeuses, c'est-à-dire consistent en éléments que nous connaissons gazeux ici-bas; pour d'autres étoiles l'atmosphère est principalement métallique, d'autres enfin sont surtout constituées par le carbone ou ses composés. Le spectroscope nous révèle donc qu'il y a une variation chimique considérable dans la constitution des atmosphères stellaires.

Quoique général ce renseignement est encore isolé. Pouvons-nous le rapprocher d'un autre? Par le moyen d'un des premiers principes de l'analyse spectrale rappelés dans le chapitre I, nous savons que plus un corps produisant un spectre continu est chaud, plus ce spectre s'étend loin dans le violet et l'ultra-violet.

Par suite, plus une étoile est chaude, plus son spectre est complet ou continu vers l'ultra violet et, toutes choses égales d'ailleurs, moins sa lumière est absorbée par des vapeurs plus froides de son atmosphère.

Prenons pour exemple trois des principaux groupes d'étoiles, nous trouvons le résultat général suivant :

Étoiles gazeuses......................	Spectre très long.
Étoiles métalliques..................	Spectre moyen.
Étoiles carbonées	Spectre très court.

Nous avons ainsi associé deux séries différentes de phénomènes, ce qui nous permet de poser la règle générale suivante :

Étoiles gazeuses............	Température très haute.
Étoiles métalliques.........	Température intermédiaire.
Étoiles carbonées...........	Température la plus basse.

D'où il suit que la différence de constitution chimique apparente est associée à des différences de température.

Ceci est le résultat de notre première recherche sur l'existence des différents éléments chimiques dans l'atmosphère des étoiles en général. Nous voyons une grande variété et nous savons qu'elle va de compagnie avec des changements de température.

Nous trouvons aussi que le soleil, connu pour des raisons indépendantes comme une étoile en voie de refroidissement, et Arcturus sont chimiquement identiques.

Pouvons-nous associer une troisième classe de faits aux deux classes sur lesquelles j'ai déjà appelé l'attention?

Le travail de laboratoire va nous le permettre.

Le spectre des gaz de la cléveïte et le spectre des raies métalliques renforcées vont venir à notre aide et nous permettre un pas en avant. En étudiant l'aspect de ces raies dans les spectres stellaires, nous avons une troisième série de phénomènes précieux dont les conséquences sont en harmonie absolue avec ce qui précède. Ainsi

Étoiles gazeuses :
Haute température..... { Fortes raies des gaz de la cléveïte et faibles raies renforcées.

Étoiles métalliques :
Température moyenne. { Faibles raies des gaz de la cléveïte et fortes raies renforcées. Pas de raies des gaz de la cléveïte et fortes raies d'arc.

Étoiles carbonées :
Températures les plus basses............... { Faibles raies d'arc.

Il est clair maintenant que non seulement les changements spectraux dans les étoiles sont associés à des changements dans la température ou produits par eux, mais que l'étude des raies de l'étincelle et de l'arc nous permet une thermométrie rigoureuse des étoiles, de telles raies étant beaucoup plus faciles à observer que des longueurs relatives de spectre.

Quelle est donc la loi chimique? La voici. Dans les étoiles les plus chaudes nous avons affaire en général, et presque exclusivement aux gaz hydrogène, hélium, astérium et sans doute à d'autres encore inconnus. A la température immédiatement inférieure, ces gaz sont remplacés par des métaux dans l'état où ils se trouvent dans la plus puissante étincelle condensée de nos laboratoires. A une température plus basse encore, les gaz disparaissent entièrement et il reste les métaux dans un état analogue à celui produit par l'arc électrique.

Je viens de dire : « parlant en général », mais réellement nous pouvons aller plus loin que cette constatation générale; passant maintenant du général au particulier je vais donner les résultats détaillés obtenus récemment relatifs aux étoiles aussi chaudes ou plus chaudes qu'Arcturus — résultats des travaux les plus récents, dont quelques-uns ont été relatés aux précédents chapitres. (La température d'Arcturus est prise pour représenter celle du soleil.)

PROTOMÉTAUX.

En ce qui concerne les métaux, les travaux récents sur les raies renforcées des spectres de métaux, d'α du Cygne[1] et de la chromosphère solaire nous permettent de raisonner sur les raies qu'on observe aux plus hautes températures dans les spectres des substances suivantes : magnésium, calcium, fer, manganèse, nickel, chrome, titane, cuivre, vanadium, strontium, silicium.

Les reproductions de photographies sans retouches

1. *Nature,* vol. LXIX, p. 342.

des spectres de la chromosphère et d'α du Cygne, donnés page 81, avec le spectre témoin ont montré l'étonnante similitude qui existe entre ces trois spectres.

Comme nous avons affaire à la fois aux raies d'arc et d'étincelle de ces substances, j'appellerai pour plus de clarté raies *protométalliques* les raies d'étincelle ; je considère les substances qui les produisent, substances obtenues aux plus hautes températures de laboratoire, comme des *protométaux*, c'est-à-dire comme une forme du métal plus subtile que celle qui produit les raies d'arc, forme correspondant aux « métaéléments » de Crookes.

Voici, pour diverses étoiles, les résultats des recherches faites sur les degrés de température auxquels correspondent les raies renforcées de ces métaux :

MÉTAL	LIMITES DE TEMPÉRATURE SÉRIE MONTANTE	LIMITES DE TEMPÉRATURE SÉRIE DESCENDANTE
Magnésium.	de α Petite Ourse à γ d'Argo.	de α Eridan à Procyon.
Calcium....	de α du Taureau à γ d'Argo.	de α Eridan à Arcturus.
Fer.........	de α du Taureau ζ du Taureau [1].	de β de Persée à Arcturus.
Titane......	de α du Taureau à ζ du Taureau.	de β Persée à Arcturus.
Manganèse..	de α Petite Ourse à α du Cygne.	β Persée à Procyon.
Nickel......	de α Petite Ourse à α du Cygne.	β Persée à Procyon.
Chrome	de α Petite Ourse à α Cygne.	γ Lyre à Procyon.
Vanadium..	α Petite Ourse à α Cygne.	Sirius à Procyon.
Cuivre......	α Petite Ourse à α Cygne.	β Persée à Procyon.
Strontium..	α du Taureau à α Cygne.	Sirius à Arcturus.

Les raies renforcées des corps ci-dessus semblent rendre compte de presque toutes les raies les plus marquées, dans α du Cygne.

C'est en me plaçant sur ce terrain que j'ai recherché

1. C'est un des plus extraordinaires spectres qu'on ait rencontrés dans la série des photographies de Kensington, comme je l'ai déjà fait remarquer. (*Proc. Roy. Soc.*, vol. LXI, p. 184.) Tandis que les raies de l'hydrogène sont bien nettes, et pas très larges, beaucoup de raies, spécialement

leur manière d'être dans les autres étoiles avant d'attendre les résultats d'une recherche complète.

Il y a une autre raison ; en outre des raies renforcées des métaux de la table précédente, on a bien étudié les raies renforcées du baryum, du cadmium, du molybdène, du lanthane, de l'antimoine, du plomb, du palladium, du tantale, de l'erbium et de l'yttrium, du tungstène, du cérium, de l'uranium, du cobalt et du bismuth ; mais cette étude a été faite avec une dispersion plus faible et une étincelle obtenue avec une bouteille de Leyde de beaucoup moins grande capacité, de façon que je n'ai pas la certitude qu'une de ces substances existe dans les couches de renversement des étoiles de température moyenne.

Les limites de température des raies d'arc de quelques métaux ont été aussi recherchées et les résultats figurent dans la table suivante :

MÉTAL	LIMITES DE TEMPÉRATURE SÉRIE ASCENDANTE	LIMITES DE TEMPÉRATURE SÉRIE DESCENDANTE
Fer.........	de α du Taureau à α du Cygne.	α du Grand Chien à Arcturus.
Calcium....	de α du Taureau à α de la Petite Ourse.	*id.*
Manganèse..	*id.*	*id.*

Voici pour les métaux ; passons aux gaz.

PROTOHYDROGÈNE.

Il y a peu de temps, le professeur Pickering, de l'observatoire d'Harward, trouva, en étudiant les spectres des

celles des gaz de la clévéite sont élargies presque jusqu'à être invisibles. Dans l'hypothèse météoritique céla s'explique par la grande différence de vitesse et de direction des flux météoritiques, l'élargissement spécial aux gaz de la clévéite indiquant que ces gaz sont principalement en jeu dans les perturbations de haute température. A cause de certaines raies trop indistinctes, ζ du Taureau est négligé dans cette discussion.

étoiles australes, qu'une de celles de la Poupe (latin : Puppis), du vaisseau qui forme la constellation Argo, appelée ζ Puppis, contenait un système de raies encore inconnues et conclut à l'existence d'un élément nouveau [1]. Une recherche plus approfondie l'amena à supposer que cette série nouvelle avait, d'une façon quelconque, rapport à l'hydrogène parce que les raies occupaient les mêmes positions que celles calculées d'après les formules et les constantes qui servent pour la série ordinaire de l'hydrogène ; la seule différence dans l'emploi de la formule étant que l'on donnait à n des valeurs paires au lieu de valeurs impaires [2].

Les professeurs Pickering et Kayser admettent l'un et l'autre que cette forme nouvelle de l'hydrogène est due très probablement à une haute température, et le professeur Kayser constate en propres termes « que, si cette série n'a jamais pu être observée auparavant, cela peut s'expliquer par la température insuffisante de nos tubes de Geissler et de la plupart des étoiles ».

1. Voir *Astrophysical Journal*, vol. IV, p. 369 ; vol. V, p. 95.
2. Ces deux séries sont les suivantes :

ANCIENNE SÉRIE			NOUVELLE SÉRIE		
n	Calculée.	Observée.	n	Calculée.	Observée (moyennes).
6	6563.0	6563.0	5	10128.1	—
8	4861.5	4861.5	7	5413.9	—
10	4340.6	4340.7	9	4543.6	—
12	4101.9	4101.8	11	4201.7	4200.4
14	3970 2	3970.2	13	4027.4	4026.8
16	3889.2	3889.1	15	3925.2	3924.7
18	3835.5	3835.5	17	3859.8	3858.7
20	3798.0	3798.1	19	3815.2	3815.9
			21	3783.4	3783.4

Ces tableaux sont pris dans l'article du professeur Pickering, *Astrophysical Journal*, V, p. 93. Voir aussi l'article de Kayser, p. 95, même journal.

Si, comme le professeur Kayser et moi-même nous en suggérions l'un et l'autre l'idée, cette nouvelle série et celle connue auparavant sont probablement des séries secondaires, la série principale de l'hydrogène ne nous est pas encore tombée sous les yeux, à moins qu'une des raies encore classées comme inconnues ne la représente, comme l'a pensé le professeur Rydberg. Il est encore possible que, même dans les étoiles les plus chaudes considérées jusqu'à ce jour, la température ne soit pas assez haute pour permettre à sa molécule d'exister hors de toute combinaison.

Cette idée que la nouvelle série de raies, probablement de l'hydrogène, dans ζ Puppis est due à l'effet d'une température transcendante, a provoqué un essai de produire ce spectre au laboratoire. Avec l'étincelle à haute tension dans l'hydrogène à la pression atmosphérique, la série ordinaire est représentée par des raies larges. L'emploi de l'étincelle avec de grandes bouteilles dans des tubes à vide produit la fusion partielle du verre et l'apparition de raies attribuables au silicium, mais la nouvelle série n'a pas encore été observée.

Dans sa première communication le professeur Pickering mentionne des raies à 4698, 4652, 4620 et 4505, mais il n'en parle pas dans son second article qui a rapport spécialement à la nouvelle série. La raie 4505 fut prise d'abord pour une des composantes de la nouvelle série, mais elle semble avoir été ensuite supplantée par l'emploi de la raie 4544 qui convient mieux et comme intensité et comme position. (Le calcul donnait 4 543-6).

Comme cette nouvelle série de l'hydrogène semble avoir avec la série connue la même relation que les raies protométalliques ont avec les raies métalliques, j'appelle pour plus de clarté *protohydrogène* le gaz qni les produit.

La nouvelle série a été trouvée dans les spectres de ζ, ε, δ et α d'Orion photographiés à Kensington en 1892.

Le professeur Pickering a trouvé lui-même depuis lors ce système de raies dans d'autres étoiles que ζ Puppis, dans 29 du Grand Chien entre autres, et M. Mac Clean, dans son admirable travail sur les plus brillantes étoiles de l'hémisphère austral, a obtenu des photographies du spectre de γ d'Argo dans lesquelles la nouvelle série apparaît.

Il résulte, de la comparaison de ces étoiles avec d'autres déjà photographiées, que nous sommes ici presque sans aucun doute en présence des étoiles les plus chaudes connues et que la nouvelle série des raies de l'hydrogène représente un des derniers stades de simplification chimique que nous puissions voir.

Nous sommes par suite maintenant mieux placés pour déterminer les relations de ce nouveau gaz avec les autres gaz, connus et inconnus, qui apparaissent dans des étoiles de température presque égale.

AUTRES RAIES NOUVELLES.

Dans l'état actuel de nos connaissances des spectres stellaires, nous trouvons encore, en ce qui touche les étoiles les plus chaudes, quelques lacunes d'ordre chimique; de plus, si nous tenons compte des limites de nos moyens d'observations, et du fait que ces observations sont strictement limitées à la portion d'espace relativement faible (si énorme soit-elle) qui nous entoure immédiatement, avons-nous le droit d'affirmer que nous sommes réellement en présence des plus hautes températures stellaires?

De plus nous ne pouvons pas être certains que le petit nombre d'étoiles étudiées jusqu'à présent nous mette en présence des plus hautes températures stellaires. Celles de ces étoiles qui sont en apparence au sommet de la courbe de température ont des raies inconnues et doivent être étudiées avec une attention spéciale.

Deux raies typiques inconnues ayant des longueurs d'ondes de 4089-2 et 4649-2[1] apparaissent avec trois autres raies inconnues dans γ d'Argo.

Comme elles révèlent probablement des gaz non

ORIGINE	λ DES LIGNES PRINCIPALES	LIMITES DANS LA SÉRIE ASCENDANTE DES ÉTOILES	LIMITES DANS LA SÉRIE DESCENDANTE
Inconnue...	4457 4451 3876	vues seulement dans γ d'Argo	
Hydrogène (nouvelle s.).	4544.0 4200.4	de ζ Orion à γ d'Argo	pas rencontrées
Inconnu...	4649.2	d'α de la Croix à ζ Orion	α d'Eridan
Hélium.....	4471.6 4026.3	de Rigel à γ d'Argo	de α Eridan à γ de la Lyre
Astérium ...	4388 4009	de Rigel à γ d'Argo	de α Eridan à γ de la Lyre
Hydrogène..	série complète.	d'Aldebaran à γ d'Argo.	de α Eridan à Arcturus.

encore découverts, je les comprends dans le tableau ci-dessus montrant les limites de température stellaire auxquelles s'étendent les raies connues et inconnues, d'origine gazeuse probablement.

M. Mac Clean a constaté que certaines des raies de

1. *Proc. Roy. Soc.*, LXII, p. 52.

l'oxygène (parmi elles le fort triplet à $\lambda\lambda$ 4070-1, 4072-4, 4076-3) apparaissent dans le spectre de β de la Croix et autres étoiles de température voisine.

Mes propres observations, aussi loin que je les ai poussées, tendent à confirmer cette vue.

Mais d'autres photographies et le travail du laboratoire sont encore nécessaires pour expliquer certains changements d'intensité qui ont été observés.

Les raies attribuées par M. Mac Cléan à l'oxygène ont été notées entre α de la Croix et ζ d'Orion dans la série montante, et vers le niveau de température de α d'Éridan dans la série descendante.

On a la preuve que les plus fortes raies de l'azote à λ 3995-2 et λ 4630-9 font leur apparition dans les étoiles vers la température de α de la Croix. Ces raies apparaissent de Rigel à ζ d'Orion dans la série ascendante et sont présentes dans les étoiles au niveau de α d'Éridan dans la série descendante.

J'ai signalé il y a plusieurs années[1] qu'à haute température les cannelures du carbone dans le violet sont remplacées par une raie à 4267-5. Il y a une raie de cette longueur d'onde dans les spectres d'étoiles de température comprise entre celles de Rigel et de ζ d'Orion (série ascendante) et celles d'α d'Éridan et de β de Persée (série descendante).

Il n'y a pas dans les gaz ou les métaux de raie connue avec laquelle cette raie puisse être identifiée. Il est donc probable que le carbone existe dans les étoiles qui ont la température de celles où l'on a noté l'oxygène et le carbone.

Deux raies dans le spectre du silicium (λ 4128-5 et

---

1. *Proc. Roy. Soc.*, vol. XXX, p. 461.

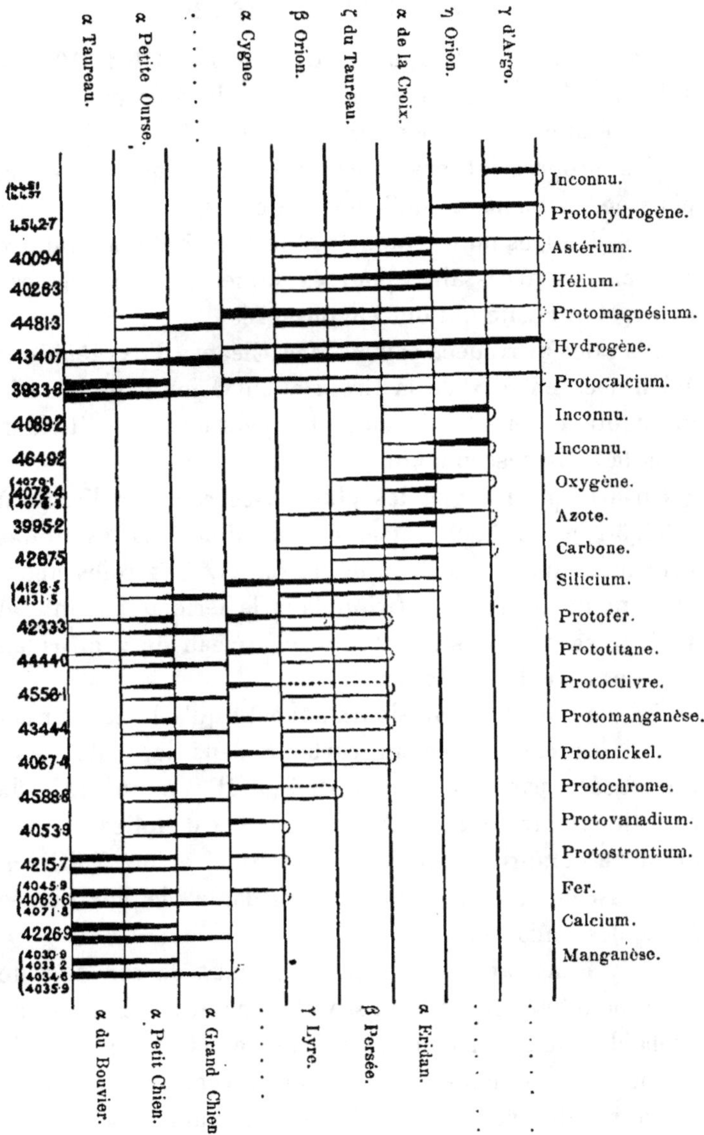

Fig. 27. — Tableau des substances chimiques présentes aux diverses températures.

λ 4131-5) ont été notées dans les étoiles dont la température est comprise entre celles de α de la Petite Ourse et de α de la Croix (série ascendante) et celles d'α d'Éridan et de Procyon (série descendante).

Le tableau ci-contre montre les faits relatifs aux étoiles connues de température égale ou supérieure à celle du Soleil.

EXPLICATION DU TABLEAU.

Le tableau est dressé d'après le plan suivant. La température du Soleil et d'Arcturus forme le degré inférieur. La limite supérieure est donnée par γ d'Argo, la plus chaude étoile connue; à gauche les étoiles nommées sont celles dont la température s'accroît, à droite celles dont elle décroît.

Celles qui sont sur la même ligne horizontale représentent des températures moyennes égales dans la mesure où les raies renforcées et celles des gaz de la cléveïte nous permettent de les déterminer. Les espaces en blanc indiquent qu'on n'a pas encore photographié d'étoiles dans le spectre desquelles les raies renforcées soient exactement pareilles à celles qu'on trouve de l'autre côté de la courbe.

Les noms des diverses substances chimiques discutées sont donnés au sommet. J'ai gardé le préfixe *proto* pour l'état des vapeurs métalliques qui ne nous donne que les raies renforcées et je l'ai ajouté à cette forme d'hydrogène que l'on voit seulement dans les étoiles les plus chaudes. L'aspect de la raie la plus typique de chaque substance est indiqué par une ligne double bouclée au sommet.

La longueur et l'épaisseur variable du trait qui représente les raies dans les étoiles des deux branches de la courbe de température sont tracées d'après l'apparence et l'intensité des raies observées dans les diverses étoiles.

Les longueurs d'onde des raies discutées sont indiquées au bas du tableau.

DÉTAILS DES CHANGEMENTS OBSERVÉS.

Les faits incorporés dans ce tableau nous présentent les modifications de spectres notées dans les étoiles des groupes III, IV et V de ma classification [1]; ils résultent d'une recherche plus générale que celle dont proviennent les faits que je considérais dans mes premiers mémoires [2], les origines d'un nombre considérable de raies des étoiles ayant été reconnues depuis lors comme des raies renforcées de métaux ou de gaz connus.

On verra que cette recherche plus complète justifie entièrement mon affirmation antérieure [3] que les raies métalliques sont plus larges dans les étoiles de température croissante et les raies de l'hydrogène plus larges dans les étoiles de température décroissante, en d'autres termes, aux deux branches opposées de la courbe de température. J'en ai déjà donné une explication possible [4].

On observera d'ailleurs que je n'ai pu trouver jusqu'ici sur la branche descendante, de spectres stellaires correspondant à ceux de γ d'Argo et ζ Orion. Mais il est plus que probable qu'au voisinage du sommet de la courbe on observe très peu de changements. Par suite, ce vide est moins important qu'on n'aurait pu craindre.

1. *Proc. Roy. Soc.*, XLIII, p. 117 (1887).
2. *Ibid.*, XLIV, p. 1 (1888); *ibid.*, XLV, p. 380 (1889); *Phil. Trans.* A, 184 (1893), p. 725.
3. *Proc. Roy. Soc.*, LXI, 182.
4. *Proc. Roy. Soc.*, LXI, 183.

La même remarque s'applique à α du Cygne et à Sirius, mais il est certain ici que les différences dans les intensités relatives des raies gazeuses et renforcées doivent être considérables à en juger par ce qui arrive aux étages de température immédiatement inférieur et supérieur.

Les étoiles sur lesquelles a porté cette discussion nous donnent des résultats bien définis, montrant que les différentes formes chimiques apparaissent à six différents niveaux de température.

LES LIMITES DE TEMPÉRATURE.

Je veux faire quelques remarques sur les séries de faits réunis ici pour la première fois. On devra toutefois se souvenir que tous les éléments chimiques et toutes les parties du spectre ne sont pas encore compris dans cette investigation.

Les faits indiquent des particularités. Certaines formes chimiques semblent être plus durables que d'autres, et d'ailleurs, les changements importants du spectre dans le cas de substances différentes ne se produisent pas à la même température.

1° L'hydrogène se montre partout dans les deux séries d'étoiles de la base au faîte. Le protomagnésium et le protocalcium le suivent de très près, mais le premier atteint sa plus haute intensité à l'étage représenté par α du Cygne et le second à la température solaire représentée par α du Taureau et Arcturus.

2° A ces exceptions près, toutes les formes chimiques connues jusqu'ici sont peu durables.

C'est la première différence importante. Grâce à la première constatation, nous avons le droit de dire que les substances autres que l'hydrogène, le protomagnésium et le protocalcium seraient visibles dans les couches de renversement stellaires si elles y étaient présentes.

3° Dans les étoiles de plus haute température nous avons généralement affaire à des gaz. Au-dessous des étages représentés par β Orion et γ de la Lyre nous avons des protométaux et des métaux, l'hydrogène étant la seule exception.

4° Les protométaux font leur apparition vers le degré de chaleur où les gaz et le carbone (l'hydrogène toujours excepté) commencent à disparaître.

Ceci est la seconde différence importante. Il est intéressant de noter la différence distincte entre l'aspect du carbone et du silicium dans la série descendante. Le premier est aux mêmes étages que l'oxygène et l'azote, le second se comporte comme les protométaux.

5° A l'exception du fer, les métaux, à l'encontre des protométaux, font seulement leur apparition dans les étoiles de l'étage de Sirius et au-dessous.

Ceci est la troisième distinction importante. Cette apparition s'accompagne d'une *diminution* notable de l'hydrogène et du protomagnésium et d'un accroissement du protocalcium. En fait, celui-ci semble généralement varier en raison inverse de l'hydrogène.

La question se pose de savoir si l'ordre de visibilité, à la température inférieure dont nous parlons, n'explique pas l'absence du protohydrogène, de l'oxygène et de l'azote, des spectres du soleil et des nébuleuses; s'il n'expliquerait pas aussi la présence des métaux et l'absence de quartz dans les météorites, la similitude des produits gazeux obtenus des météorites et des métaux, natifs et autres, dans le vide à haute température.

Chimie des étoiles les plus froides.

J'ai montré page 87 comment la découverte de nouvelles raies dans les spectres des éléments métalliques, grâce à l'emploi de bobines d'induction les plus puissantes qui existent, nous a mis en possession de la chimie des étoiles de température intermédiaire, et comment la découverte des gaz de la cléveïte nous a aidés à déterminer l'origine de beaucoup de raies des étoiles les plus chaudes.

Notre connaissance de la chimie des étoiles froides est moins riche en merveilles. Nous avons deux groupes distincts d'étoiles froides, la preuve de leur température inférieure étant la brièveté de leur spectre.

Dans un de ces groupes, nous avons affaire à l'absorption seule comme dans ceux que nous avons considérés jusqu'à présent. Il y a un grand trou dans la suite des phénomènes observés : l'hélium, l'hydrogène et les raies renforcées des métaux ont pratiquement disparu et nous avons affaire aux raies métalliques de l'arc et à l'absorption du carbone principalement.

Mais l'autre groupe d'étoiles les plus froides nous présente des phénomènes tout à fait nouveaux. Nous n'avons plus affaire à l'absorption seule, mais l'accompagnant, nous avons du rayonnement, de façon que le spectre contient à la fois des raies sombres, des raies brillantes et des cannelures.

Or de pareils spectres se rencontrent dans le cas de *nouvelles étoiles*, comme on les appelle, les éphémères du ciel, qui, on peut le dire, n'existent relativement que pendant un instant.

Dans le cas de ces corps, quand la perturbation qui

donne lieu à leur soudaine apparition a cessé, nous trouvons leur place occupée par des nébuleuses. Nous ne pouvons donc point avoir affaire ici à des astres comme le soleil qui a déjà pris quelques millions d'années pour se refroidir et demandera encore plus de millions d'années pour arriver à l'invisibilité complète.

Donc, dans cette classe « d'étoiles » les plus froides, nous avons évidemment affaire à des essaims de météorites, dont la condensation a à peine commencé, et c'est cette classe qui nous fournit plus d' « étoiles variables » que toute autre.

CHAPITRE VII

Une classification chimique des étoiles.

Dans les essais faits pour classer les étoiles au moyen de leurs spectres, depuis l'époque de Rutherford jusqu'à ces derniers temps, les différents critériums choisis étaient nécessairement pour la plus grande partie d'origine inconnue. A l'exception de l'hydrogène, du calcium, du fer et du carbone, les origines chimiques de la plupart des raies spectrales ne pouvaient pas être déterminées avec certitude.

Par suite, on désigna par des chiffres les différents groupes définis par l'aspect de ces raies inconnues ; comme les opinions de ceux qui effectuaient ces classifications différaient considérablement sur les conséquences à tirer des observations, les séries numériques diffèrent tellement que toute coordination entre elles devient difficile et confuse. Les travaux récents auxquels se rapporte le chapitre précédent ont jeté un tel flot de lumière sur la chimie des étoiles qu'on peut à présent établir des groupements chimiques bien définis ; l'objet du présent chapitre est de rendre compte du plan général de classification que j'ai récemment proposé.

Le fait que dans la région photographique des spectres

stellaires on a maintenant découvert l'origine de la plupart des raies importantes, rend désirable ce pas en avant,
quoique beaucoup des éléments chimiques restent encore
à étudier complètement au point de vue stellaire.

Le plan est établi d'après une recherche minutieuse
portant sur la variation dans les différentes étoiles de
l'intensité des raies et des cannelures des substances
mentionnées ci-dessous :

1° Certains éléments inconnus (probablement gazeux
à moins que leurs éléments ne représentent des « séries
principales ») dans les étoiles les plus chaudes et la nouvelle forme de l'hydrogène découverte par le professeur
Pickering (que j'appelle « proto-hydrogène » pour la clarté),
l'hydrogène, l'hélium, l'astérium, le calcium, le magnésium, l'oxygène, l'azote, le carbone, le silicium, le fer, le
titane, le cuivre, le manganèse, le nickel, le chrome, le
vanadium, le strontium ; les spectres ont été observés
aux plus hautes températures d'étincelle à notre portée.

Les raies ainsi observées sont appelées « raies renforcées », et j'ai distingué les espèces de vapeurs qui les
produisent par le préfixe « proto », ex. : protomagnésium [1].

2° Le fer, le calcium et le manganèse à la température
de l'arc.

3° Le carbone (cannelures) à la température de l'arc.

4° Le manganèse et le fer (cannelures) à une température plus basse encore.

Dans le dernier chapitre, j'ai indiqué les résultats
auxquels on est arrivé récemment quant aux aspects
des raies des substances ci-dessus dans les étoiles de
différentes températures ; les définitions des différents

____

1. *Roy. Soc. Proc.*, vol. LXIV, p. 398.

groupes ou genres qui seront données plus loin sont basées sur le tableau de la page 95, et aussi sur des recherches complémentaires dont l'idée a été suggérée au fur et à mesure du travail.

Dans les limites actuelles de la recherche, on a représenté à l'aide des étoiles qui vont suivre les différences les plus saillantes dont on ait pu tirer parti pour établir des groupes ; les renseignements sont tirés des recherches du professeur Pickering [1], de M. Mac Clean [2] et des séries de photographies de Kensington.

ÉTOILES LES PLUS CHAUDES.

Deux étoiles dans la constellation Argo (ζ de la Poupe, γ d'Argo) [3].

Alnitam (ε d'Orion). C'est une étoile du ceinturon d'Orion donnée dans les cartes sous le nom d'Alnilam. Le Dr Budge a été assez bon pour faire pour moi des recherches, d'où il résulte que le mot a été modifié par une erreur de transcription et que le sens du mot arabe est « un ceinturon de boules ou de perles ».

ÉTOILES DE TEMPÉRATURE INTERMÉDIAIRE.

SÉRIE ASCENDANTE	SÉRIE DESCENDANTE
β de la Croix.	Achernar.
ζ du Taureau.	Algol.
Rigel.	Markab.
α du Cygne.	[ ]
[ ]	Sirius.
Étoile Polaire.	Procyon.
Aldébaran.	Arcturus.

1. *Astrophysical Journal*, vol. V, p. 92, 1897.
2. Spectres des étoiles australes.
3. Le spectre de cette étoile contient des raies brillantes, mais lorsqu'on trouve à la fois des raies brillantes et sombres, il faut, pour la classification chimique, ne tenir compte que des raies sombres.

ÉTOILES DE LA PLUS BASSE TEMPÉRATURE.

SÉRIE ASCENDANTE	SÉRIE DESCENDANTE
Antarès, une des plus brillantes étoiles du catalogue de Duner de la classe III a [1]. [Nébuleuses.]	19 des Poissons, une des plus brillantes du même catalogue, classe III b. [Étoiles obscures.]

Pour montrer bien clairement qu'il faut tenir compte à la fois d'une série ascendante et d'une série descendante, je donne ici deux photographies montrant les phénomènes observés sur les deux branches de la courbe de température dans les couches de renversement d'étoiles de température à peu près égales comme l'indiquent les raies renforcées.

Les étoiles en question sont :

Sirius (S. desc.)........................... } Fig. 28
α du Cygne (S. asc.)...................... }
Procyon (S. desc.)........................ } Fig. 29
γ du Cygne (S. asc.)...................... }

Les principales différences sur lesquelles je désire appeler l'attention sont les intensités différentes des raies de l'hydrogène dans Sirius et α du Cygne et la différence dans la largeur et les intensités des raies métalliques et protométalliques dans Procyon et γ du Cygne.

Ces différences, si significatives au point de vue de la classification, furent indiquées d'abord dans une communication à la Société Royale en 1887 [2], et les progrès des travaux faits sur ces raies ont montré combien les différences sont importantes.

---

1. Sur les étoiles à spectre de la 3ᵉ classe.
2. *Proc. Roy. Soc.*, vol. XLIII, p. 145.

J'ai basé la division en groupes — ou genres sur les considérations suivantes :

Nous savons d'une manière certaine qu'une série de strates géologiques, de la plus ancienne à la plus récente, nous met en présence de différentes formes organiques, dont les plus récentes sont les plus complexes; de même il est possible que les nombreux changements très nets des spectres observés dans une série d'étoiles depuis la plus haute jusqu'à la plus basse température, nous mette en présence d'une série de formes chimiques qui deviennent de plus en plus complexes à mesure que la température diminue.

S'il en est ainsi, nous étudions dans les étoiles les résultats actuels du travail de l'évolution inorganique sur une ligne parallèle à celle où on a pu le faire pour l'évolution organique. Je discuterai cela plus loin.

En attendant, si on regarde les étoiles typiques comme les équivalents des terrains typiques, tels que le Cambrien, le Silurien, etc., il est commode que la forme des termes employés soit commune aux deux classifications. Aussi je propose une forme adjective terminée en *ien*. Si l'étoile typique est la plus brillante de la classification je me sers comme radical de son nom arabe, sinon, j'emploie le nom de la constellation.

Le desideratum indiqué a déterminé, dans une certaine mesure, le choix d'étoiles là où on pouvait en prendre plusieurs. Je dois exprimer la grande obligation que j'ai au Dr Murray pour l'aide qu'il m'a prêtée dans l'examen de quelques-unes des questions qui se sont ainsi présentées.

Voir la table page 108.

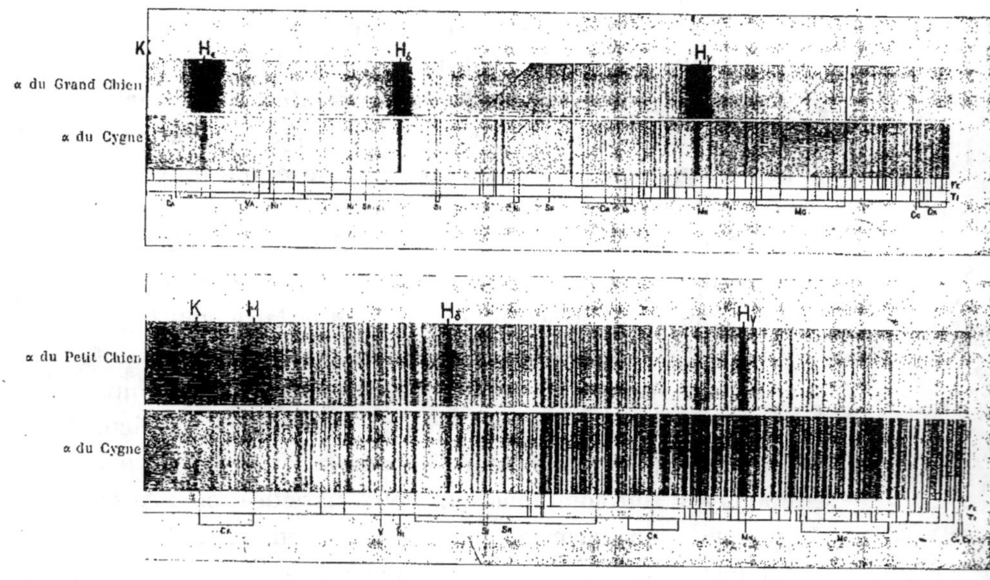
K
H$_\epsilon$
H$_\delta$
H$_\gamma$
α du Grand Chien
α du Cygne
K
H
H$_\delta$
H$_\gamma$
α du Petit Chien
α du Cygne

Classification des étoiles en genres d'après leur composition chimique et leur température.

Température la plus haute. — Chimie la plus simple.

Argonien.
Alnitamien.

SÉRIE ASCENDANTE	SÉRIE DESCENDANTE
Crucien.	Achernien.
Taurien.	Algolien.
Rigelien.	Markabien.
Cygnien.	
	Sirien.
Polarien.	Procyonien.
Aldébarien.	Arcturien.
Antarien.	Piscien.

Les définitions chimiques des différents groupes ou genres sont les suivantes.

Définitions des genres d'étoiles.

Argonien.

Prédominants : Hydrogène et protohydrogène.
Moins marqués : Helium, inconnu (λ 4451, 4457). Protomagnésium, protolcacium, astérium.

Alnitamien.

Prédominants : Hydrogène, hélium, protosilicium, inconnu (λ 4649-2).
Moins marqués : Astérium, protohydrogène, protomagnésium, protocalcium, oxygène, azote, carbone.

RAIES PROTOMÉTALLIQUES RELATIVEMENT LARGES. — RAIES D'HYDROGÈNE RELATIVEMENT FINES	RAIES PROTOMÉTALLIQUES RELATIVEMENT FINES. — RAIES D'HYDROGÈNE RELATIVEMENT LARGES
Crucien.	*Achernien.*
Prédominants : Hydrogène, hélium, astérium, oxygène, azote, carbone. Moins marqués : Protomagnésium, protocalcium, protosilicium, inconnu (λ 4649-2), silicium.	Mêmes que crucien.
Taurien.	*Algolien.*
Prédominants : Hydrogène, protocalcium, protomagnésium, astérium. Moins marqués : Protocalcium, silicium, azote, carbone, oxygène, protofer, prototitane.	Prédominants : Hydrogène, protomagnésium, protocalcium, hélium, silicium. Moins marqués : Protofer, astérium, carbone, prototitane, protocuivre, protomanganèse, protonickel.

Rigélien.

Prédominants : Hydrogène, proto-calcium, protomagnésium, hé-lium, silicium.

Moins marqués : Astérium, protofer, azote, carbone, prototitane.

Cygnien.

Prédominants : Hydrogène, proto-calcium, protomagnésium, proto-fer, silicium, prototitane, proto-cuivre, protochrome.

Moins marqués : Protonickel, proto-vanadium, protomanganèse, proto-strontium, fer (raies d'arc).

Polarien.

Protocalcium, prototitane, hydro-gène, protomagnésium, protofer, raies d'arc du calcium, fer et manganèse.

Moins marqués : Les autres proto-métaux et métaux du genre sirien.

Aldébarien.

Prédominants : Protocalcium, lignes d'arc du fer, calcium, manganèse, protostrontium, hydrogène.

Moins marqués : Protofer, prototitane.

Antarien.

Prédominantes : Cannelures du man-ganèse.

Moins marqués : raies d'arc des éléments métalliques.

Markabien.

Prédominants : hydrogène, proto-calcium, protomagnésium, sili-cium.

Moins marqués : Protofer, hélium, astérium, prototitane, protocuivre, protomanganèse, protonickel, pro-tochrome.

Sirien.

Prédominants : Hydrogène, proto-calcium, protomagnésium, pro-tofer, silicium.

Moins marqués : Les raies des autres protométaux et les raies d'arc du fer, calcium et manganèse.

Procyonien.

Les mêmes raies que le Polarien.

Arcturien.

Même que l'Aldébarien.

Piscien.

Prédominants. Cannelures du car-bone.

Moins marqués : raies d'arc des élé-ments métalliques.

On peut être assuré qu'avec le temps il faudra créer de nouveaux genres intermédiaires.

La classification établie s'y prête bien puisqu'elle ne contient pas de relations numériques qui puissent être troublées.

La classification chimique suivante est encore plus générale, à la condition de ne considérer que ses traits prédominants, et de ne pas chercher de ligne de démarcation nette entre ses groupes plus vastes.

La position particulière du calcium et du magnésium rend cette réserve nécessaire.

Classification des étoiles.

Plus haute température.

Étoiles gazeuses.	Ét. à protohydrogène...	Argonien. Alnitamien.	
	— à gaz de la cléveïte..	Crucien. Taurien.	Achernien. Algolien.
Étoiles protométalliques....................		Rigélien. Cygnien. —	Markabien. — Sirien.
Étoiles métalliques.....................		Polarien. Aldébarien.	Procyonien. Arcturien.
Étoiles à spectre cannelé..................		Antarien.	Piscien.

Plus basse température.

Les faits chimiques détaillés qui découlent des définitions de ces divers genres montrent plusieurs différences importantes entre l'ordre d'apparition des substances chimiques dans l'atmosphère des étoiles et celui qu'indiquerait l'hypothétique « loi périodique ».

Je reviendrai plus loin sur ce point.

LIVRE III

L'HYPOTHÈSE DE LA DISSOCIATION

CHAPITRE VIII

Opinion récente.

J'ai rappelé au chapitre II quelques-unes des difficultés rencontrées par les premiers spectroscopistes, et j'ai montré l'impossibilité où ils se trouvaient de concilier avec les opinions chimiques reçues à cette époque les faits nouveaux accumulés par cette nouvelle méthode; je rappelais à ce propos qu'en 1873 j'avais dit que beaucoup de nos difficultés s'évanouiraient si nous voulions admettre que les atomes des chimistes sont émiettés, ou dissociés en formes plus subtiles par les hautes températures employées nécessairement dans cette méthode de recherche.

Vingt-sept ans se sont écoulés de 1873 à 1900. Aussi je me propose de rapporter brièvement l'état actuel de l'opinion sur ce sujet ou plutôt sur certains de ses points principaux.

Parmi les hypothèses que j'ai émises, quelques-unes seulement ont été généralement adoptées; telle est, entre autres, celle qui consiste à admettre la rupture de la molécule d'un métal, donnant (pour une raison ou une autre) un spectre continu à l'état solide, en groupes moléculaires plus petits, qui donnent des spectres de cannelures et de raies.

Mon opinion sur la nouvelle dissociation des molécules, après qu'a été atteint le stade du spectre de raies, a été rejetée par beaucoup. Je n'en suis pas surpris.

Dans une question si grave on ne saurait être trop prudent. Il est presque inhérent à la nature des recherches faites dans une voie où les questions de science pure sont seules en jeu, que l'absence de travail expérimental nous réduise à exprimer de simples opinions personnelles. Les chimistes s'intéressent peu à cet appel aux phénomènes célestes, et les astronomes ne s'occupent généralement pas de chimie. La région explorée par les chimistes est celle des basses températures où des molécules monoatomiques et polyatomiques dominent. Le domaine que j'ai exploré est celui des hautes températures où le mercure nous donne les mêmes phénomènes que le manganèse. En un mot les changements auxquels l'analyse spectrale a affaire ont lieu à une température bien plus haute que celles employées dans les travaux de la chimie et c'est probablement pourquoi je ne puis citer qu'un fait d'expérience chimique sur ce sujet.

Il est important toutefois de constater que dans les cas où les deux régions de recherches se touchent, les déterminations de densités de vapeurs et autres travaux ont été en harmonie avec les résultats spectroscopiques; c'est ainsi que le changement de densité de vapeur de l'iode avec la température correspond à un changement du spectre.

Le poids spécifique de la vapeur d'iode fut trouvé, par

Deville et Troost, être 8,72 (air = 1) ce qui correspond
à la densité 125,9 prouvant qu'une molécule, ou deux
volumes de gaz iode, pèse 125,53 × 2 = 253,06. Lorsque
la vapeur d'iode est échauffée jusqu'à 700°, son poids spécifique commence à diminuer ; à des températures plus hautes
il devient constant ; il est alors égal à la moitié de ce qu'il
était à 700°, la vapeur étant composée d'atomes libres [1].

Un autre argument moins direct en faveur de la dissociation, indépendamment du changement dans l'intensité
des raies, était basé sur quelques observations que j'avais
faites dans la recherche d'une méthode spectroscopique
propre à déceler les impuretés.

Je remarquai la présence de ce que j'appelai : « des
raies basiques [2] » ; c'étaient des raies courtes qui demeu-
raient communes à deux spectres ou davantage après que
les raies longues avaient été éliminées comme dues à des
impuretés.

Je vais prendre successivement ces différents points.

LES CANNELURES REPRÉSENTENT LES VIBRATIONS DE MOLÉCULES COMPLEXES.

Je prends d'abord le changement du spectre continu,
successivement en cannelures et en raies, et comme
preuve que mon opinion à cet égard est généralement
acceptée je donne les citations suivantes de Schuster et
d'Eder et Valenta.

« Que les spectres discontinus de différents ordres

1. Victor Meyer, *Ber. Deutsch. Chem. Ges.*, vol. XIII, p. 394, 1010, 1103 ;
Meier et Crafts, *Comptes rendus*, vol. XC, p. 690 ; vol. XCII, p. 39.
2. On a traduit ainsi littéralement la désignation « basic lines » qui
correspond à une théorie personnelle de l'auteur. Le mot « basique »
ne doit donc pas être pris dans son acception chimique habituelle. (Note
du traducteur.)

(spectres de raies et de bandes) sont dus à différentes combinaisons moléculaires, je le considère comme parfaitement établi et l'analogie m'a conduit (et **M.** Lockyer avant moi) à expliquer les spectres continus par la même cause. Car le changement du spectre continu en spectre de raies ou de bandes a lieu exactement de la même façon que le changement des spectres de différents ordres l'un en l'autre [1] ».

« Plus tard Lockyer exposa que les gaz, aussi longtemps que leurs molécules se composent de plusieurs atomes, doivent donner des spectres de raies. Cette opinion a été depuis lors assez généralement admise [2]. »

Sur la question des cannelures il y a eu de très bonne heure accord général, mais des exceptions spéciales ont été proposées pour le carbone par exemple.

MM. Liveing et Dewar, en 1879 [3], rejetèrent comme gratuite mon hypothèse que les groupes de cannelures du carbone dans le vert représentent des groupements moléculaires d'une substance autre que celle qui nous donne le spectre de raies. Je montrai que les cannelures que MM. Liveing et Dewar attribuaient à un hydrocarbure étaient présentes dans le spectre du tétrachlorure de carbone où il n'y a pas trace d'hydrogène. Tout d'abord cette expérience ne les persuada pas de modifier leur conclusion. Mais plus tard, l'ayant répétée, ils finirent par admettre que « le spectre de la flamme des hydrocarbures ne comporte pas nécessairement la présence de l'hydrogène [4] », et, autant que je comprends leur article, ils

---

1. Schuster, *Phil. Trans.*, 1879. Partie I, vol. CLXIX, p. 39.
2. Eder et Valenta, *Denkschriften der Kaiserlichen Akademie der Wissenschaften*, Wien, vol. LXI, p. 426, 1894.
3. *Proc. Roy. Soc.*, XXX, p. 508.
4. *Proc. Roy. Soc.*, XXXIV, p. 123.

semblent accepter l'idée de différents groupements moléculaires qu'ils avaient d'abord traitée de gratuite.

LA COMPLEXITÉ DU SPECTRE DE RAIES.

La théorie d'après laquelle le spectre de raies est pour
nous la somme des vibrations de plusieurs groupes de
molécules n'est pas acceptée, ainsi que je l'ai dit. Les
objections sont légion et il n'est pas possible de les rapporter toutes ici. Mais en même temps les opinions de
ceux qui, partant de l'un ou l'autre point de vue, ont
travaillé le sujet, vont se rapprochant de la mienne et je
vais en rapporter brièvement un ou deux exemples.

L'attention a été récemment attirée sur les variations
d'apparence des raies du magnésium dans les corps
célestes par le Dr Scheiner, de l'Observatoire de Potsdam,
qui ne paraît pas avoir connu mes travaux de 1879. Il
accepte cependant l'idée que ces variations nous fournissent une indication précise de la température stellaire[1], et
il l'emploie maintenant dans le travail de son observatoire[2].

1. *Astronomical Spectroscope*, Traduction Frost, p. 3.
2. Le Dr Schreiner expose que dans les spectres de presque toutes
les étoiles de la classe I *a* (groupe IV), la raie 4481 « apparaît généralement large, — aussi large, dans quelques spectres, que la raie de
l'hydrogène; — mais son intensité décroît en proportion exacte de l'accroissement du nombre des raies dans les spectres stellaires, de telle
sorte qu'elle est à peine d'une intensité moyenne dans le spectre du soleil
et les autres spectres du type II *a* et que l'auteur n'a pu le découvrir
dans le spectre de α Orion ». Mon premier travail datant de 1879,
et étant probablement inconnu au Dr Schreiner, MM. Liveing et
Dewar bénéficient de la découverte de l'aspect particulier de cette
raie dans les expériences de laboratoire. Le Dr Scheiner ajoute : « La
façon dont l'aspect de cette raie dépend de la température fait penser
que la température des vapeurs absorbantes dans les étoiles de la
classe III *a* (groupe II) est quelque chose d'analogue à celle de l'arc électrique, tandis que celle des étoiles de la classe II *a* est plus haute, et
que celle des étoiles de la classe I *a* est au moins égale à celle de l'étincelle électrique à haute tension obtenue avec des bouteilles de Leyde.

Les professeurs Eder et Valenta formulent ainsi les conclusions de leur étude sur les changements du spectre du mercure : « Au surplus l'apparition du spectre riche en raies et très brillant obtenu avec une étincelle de bouteilles de Leyde à haute tension, le tube capillaire étant en même temps chauffé, et spécialement le changement d'un grand nombre de raies nouvelles qu'on voyait mal auparavant, le doublement aussi de certaines raies simples, s'harmoniseraient bien avec la théorie de Lockyer, de la dissociation des éléments, pour ceux qui sont prêts à admettre comme possible la dissociation des éléments chimiques [1] ».

Je suis heureux de citer l'opinion suivante de William Crookes, à laquelle j'attache un grand prix [2].

« Jusqu'à ce que quelque fait ait été démontré inconciliable avec les vues de M. Lockyer, nous croyons avoir le droit d'y adhérer provisoirement, comme à une hypothèse à contrôler constamment à l'aide des phénomènes observés. »

Cette vue reçoit une confirmation frappante de la façon tout à fait différente dont se comporte la raie du magnésium à λ. 4352-18. Elle commence à devenir visible dans les spectres du type I a (groupe IV) qui a des raies nombreuses; elle est forte dans les spectres du type II a (groupe III et V) et augmente de façon à être une des plus fortes raies lorsque nous passons au type III a (groupe II). Or, comme l'ont trouvé Liveing et Dewar, cette raie montre, dans le laboratoire, exactement les mêmes particularités. Dans le spectre d'étincelle elle est difficilement reconnaissable; dans le spectre d'arc elle est très forte. »

Mes travaux récents font penser que le Dr Scheiner a tort d'identifier la raie 4352-18 du magnésium dans les étoiles froides avec la raie qui est presque à la même place dans les étoiles chaudes. Dans les étoiles chaudes cette raie se comporte presque exactement comme la raie renforcée du magnésium 4481-3, et j'ai antérieurement constaté que la raie de l'étoile pouvait ne pas être due au magnésium à basse température.

Cela est prouvé aujourd'hui par la découverte d'une raie renforcée importante du fer à 4251-93 qui joue le rôle de la raie des étoiles chaudes, ce qui fortifie en fait l'argument du Dr Scheiner.

1. *Denkschriften der Kaiserlichen Akademie der Wissenschaften.* Vienne, vol. LXI, p. 429, 1894.

2. *Chem. News*, 1879, vol. XXXIX, p. 65.

Je tiens à rapporter ici l'opinion exprimée par mon collègue, le professeur sir William Roberts-Austen, dont les recherches ont été, pour la plupart, faites à hautes températures :

« M. Lockyer a fait beaucoup plus depuis lors : il a montré que l'intense chaleur solaire pousse beaucoup plus loin la simplification moléculaire, et si nous comparons les spectres compliqués des vapeurs métalliques produits par les plus hautes températures obtenues ici-bas, avec les spectres très simples des mêmes métaux tels qu'ils existent dans la partie la plus chaude de l'atmosphère solaire, il est difficile de rejeter la conclusion que les atomes chimiques eux-mêmes ont été modifiés. Ma propre croyance est que ces atomes « sont modifiés et que le fer, tel qu'il existe dans le soleil », n'est pas la vapeur de fer telle que nous la connaissons ici-bas[1].

Les raies basiques [2].

En ce qui concerne la partie de cette recherche consacrée aux raies basiques, je pense ne pas aller trop loin en disant qu'elle a été universellement rejetée par suite de cet argument principal que certaines raies qui apparaissent simples avec le pouvoir dispersif dont je disposais, apparaissent doubles avec une plus forte dispersion.

J'ai dit, dans la *Chimie du Soleil* (p. 377), que ce n'est pas là une objection décisive, mais j'ai laissé de côté cette partie de la recherche pour quelques années, dans l'espoir que quelque chimiste voudrait tirer au clair la

1. *Proc. Roy. Inst.*, vol. XIII, p. 509, 1892.
2. Voir note 2, page 113.

question des impuretés qui a provoqué cette recherche. Mais il est évident que ce point de vue des raies basiques, — même si on le considère comme une attaque moins directe que d'autres à la solution du problème, depuis qu'il a été posé, — prend à la lumière des travaux récents un intérêt plus grand et plus défini que jadis. Je n'entrerai pas en ce moment dans l'examen détaillé de la question : je me contenterai de demander si une démonstration de la dissociation ne prendra pas une forme très semblable à celle de ce que les chimistes ont pris pour une preuve de l'existence d'impuretés.

J'y reviendrai plus loin.

AUTRES RECHERCHES ACTUELLEMENT EN PROGRÈS.

Je puis en dire autant de l'opinion qui existait sur ces points il y a un ou deux ans. Dans les chapitres suivants, je rapporterai d'autres efforts tentés à propos du problème de la dissociation; en accumulant des faits, ces efforts ont fourni à moi-même et à plusieurs de mes contradicteurs une base plus solide à l'argumentation, non seulement au sujet des étoiles, mais dans d'autres ordres de recherches où l'on a fait appel à l'idée de dissociation pour expliquer des phénomènes.

CHAPITRE IX

La preuve stellaire.

Nous allons voir maintenant si les théories que je
croyais seules susceptibles, — il y a des années, quand on
ne savait rien de la chimie des étoiles, — de me permettre
de grouper les phénomènes solaires en une suite harmonique et continue, sont affaiblies ou fortifiées par l'étude
de l'énorme champ nouveau d'investigations ouvert par les
travaux stellaires récents; ces travaux ont finalement
assigné au soleil sa place dans une longue série dont
l'étude nous permet de saisir les facteurs de l'évolution
céleste qui a amené les cieux à l'état où nous les connaissons.

L'étude des étoiles a considérablement accru nos
connaissances, parce qu'elle nous a révélé une série continue de changements spectraux qui se produisent à des
températures plus hautes que celle que le soleil nous présente.

Cela nous permet, entre autres choses, de prendre le
soleil pour base et de nous demander ce qui adviendrait
s'il devenait beaucoup plus chaud.

Voyons d'abord cette hypothèse.

En abordant cette partie du sujet il est nécessaire de procéder avec une grande prudence puisque les choses observées sont différentes. Pour le soleil, en effet, on observe séparément ses différentes parties, tandis que les observations stellaires nous présentent en bloc le total des effets de la radiation et de l'absorption dans le cas de chaque corps considéré.

En ce qui touche les portions inférieures de l'atmosphère solaire les faits ont été déjà détaillés. Ils ont été colligés sur les photographies de l'éclipse de 1898.

Nous basant sur cette série de faits inattaquables, nous avons trouvé que l'absorption indiquée par les raies de Fraunhofer n'est pas causée par la chromosphère et que la couche de la plus forte absorption s'étend au-dessus de la chromosphère.

Nous avons vu aussi que dans la chromosphère nous trouvions, parmi les raies de Fraunhofer, des raies renforcées qui sont principalement des raies d'arc. Qu'arrivera-t-il alors si nous supposons le soleil plus chaud?

Il n'est possible de considérer les résultats d'une température plus élevée qu'à l'aide de deux hypothèses. La première, l'hypothèse ordinaire, est que les éléments chimiques sont indestructibles, la seconde qu'ils ne le sont point. Dans la première il serait difficile de dire quel changement pourrait avoir lieu, capable d'altérer considérablement les caractères du spectre de Fraunhofer.

Nous avons un mélange complexe de vapeurs de substances métalliques et de gaz, avec prédominance de calcium, d'hydrogène et de gaz de la cléveïte. La température ne peut point faire varier l'intensité relative des raies. H et K, les raies principales du calcium, doivent toujours rester prédominantes. Le fer doit rester puisqu'il ne peut être détruit. La quantité d'hydrogène et de gaz de la cléveïte ne pouvant être augmentée, leurs raies ne peuvent devenir plus importantes dans le spectre.

Il est également clair, dans l'hypothèse usuelle, qu'un changement de densité relative ne peut être produit par un accroissement de température. Les proportions relatives des substances chimiques présentes dans chaque couche et, par suite, les intensités relatives des raies qui indiquent l'existence des différentes substances dans les différentes couches, ne peuvent donc être modifiées.

Si nous prenons maintenant l'autre hypothèse, celle de la dissociation, nous voyons, par les expériences de laboratoire, qu'à chaque élévation considérable de température dans toutes les masses de gaz et de vapeurs du genre de celles qui constituent la chromosphère solaire et les couches de renversement, correspond un changement fondamental dans l'apparence du spectre. Les molécules complexes doivent être fractionnées en molécules plus simples et il en résulte l'apparition, dans le spectre, de nouvelles raies indiquant la vibration des molécules ainsi produites. Venons-en maintenant aux faits. Que la température de la couche absorbante vienne à être augmentée : si la dissociation a lieu à cette température, les produits de dissociation doivent devenir visibles, et nous devons en chercher la trace dans les raies qui s'élargissent aux dépens de celles qui se contractent et disparaissent. Est-ce cela que nous rencontrons expérimentalement? La réponse est évidente.

La chromosphère plus chaude et plus basse que la couche de renversement en diffère précisément en ce que ce changement y a eu lieu. Comme nous l'avons dit, en

descendant au sein de l'atmosphère solaire nous passons
des raies d'arc de la couche de renversement aux raies
renforcées de la chromosphère, du spectre d'arc au
« spectre témoin », des métaux aux protométaux.

Ce qu'on ne pouvait qu'avancer il y a vingt ans, à
propos d'une ou deux raies, est prouvé maintenant pour
toute une série de raies; l'argument en faveur de la
dissociation se renforce à chaque vérification qu'on en
cherche.

Voyons ensuite si les preuves stellaires viennent à
l'appui de notre hypothèse; je ne puis ici tracer qu'une
simple esquisse des faits principaux. Si, dans le soleil,
la chromosphère est plus chaude que la couche de renversement, dans une étoile un peu plus chaude que le
soleil, la couche de renversement qui détermine l'absorption de l'étoile doit ressembler à la chromosphère. J'ai
déjà constaté ces faits à propos d'α du Cygne. Examinons-
les à l'aide de l'hypothèse de la dissociation.

Nous avons la preuve absolue que la température dans
la couche de renversement de α du Cygne est supérieure à celle de la couche de renversement du soleil. Que
trouvons-nous en effet?

Parmi les raies qui disparaissent nous avons celles de
l'arc du fer au nombre de quelques milliers, celles du
calcium, du magnésium, etc.

Parmi les raies dont l'importance croît nous en avons
un petit nombre correspondant aux raies renforcées du
fer, aux raies de l'hydrogène, et à quelques autres qu'on
ne peut attribuer à aucune substance connue. Nous avons
donc ici une série de phénomènes qui, en admettant
notre système, s'expliquent simplement et suffisamment
par la substitution — lors du passage d'une température

telle que celle du soleil à celle de α du Cygne — d'un spectre simple de raies renforcées au spectre compliqué des raies du fer. D'autres recherches montrent que les autres spectres métalliques se comportent de même. Parmi les raies dont l'importance croît tandis que d'autres se réduisent, nous avons celles de l'hydrogène.

Donc, à des degrés différents de l'échelle de température, le soleil et les étoiles sont dans le même cas. L'étoile au degré de température immédiatement supérieur à celui du soleil a sa couche de renversement aussi chaude que la chromosphère solaire. Le même spectre témoin sert pour toutes deux. Et j'estime que la dissociation explique simplement et sufisamment ce fait qui est de la plus haute importance.

Mais le soleil ne peut nous mener plus loin. Les étoiles toutefois vont nous permettre de poursuivre.

Si nous considérons les changements qui interviennent aux degrés supérieurs de l'échelle de température, le degré le plus bas auquel nous soyions arrivés étant celui d'α du Cygne, nous avons des preuves indépendantes que les étoiles appelées Orion sont plus chaudes que les étoiles analogues à α du Cygne.

En étudiant la température de dissociation plus élevée qui est en œuvre dans les étoiles d'Orion, nous pouvons appliquer rigoureusement tout ce que nous avons établi aux sujets des changements du spectre qui pourraient vraisemblablement se produire dans l'hypothèse de la non-dissociation. Aucun changement ne devrait se produire dans l'intensité relative des raies et l'apparence du spectre ne serait pas fondamentalement modifiée.

Dans l'hypothèse de la dissociation, au contraire, si nous

voyons disparaître certaines raies indicatrices de certaines substances tandis que d'autres raies indiquant d'autres substances font leur première apparition (ou, si elles étaient visibles auparavant, augmentent d'intensité), nous dirons que nous avons l'occasion d'étudier les effets de nouvelles forces dissociantes mises en œuvre.

Maintenant y a-t-il là un changement quelconque? En fait l'augmentation de température considérée est accompagnée d'une extinction progressive des raies renforcées, d'une augmentation de l'hydrogène, avec apparition pour la première fois des raies des gaz de la cléveïte, de l'oxygène, de l'azote et du carbone.

Associant ces deux constatations, nous avons une preuve nette qu'une augmentation des raies des gaz dans le spectre accompagne la disparition des raies renforcées, de même que le développement de celles-ci avait accompagné la décroissance des raies d'arc. Prenant, pour plus de simplicité, le fer pour exemple, on verra que ces phénomènes stellaires auraient pu être prédits jusqu'à un certain point par la considération des phénomènes du soleil et du laboratoire. Mais les étoiles nous mènent plus loin que nos prévisions; nous voyons l'augmentation progressive de l'hydrogène et des gaz de la cléveïte. Les faits montrent que l'hydrogène augmente avec la température en même temps qu'apparaissent les gaz de la cléveïte invisibles jusque-là, et qu'il remplace finalement avec eux le fer qui disparaît.

C'est une des grandes révélations stellaires et l'on doit se rappeler que nous avons à présent des centaines de photographies que nous pouvons rapprocher pour étudier ce changement graduel. Il n'y a pas « de faille dans les terrains ». Pour moi une des plus grandes merveilles

dans ces recherches c'est la simplicité jointe à la continuité des phénomènes. La conviction en résulte.

Pour les métaux tels qu'ils existent à la température de
l'arc, cette hypothèse admet qu'ils sont fractionnés en
formes plus subtiles que nous avons appelées « protométaux », lorsqu'on atteint le quatrième stade de température (celle de l'étincelle à haute tension), stade qui fournit
le spectre renforcé.

De même les protométaux sont à leur tour rompus à
des températures que nous ne pouvons pas atteindre
dans nos laboratoires pour prendre des formes gazeuses
plus simples parmi lesquelles se trouvent les gaz de la
cléveïte, l'oxygène, l'azote, le carbone et autres.

L'histoire finit-elle là ? Non, il y a encore un degré plus
élevé. Après que les gaz de la cléveïte ont disparu comme
avaient fait précédemment à des étages inférieurs les
raies d'arc et les raies renforcées, la nouvelle forme
d'hydrogène que j'ai déjà signalée et que nous pouvons
considérer comme du « protohydrogène » fait son apparition.

Mais il y a déjà des preuves que les simplifications
créées par les températures stellaires transcendantes que
nous discutons ne s'arrêtent pas là.

Il faut toujours se rappeler que la bobine Spottiswoode
(donnant une étincelle de 40 pouces) avec une formidable
batterie de condensateurs ne nous mène que jusqu'à γ
du Cygne. Je veux dire qu'avec cette bobine nous obtenons les raies renforcées des protométaux ayant une
intensité très voisine de celle avec laquelle ces raies
apparaissent dans cette étoile.

Ainsi, dans les étoiles, nous avons un petit nombre de
changements spectraux distincts. Ces changements, nous

le savons d'ailleurs par l'allongement du spectre vers
l'ultra-violet, accompagnent des accroissements de température. Il est tout à fait naturel de supposer que ces
élévations de température produisent des simplifications
croissantes. Par conséquent, les changements que nous
pouvons étudier maintenant dans les corps stellaires, en
remontant à partir du soleil l'échelle des températures,
nous donnent la série de changements spectraux sur
lesquels a été basée la nouvelle classification chimique
(Chap. vii).

Maintenant, si la dissociation n'est pas la cause de ces
changements, où en trouverons-nous une autre raison
aussi simple et satisfaisante?

Il est bien clair que les phénomènes observés avec
chaque élévation de température, c'est-à-dire dans une
série d'étoiles dont les spectres s'étendront progressivement de plus en plus dans l'ultra-violet, seront extrêmement différents selon que les éléments seront dissociés
ou qu'il resteront inaltérés.

Le seul changement que nous puissions imaginer dans
l'hypothèse usuelle, comme résultant d'un accroissement
de température, c'est qu'avec l'augmentation du volume,
il y ait une réduction de la densité, et que toutes les raies
soient également affaiblies. C'est exactement le contraire
de ce qui arrive.

On pourrait dire que, par suite de l'existence d'une
température très élevée dans les étoiles les plus chaudes,
l'hydrogène et les gaz de la cléveïte s'échappent de la
masse des vapeurs métalliques et viennent constituer à
eux seuls une atmosphère supérieure ; par suite de la simplicité chimique plus grande de la couche ainsi constituée, les raies des substances qui la composent devien-

draient plus importantes. Mais cet argument n'est pas rationnel parce que nous n'avons aucun droit d'affirmer un pareil changement. Ces gaz existent déjà dans le soleil et ne nous donnent aucune marque de leur existence à une grande hauteur au-dessus de la chromosphère. Le gaz qui existe en ces régions élevées est un gaz sur lequel nous ne savons rien, jusqu'à présent, sur la terre, et dont aucune trace n'a encore été trouvée dans le spectre des plus chaudes étoiles.

Je pense donc que les étoiles font plus que justifier mon appel à la loi de continuité. Leur verdict est que, d'après toutes les expériences humaines actuelles, une température plus élevée amène des simplifications plus grandes, et qu'il n'est pas étonnant que les nouvelles recherches, en élargissant notre horizon, nous mettent en présence des effets de la même loi.

Nous avons, en fait, dans ces phénomènes, la dissociation se poursuivant devant nos yeux dans les étoiles les plus chaudes, jusqu'à un degré nulle autre part atteint; les étoiles nous apprennent ainsi ce qui est possible au delà des moyens de nos laboratoires, car la plus haute température que j'aie employée ne nous mène qu'au stade de température de γ du Cygne, étoile où les gaz de la cléveïte ne montrent que de faibles traces, si même ils y sont visibles.

Nous sommes donc finalement amenés à envisager le fait que le fer est un composé dans la formation dernière duquel peuvent entrer l'hydrogène ou les gaz de la cléveïte, ou peut-être les uns et les autres.

CHAPITRE X

La preuve tirée des « Séries ».

———

Introduction.

J'ai défini la signification du terme « séries » et signalé comment une des plus importantes découvertes de ces dernières années nous permet d'étudier les spectres à un nouveau point de vue. Je me propose, dans le présent chapitre, de traiter ce sujet sous son aspect le plus général et de rechercher si cette nouvelle méthode d'investigation nous donne des indications ou des faits utiles pour la discussion de l'hypothèse de la dissociation.

En d'autres termes, la preuve nouvelle fournie par les séries vient-elle, comme celle qui ressort de l'étude des spectres stellaires, fortifier l'idée que les spectres de raies des soi-disant éléments chimiques sont produits non par une seule, mais par plusieurs particules vibrantes?

Pour expliquer ce que signifie ce mot « série », il vaut mieux commencer par étudier ce qu'on nomme les spectres cannelés. J'en ai parlé et donné des photographies. Ces cannelures sont disposées d'une façon parfaitement régulière d'un bout à l'autre. L'ensemble d'une cannelure peut être regardé comme une unité. Elle est généralement plus forte vers l'extrémité droite du spectre (le rouge), ses éléments devenant graduellement plus flous à mesure que nous avançons vers le violet. On le verra dans la photographie, non retouchée, de quelques cannelures du spectre de l'azote (fig. 30).

Mais une cannelure est généralement plus complexe : elle est constituée par des cannelures subsidiaires. Chacune de ses subdivisions est elle-même, en petit, une représentation presque exacte de l'ensemble. Les cannelures composées sont bien représentées dans le cas du carbone et du magnésium (voir fig. 9 et 10). Dans tous les cas nous avons une régularité parfaite, quoiqu'en certains cas il y ait, en apparence, superposition d'autres raies et que généralement le système devienne plus intense vers l'extrémité rouge du spectre.

Maintenant, quand nous laissons ces cannelures pour étudier un spectre de raies ordinaire tout rythme semble dans bien des cas avoir disparu. Il n'y a, en apparence, ni loi ni ordre. C'est ce qu'on voit dans les séries observées dans le spectre des gaz de la cléveïte que j'ai déjà donné dans la figure 11.

Mais allons plus loin et comparons les séries avec le spectre tel qu'on l'observe d'ordinaire. Prenons les raies qu'on voit en exposant les gaz extraits du minéral cléveïte à l'action d'un fort courant électrique. Nous n'observons aucun rythme et il semble que la distribution est très irrégulière (fig. 31).

Je dois dire ici que j'ai toujours eu l'habitude, dans les illustrations reproduisant des spectres, de mettre le rouge à droite et le violet à gauche. Comme la plupart de ceux qui s'occupent de séries font le contraire, parce qu'ils considèrent le nombre des ondes et non leur longueur, je

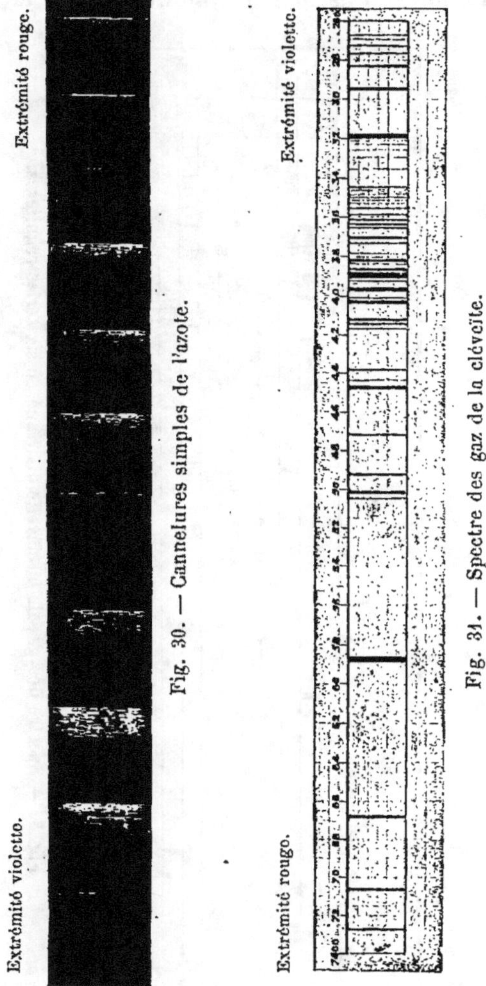

Fig. 30. — Cannelures simples de l'azote.

Fig. 31. — Spectre des gaz de la cléveïte.

me départirai dans ce chapitre de mon habitude et je placerai le rouge à gauche dans les spectres, de façon que toutes les figures de séries puissent être comparables entre elles.

MM. Runge et Paschen ont montré d'une façon déci-

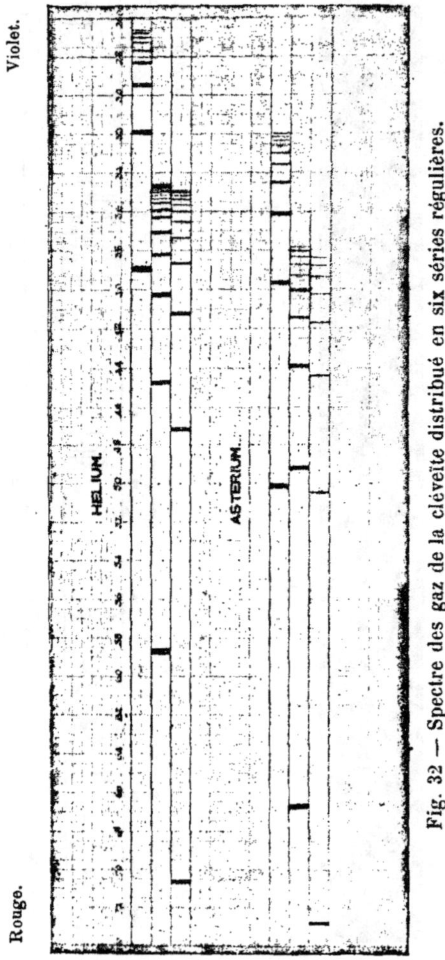

Fig. 32 — Spectre des gaz de la cléveïte distribué en six séries régulières.

sive que, lorsque nous parvenons à résoudre ces raies
en séries, nous avons la même régularité que dans les
cannelures.

La figure 32 nous montre comment les raies de la figure 31 ont été toutes résolues en deux groupes de trois séries qui graduellement se font plus serrées vers le violet et plus accusées vers le rouge. Ainsi analysée, l'irrégularité du spectre de raies se transforme en un ordre merveilleux. J'ai émis l'idée, il y a plusieurs années, que les triplets qu'on voit dans le spectre ordinaire de raies d'une substance, peuvent être en réalité le résidu de cannelures composées et des recherches comme celles-ci semblent bien justifier cette conclusion.

Nous en arrivons à ce fait que le terme « séries » s'applique à des raies qui ont la même origine. Il est impossible de supposer que ces séries de raies merveilleusement ordonnées sont sans relation entre elles; et cela étant, nous avons à étudier leurs longueurs d'ondes, c'est-à-dire leur position dans le cas de chaque élément pour trouver et définir la loi de leurs relations et de plus pour voir si quelque relation existe entre les raies de divers éléments.

Court historique.

L'histoire de cette recherche est toute moderne, mais, si courte qu'elle soit, je me propose de la relater aussi brièvement que possible.

Le premier essai pour découvrir des relations entre les raies des spectres fut fait par M. Lecoq de Boisbaudran [1], qui étudia le spectre de l'azote. Les conclusions auxquelles il arriva l'amenèrent à penser que les lois des vibrations lumineuses des molécules pouvaient être rap-

1. *Comptes rendus* (1869), vol. LXIX, p. 694.

prochées des lois de l'acoustique ; mais comme elles n'étaient pas basées sur des déterminations de longueurs d'ondes assez précises, ni confirmées par Thalen, on ne parut pas attacher grande autorité à ces conclusions.

Stoney[1], qui poursuivit ces investigations, eut plus de succès. Il montra que les raies de l'hydrogène C, F, et h étaient liées par la relation 20 : 27 : 32.

Plusieurs autres chercheurs — Reynolds, Soret, etc. — reprirent le sujet, mais il fut abandonné par la plupart à la suite du travail fait par Schuster[2] pour montrer que cette théorie ne pouvait plus exprimer les lois des relations mutuelles des longueurs d'ondes des raies spectrales.

Liveing et Dewar[3] appelèrent l'attention sur ce fait que la distance entre deux raies consécutives de ces groupements décroît avec la diminution des longueurs d'ondes, de façon que, parfois, les lignes approchent asymptotiquement d'une limite. « Harmonique » était le terme dont ils se servaient pour définir une telle série de groupes semblables de raies.

C'est le travail de Balmer qui donna à cette recherche l'élan qui lui a fait faire dans ces dernières années de si grands progrès.

Balmer[4] publia une formule grâce à laquelle les positions des lignes de l'hydrogène pouvaient être calculées avec une précision merveilleuse.

La formule est la suivante :

$$\lambda = A \frac{n^2}{n^2 - 4}$$

1. *Phil. Mag.* (1871), [4], vol. XLI, p. 291.
2. *Brit. Assoc. Report*, 1880. *Proc. Roy. Soc.*, 1881, vol. XXXI, p. 337.
3. *Phil. Trans.* (1883), p. 213 et précéd.
4. *Wied. Ann.*, 1885, vol. XXV, p. 8.

où λ est la longueur d'onde dans le vide de la raie à calculer, A une constante commune à toutes les raies et n un des nombres de 3 à 15.

La constante A d'après les mesures de Cornu est 3645-42 unités Angstrom, ou, pour se servir de la valeur plus correcte d'Ames, 3647-20 unités Angstrom.

En même temps que Balmer faisait cette découverte, Cornu[1] avança que les raies de l'aluminium et du thallium, qui sont facilement reversibles, ont une relation définie avec celles de l'hydrogène, tandis que, ultérieurement, Deslandres[1] publia une formule permettant de calculer les longueurs d'ondes des raies composant les bandes de nombreux éléments. Ce court historique nous amène jusqu'en 1887, où Kayser et Runge[2] commencèrent la série de leurs minutieuses recherches sur un grand nombre d'éléments. Ce fut aussi à peu près à cette époque que Rydberg[2] commença à entreprendre ce sujet.

L'œuvre de Kayser, de Runge et de Rydberg.

J'établirai de façon générale les bases de leurs travaux. Ils ont attaqué la question mathématiquement en partant de points différents. Dans la table suivante je donne les formules employées par Kayser et Runge et celle employée par Rydberg.

Les formules ne sont pas identiques à tous les points de vue, mais l'une et l'autre ont trait à la fréquence

1. *Comptes rendus*, 1885, vol. C, p. 1181.
1. *Ibid.*, 1886, vol. CIII, p. 375 (1887), vol. CIV, p. 972.
2. *Ueber die Spectre der Elemente. Abhandlungen d. k. Akad.* Berlin, 1888, 1889, 1890, 1891, 1892, 1893.
3. Svneka, *Vetenska. Akad. Hanringar.* Stockholm, 1890, vol. XXIII, n° 11. *Wied. Annalen*, 1893, vol. L, p. 629, 1884, vol. LII, p. 119.

des ondes, c'est-à-dire au nombre d'ondes contenues dans une unité de longueur. Kayser, Runge et Rydberg emploient certains signes pour représenter les nombres entiers successifs dont il faut se servir pour déterminer certains de leurs termes, et ils emploient de plus certaines constantes qui sont calculées pour chaque série. Ce qu'il y a de plus intéressant à ce point de vue c'est que Rydberg trouva une constante qui peut servir pour la recherche des séries de raies dans les spectres de *tous* les éléments chimiques sur lesquels il a travaillé. Kayser et Runge ne se servaient pas d'une constante commune analogue à celle de Rydberg, mais ils trouvèrent que quelques-unes de leurs constantes variaient peu d'un élément à l'autre.

FORMULE POUR LE CALCUL DES SÉRIES.

KAYSER ET RUNGE.

$$\frac{1}{\lambda} = A + Bn^{-2} + Cn^{-4}.$$

où $\lambda = $ longueur d'ondes

ou $\frac{1}{\lambda} = $ fréquence des ondes.

$$n = 3,4,5....$$

ABC constantes calculées pour chaque série.

Les constantes pour la série principale sont différentes de celles employéés dans les séries secondaires.

Pour les séries secondaires de tout élément la constante A est presque identique.

Pour toutes les séries de tous les éléments la constante B ne varie pas de plus de 22 p. 100.

La constante B répond à N_0 de Rydberg.

RYDBERG.

$$n = n_0 - \frac{N_0}{(m + \mu)^2}$$

où $n = $ fréquence des ondes
$m = 1.\ 2.\ 3...$
$N_0 = 109721\text{-}6$ (constante applicable à toutes les séries de tout élément).

$$\left. \begin{array}{l} n_0 \\ = \\ \mu \end{array} \right\} \text{constantes caractéristiques variant avec chaque série.}$$

Dans la formule ci-dessus quand $m = \infty$, $n = n_0$; ou bien n_0 est la limite vers laquelle tend la fréquence n quand m est infini.

Rydberg suppose N_0 constant, parce qu'il ne varie que légèrement, mais ces variations peuvent être dues à l'incertitude des données.

Par ce moyen ils ont obtenu non seulement le premier terme d'une série, mais la série entière pour toute la longueur du spectre ; lorsque les observations avaient été faites dans le cas des divers éléments, ils pouvaient naturellement contrôler leurs calculs à l'aide des observations et voir comment la théorie était justifiée par l'extension des observations. La première raie d'une série doit être considérée comme comparable au son fondamental en musique. Elle représente réellement la plus grande longueur d'onde lumineuse, de même que le son fondamental représente la plus grande longueur d'onde sonore.

Les deux séries de résultats obtenus par Kayser et Runge et par Rydberg nous montrent que dans beaucoup de cas nous pouvons être presque certains de tirer du pêle-mêle des raies d'une substance quelconque deux ou trois belles séries régulières comme celles qu'on a trouvées dans le cas des gaz de la cléveïte. Le tableau ci-joint montre une petite différence existant dans la nomenclature employée par ces chercheurs.

NOMENCLATURE DES SÉRIES.

INTENSITÉ	KAYSER ET RUNGE	RYDBERG
La plus forte........	Série principale.	Série principale.
Plus faible	1ʳᵉ série secondaire.	Série nébuleuse.
La plus faible........	2ᵉ série secondaire.	Série étroite.

Ils ont placé les plus fortes raies observées aux températures auxquelles ils travaillaient, dans ce qu'ils appellent « une série principale » et distribué ensuite les raies plus faibles dans les deux autres séries.

Kayser et Runge les ont appelées *première* et *seconde* séries secondaires. Rydberg les appelle *série nébuleuse* et *série étroite*.

Les raies de la série principale se renversent presque toujours très facilement, c'est-à-dire que l'absorption est indiquée par elles beaucoup mieux que par les autres raies.

Quand nous arrivons à la 2ᵉ série subordonnée ou série fine, on trouve que ces raies s'élargissent parfois vers l'extrémité rouge du spectre.

Ce travail naturellement a demandé des recherches considérables. Les premiers essais n'étaient pas très satisfaisants, car les observations sur lesquelles ils étaient basés n'étaient pas suffisamment précises.

Avec une dispersion plus grande on a trouvé que certaines des raies d'abord supposées simples étaient doubles en réalité.

Aussi est-il d'usage à présent, quand on envisage cette question des séries, de supposer que, dans certains cas, les séries sont composées de raies simples, dans d'autres cas, de doublets et de triplets. On avait d'abord imaginé que ces variations nous mettaient en présence de différences physiques très importantes entre les divers éléments, mais Rydberg a pensé qu'il n'y avait peut-être là qu'une différence purement optique.

Il dit [1] : « La différence entre les doublets et les triplets est seulement relative. Cette opinion est confirmée par le fait que les triplets apparaissent souvent sous la forme de doublets, la composante la plus réfrangible n'ayant pas assez d'intensité pour être visible. De plus l'intensité relative des composantes des doublets semble égale à celle des deux composantes les moins réfrangibles des triplets.

« Pour cette raison, je crois pouvoir supposer que les deux espèces de rayons composants sont du même ordre,

____

1. *Kon. Sv. Vet. Ak. Hand.*, vol. XXIII, II, p. 135.

ou que les doublets sont des triplets dont la composante la plus réfrangible est trop faible pour être vue ou a peut-être zéro pour valeur absolue. »

Si les raies sont plus difficiles à voir et si les sous-séries sont plus fortes soit vers le rouge, soit vers le violet, nous verrons alors plutôt une raie que deux et plutôt deux que trois.

A propos de cette supposition faite par Rydberg, il est intéressant de noter que le professeur Kayser n'est pas disposé à soutenir la même opinion et qu'il ne regarde pas les triplets, doublets, ou raies simples d'une série comme des résidus de cannelures dont les autres composantes seraient trop faibles pour être vues. Il remarque que nous avons des doublets pour les éléments de la première colonne verticale de la classification de Mendéléeff; pour la seconde colonne des triplets, pour la troisième des doublets. Comme la première colonne contient des éléments monovalents, la seconde des bivalents, la troisième des trivalents, il semble que les éléments à valences impaires ont des doublets, ceux à valence paire des triplets. Cela est confirmé par les triplets de l'oxygène, du soufre et du sélénium, qui appartiennent à la 6ᵉ colonne avec des valences paires.

Comme dans tout groupe naturel d'éléments, les premiers éléments montrent le plus fortement les séries et celles-ci deviennent plus faibles à mesure que les poids atomiques croissent. (Ainsi, dans le groupe alcalin, nous ne verrons pas la deuxième série secondaire, trop faible dans le rubidium et le cæsium; dans le groupe cuivre, argent, or, nous ne voyons pas de séries pour l'or; dans le groupe magnésium, calcium, strontium, baryum, la seconde série est déjà faible pour le baryum et nous n'en voyons pas pour le strontium.) Dans l'hypothèse de Rydberg, nous devrions nous attendre à trouver, dans les spectres de chaque groupe, d'abord des triplets, ensuite des doublets, enfin des raies simples. Mais il n'en est pas ainsi. Aussi loin que nous puissions suivre la série, nous voyons que ses composantes sont et restent des triplets ou des doublets.

Il n'y a qu'un petit nombre d'éléments chimiques qui nous donnent des raies simples. Dans les séries principales, jusqu'ici nous ne connaissons que l'hélium et l'astérium. Dans les séries secondaires, nous ne connaissons que l'astérium. Le nombre des doublets est beaucoup plus grand, mais il n'est pas si grand pour les séries principales que pour les séries subordonnées. Mais quoique nous ayons neuf éléments qui donnent des triplets dans les séries subordonnées, nous n'en avons que trois qui en donnent dans les séries principales. Ces résultats sont mis en évidence dans le tableau suivant.

RAIES SIMPLES		DOUBLETS		TRIPLETS	
Série principale.	Séries secondaires.	Série principale.	Séries secondaires.	Série principale.	Séries secondaires.
Hélium. Astérium.	Astérium.	Hydrogène? Lithium? Sodium. Potassium. Rubidium. Cæsium.	Hélium. Hydrogène. Lithium? Sodium. Potassium. Cuivre. Argent. Aluminium. Indium. Thallium.	Oxygène. Soufre. Sélénium.	Oxygène. Soufre. Sélénium. Magnésium. Calcium. Strontium. Zinc. Cadmium. Mercure.

Il y a lieu d'indiquer la base de ces constatations; à cet effet la figure 33 montre une très petite portion des spectres de trois éléments différents afin qu'on puisse suivre la façon dont a été fait ce travail. Dans la bande horizontale d'en bas, nous avons affaire au zinc, et la façon dont les triplets ont été triés est facile à saisir. La ligne moyenne du triplet est plus près d'un des bords que de l'autre. Tous les triplets dans le zinc sont parfaitement semblables à cet égard. Si nous prenons le spectre du calcium nous voyons aussi que les triplets sont formés de la même façon. Nous pouvons ainsi apprécier l'énorme labeur qu'ont entrepris les chercheurs que j'ai nommés, en résolvant, dans les spectres d'un grand nombre de substances et dans toutes les régions du spectre visible et photographiable, ces triplets délicats. Dans beaucoup de cas ce ne sont pas des raies très fortes qu'on voie aisément, et pour certains c'est une grosse affaire que de les discerner.

Ces investigations montrent que, dans quelques cas, les séries ont reproduit les groupements chimiques, mais qu'en d'autres cas les groupements dus aux séries sont très différents des groupements chimiques.

Voici les faits vérifiés jusqu'ici :

Groupe I. — Lithium, sodium, potassium, rubidium, cæsium.
   —   II. — Cuivre, argent (or, ?).
   —   III. — Magnésium, calcium, strontium.
   —   IV. — Zinc, cadmium, mercure.
   —   V. — Aluminium, indium, thallium.

Dans le groupe du lithium, sodium, potassium, les séries donnent une séquence qui coïncide absolument avec la séquence chimique, mais quand nous arrivons au groupe chimique — calcium, strontium, baryum — nous le trouvons remplacé par un groupe magnésium, calcium, strontium, tandis que le baryum manque. Ceci est un écart remarquable et montre que nous avons à prendre en

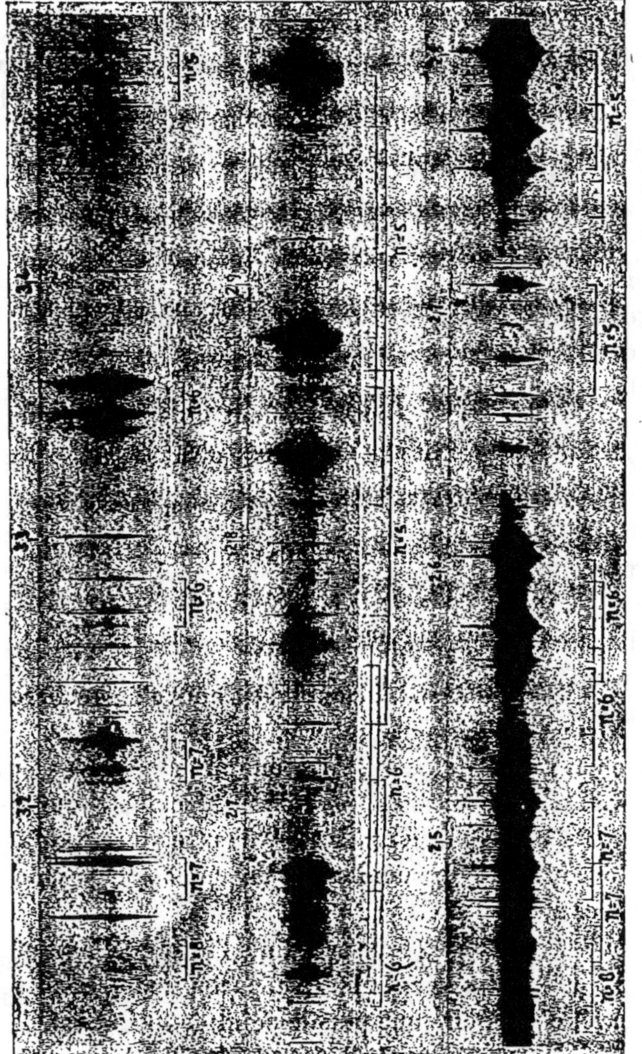

Fig. 33. — Parties des spectres du calcium, cadmium et zinc montrant les triplets.

considération les conditions variées que nous observons
en passant d'un groupe à l'autre.

De *groupe* à *groupe*, les séries avancent vers le violet quand le poids atomique croit. C'est ainsi que, comme la limite d'une série est représentée par la première constante de la première série secondaire des quatre groupes, la longueur d'onde limite théorique sera comprise :

Entre 34982 et 5065-1 pour le lithium, sodium, potassium, rubidium, cæsium.

Entre 3168-6 et 3256-0 pour le cuivre, l'argent, l'or.

—   2512-8 et 3222-6   —   magnésium, calcium, strontium.

—   2328-5 et 2490-1   —   zinc, cadmium, mercure.

Dans *chaque groupe* le spectre avance continuellement vers le rouge avec l'accroissement du poids atomique. La distance entre les composantes des doublets et des triplets augmente aussi avec les poids atomiques de façon que pour chaque groupe cette distance est approximativement égale au carré du poids atomique.

LES IRRÉGULARITÉS OBSERVÉES.

Ce qui précède rendra compte des nouvelles recherches sous leur aspect le plus général.

Remarquons que nous arrivons maintenant aux plus merveilleuses irrégularités. Nous rencontrons quelques éléments ayant plusieurs séries, d'autres où aucune n'a été découverte, les nombres des séries variant même dans les gaz.

Pour les métaux, Kayser a émis l'idée que le point de fusion pourrait avoir quelque rapport avec le phénomène observé, c'est-à-dire que plus le point de fusion est élevé, plus faible est, en général, la proportion de raies qu'il est possible de distribuer en séries.

Le tableau suivant va le montrer :

RELATIONS DES SÉRIES AVEC LE POINT DE FUSION.

ÉLÉMENT	POINT DE FUSION (CENTIGRADES)	PROPORTION DE RAIES EN SÉRIES
Baryum	1 600°	0
Or	1 200	4
Cuivre	1 050	6
Argent	960	26
Strontium	700	20
Calcium	700	34
Magnésium	600	64
Zinc	410	80
Cadmium	320	50
Lithium	180	100
Sodium	90	100
Cæsium	62	100
Potassium	58	100
Rubidium	38	100
Mercure	— 40	27

La table générale qui suit montrera les faits en ce qui touche les différents points connus jusqu'à présent. Les éléments métalliques sont arrangés dans l'ordre des groupes de Mendeléeff et les irrégularités en ce qui touche le nombre total des séries, des séries principales, la nature simple ou composée des raies de chaque série, et la proportion des raies distribuées dans les séries se verront à la simple inspection de la table. (Voir page suivante).

A propos de l'absence de séries principales constatée dans le cas du zinc, du cadmium, du mercure, on peut remarquer que, dans chacun de ces cas, une raie renversée très forte et large dans l'ultra-violet peut représenter la série principale. Dans le cas du cuivre, de l'argent et de l'or, chacun de ces éléments contient dans l'ultra-violet une très forte paire de raies qui peut représenter la série principale.

	Groupes de Mendéleeff	Poids atomiques	Nombre de séries	Nombre des sér. princip.	Série principale			1er et 2e secondaires			Pourcentage total des raies relevées par K et R	Pourcentage des raies d'intensité 10 relevées en séries	Point de fusion degrés centigrades
					Simples	Doublets	Triplets	Simples	Doublets	Triplets			
Hydrogène		1	3	1	..	?	..	..	X	..	100	100	..
Hélium		..	3	1	X	..	..	..	X	..	100	100	..
Astérium		..	3	1	X	..	..	X	..	..	100	100	..
Lithium		7	3	1	..	?	..	..	?	..	100	100	180
Sodium		23	3	1	..	X	..	..	X	..	100	100	90
Potassium	I	39	3	1	..	X	..	..	X	..	100	100	58
Rubidium		85,2	1	1	..	X	..	..	?	..	100	100	38
Cæsium		13,3	1	1	..	X	..	..	?	..	100	100	62
Cuivre		63,4	2	0	..	..	..	..	X	..	6	..	1080,5
Argent	I	107,6	2	0	..	..	..	..	X	..	26	..	960
Or		196,7	0	0	..	..	..	..	..	..	?	..	1061,7
Magnésium		24,3	2	0	..	..	..	..	..	X	64	55	600
Calcium	II	39,9	2	0	..	..	..	..	..	X	34	17	700
Strontium		87,4	2	0	..	..	..	..	..	X	20	7	700
Baryum		136,8	0	0	..	..	..	..	..	..	..	..	475
Zinc		65,1	2	0	..	..	..	..	..	X	80	43	410
Cadmium	II	111,7	2	0	..	..	..	..	..	X	50	14	320
Mercure		199,8	2	0	..	..	..	..	..	X	27	12,5	—40
Aluminium		27	2	0	..	..	..	..	X	..	..	25	654,5
Indium	III	113,7	2	0	..	..	..	..	X	..	..	25	176
Thallium		203,7	2	0	..	..	..	..	X	..	..	17	282
Etain	IV	117,6	0	0	..	..	..	..	..	..	..	..	232
Plomb		206,4	0	0	..	..	..	..	..	..	..	..	326
Arsenic		74,9	0	0	..	..	..	..	..	..	..	..	450
Antimoine	V	119,6	0	0	..	..	..	..	..	..	..	..	629,5
Bismuth		207,5	0	0	..	..	..	..	..	..	..	..	270
Oxygène		15,88	6	(2)	..	..	X	..	..	X	..	..	..
Soufre	VI	31,8	3	1	..	..	X	..	..	X	..	..	114
Sélénium		78,5	3	1	..	..	X	..	..	X	..	..	217

Parvenus à ce point de notre étude, je pense qu'il est bon de faire remarquer que si tous les atomes vibrants, qui produisent les spectres des éléments chimiques, avaient été amenés au même état de simplicité maximum; si, en d'autres termes, nous avions vraiment affaire à l'atome chimique proprement dit, dans chaque cas, on pourrait difficilement s'attendre aux irrégularités que nous avons trouvées.

QUELQUES DÉTAILS.

Je vais maintenant entrer plus avant dans le détail de quelques éléments pour instituer des comparaisons et voir où leurs résultats nous conduiront.

Le cas le plus remarquable est celui de l'hydrogène. Nous n'en connaissons pas encore la signification, mais nous devons en tenir compte quand nous étudions ces questions. Jusque dans ces derniers temps on ne connaissait à ce gaz qu'une seule série, et raisonnant sur cette base, on pensait que l'atome d'hydrogène était beaucoup plus simple que celui d'aucun autre élément et aussi qu'un atome chimique ne pouvait produire qu'une série. Mais il y a peu de temps, le Professeur Pickering, dans son magnifique travail sur les étoiles, auquel j'ai déjà eu l'occasion de me reporter, p. 89 et suiv., découvrit une seconde série de raies.

Peu après, le Professeur Rydberg émit l'idée qu'une des raies les plus importantes trouvées dans une grande quantité d'étoiles représentait en réalité une raie de la série principale de l'hydrogène. Cette conclusion a été généralement acceptée, quoique la preuve en ait été considérée par certains comme douteuse. Ainsi nous admettons à présent que l'hydrogène a trois séries comme l'hélium et l'astérium, et nous semblons être sur un terrain solide en tous cas pour certains gaz. Nous pouvons donc admettre, soit qu'un atome simple peut par sa vibration produire trois séries, soit que l'hydrogène lui-même est *au moins* d'une complexité d'ordre triple. Nous avons une autre série de métaux dont le faible poids atomique fait supposer qu'ils présentent une simplicité considérable. Nous trouvons dans le cas du lithium et du sodium que nous avons également affaire à trois séries, une principale et deux secondaires. La même remarque s'applique au potassium. On a trouvé récemment que le soufre et le sélénium donnent aussi trois séries. Nous avons une série principale et la première et la deuxième secondaires; dans chaque cas une ou deux raies font seules supposer l'existence de quelque chose de plus que ces séries.

Mais si nous passons du gaz hydrogène au gaz oxygène, que trouvons-nous?

Dans l'oxygène *nous avons six séries*, soit deux fois plus que nous n'en connaissons dans l'hydrogène, l'hélium, l'astérium, le lithium, le sodium, le soufre, etc. Nous sommes dans la même situation que celle où nous étions, il y a quelque temps, lorsque nous pensions que le gaz obtenu du minéral cléveïte exposé à l'action de l'étincelle à haute tension, était un seul gaz à six séries.

Beaucoup d'arguments ont été employés pour montrer que cette opinion est probablement inexacte; ainsi certains étaient prêts à séparer les gaz de la cléveïte, *à la température de l'étincelle*, en hélium et astérium. Les deux constituants des gaz de la cléveïte extraits à haute température seraient ainsi sur le même pied que l'hydrogène à la suite des travaux récents, que le lithium, le sodium, le soufre, etc.

Si nous examinons d'un peu plus près le cas extraordinaire de l'oxygène, nous voyons que *les six séries ne renferment, après tout, que celles des raies de l'oxygène qu'on voit à basse température*, et que si nous employons une haute température pour observer le spectre de l'oxygène, c'est-à-dire si nous employons une bobine d'induction, une bouteille de Leyde et une coupure du circuit, nous trouvons un nombre très considérable de raies qui n'ont aucun rapport avec aucune des séries mises en évidence jusqu'à ce jour. Et nous sommes face à face avec ce fait très frappant que dans le cas de l'oxygène il y a plus de raies impossibles à classer en séries qu'il ne s'en trouve dans les six séries attribuables à cette sub-

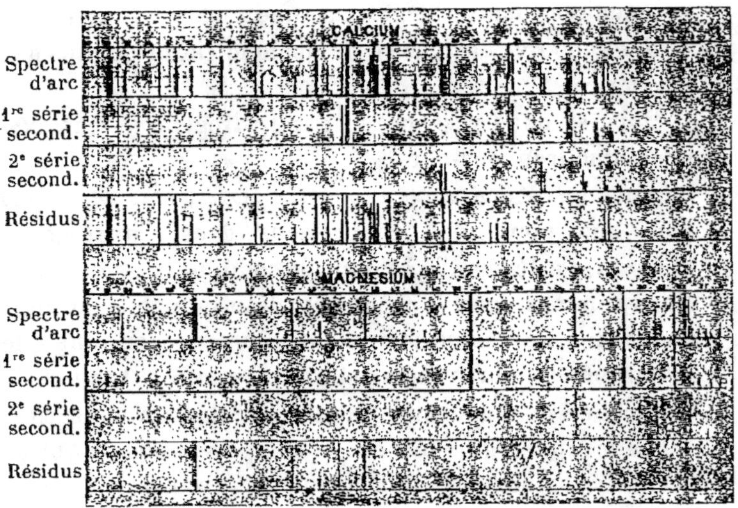

Fig. 34 — Tableau donnant les séries et les raies résiduelles dans les spectres du calcium et du magnésium.

stance. Aussi, dans l'hypothèse où nous aurions affaire à l'*atome* d'oxygène, nous commençons à nous heurter à de grosses difficultés.

Remarquons ensuite que pour d'autres substances *nous n'avons aucune série principale*, mais seulement deux séries secondaires. Tel est le cas du magnésium, du calcium et du strontium et aussi de l'aluminium, du zinc et du tellure. Nous avons une première et une seconde série secondaires, mais point de série principale. J'ai étudié les raies du calcium et du magnésium, comme on l'avait fait pour celles de l'oxygène, pour voir combien de raies avaient été classées dans les séries, et je vais fournir quelques détails.

Dans la partie supérieure de ce diagramme je donne les raies vues dans le spectre d'arc du calcium ; dans les deux bandes horizontales suivantes nous avons les raies classées dans la première et deuxième séries secondaires ; la dernière bande donne les raies résiduelles, c'est-à-dire non distribuables en séries.

Nous voyons qu'il y en a un grand nombre qui restent de côté, exactement comme dans le cas de l'oxygène, et il est très important de noter que les deux raies H et K, qui sont plus apparentes dans le spectre du soleil qu'aucune autre raie du spectre, n'ont pu être classées par les chercheurs dans les séries du calcium.

Aussi avec un nombre réduit de séries, nous semblons être plus loin de la simplicité que nous n'étions tout à l'heure avec les gaz permanents comme l'hydrogène et l'hélium. La même chose a lieu avec le magnésium dont le spectre à la température de l'arc n'a pas autant de raies que le spectre du calcium. Un certain nombre de ces raies ont été relevées pour former des séries, mais nous avons des raies nombreuses qui ont dû être laissées de côté après de nombreux essais pour les faire rentrer dans les séries.

Il faut en venir maintenant à une autre considération. Nous avons eu affaire jusqu'ici, dans le cas du calcium et du magnésium, aux températures de l'arc, mais j'ai montré plus haut que dans le cas de ces métaux à la température de l'étincelle, les spectres sont grandement transformés, les raies renforcées faisant leur apparition ;

j'ai constaté aussi que les raies, très importantes dans les étoiles les plus chaudes, sont des raies qu'on voit à la température de l'étincelle. J'ai ajouté ces raies au diagramme et nous voyons qu'il n'y en a pas la plus légère trace dans les séries. Ainsi, plus nous allons, plus nous nous éloignons de la belle simplicité du début.

Je m'occuperai maintenant d'un autre groupe de substances, savoir : étain, plomb, arsenic, antimoine, bismuth et or (et je pourrais en mentionner davantage). Aucune série quelconque n'a récompensé les nombreux essais des chercheurs qui ont entrepris de mettre ces métaux ou métalloïdes en rapport avec ceux précédemment étudiés.

Comme nous l'avons dit, on doit à Kayser et Runge la remarque que les choses se passent comme si cette complète absence de séries avait une relation avec les points de fusion de ces substances. Aussi longtemps que le point de fusion serait bas, comme dans le cas du sodium et du lithium, les trois séries normales se montreraient à basse température et d'ailleurs il n'y aurait pas de raies résiduelles. Mais quand nous aurions affaire à des substances dont le point de fusion est élevé, il n'y aurait pas de série du tout. Dans le cas du lithium, du sodium, du potassium, etc., toutes les raies sont classées ; dans le cas du cuivre, de l'argent, de l'or, les séries ne les englobent qu'en faible proportion. Il semble donc qu'il y ait une augmentation de complexité en même temps qu'une élévation du point de fusion, pour toutes les substances métalliques examinées jusqu'à présent.

Dans le cas du baryum, dont le point de fusion est élevé, nous n'avons point de raies formant séries, ce qui contraste avec la proportion de 100 p. 100 rencontrée dans le cas du lithium. Mais lorsque nous arrivons au mercure, dont le point de fusion est très bas, au lieu de 100 p. 100 nous n'obtenons qu'environ 25 p. 100 de raies représentées dans les séries. Les métaux varient donc comme les gaz.

CONCLUSIONS GÉNÉRALES.

L'expérience semble donc indiquer que les unités chimiques, dans les cas des éléments étudiés, grâce aux mouvements enregistrés par ces séries, doivent posséder divers degrés de complexité. Il y a peu de temps on s'imaginait que l'hydrogène se rendait visible à nous par des vibrations si simples qu'elles ne pouvaient produire qu'une série de raies.

S'il en est ainsi, il semble bien que partout où nous rencontrons trois séries de raies, il doit y avoir en œuvre, selon toute probabilité, *au moins* trois molécules ou atomes, trois choses différentes, pour les produire.

Lorsque nous obtenons six séries, cela nous indique une bien plus grande complexité encore, et quand, comme dans le cas de l'oxygène, avec six séries, nous ne classons pas même la moitié des raies, nous pouvons, je pense, supposer que l'oxygène est une des choses les plus complexes que nous rencontrions lorsque des séries sont observables.

Lorsque nous en venons à ces métaux où il n'y a pas de séries du tout, que devons-nous trouver? Nous avons affaire à des substances à point de fusion élevé, c'est-à-dire difficiles à réduire à cet état de mobilité correspondant aux courses libres « et aux collisions » des gaz permanents, et il est très naturel de supposer, d'après cette seule considération, que nous ne voyons les vibrations d'aucune des formes plus simples.

Aussi j'estime que la preuve de l'origine complexe des spectres de raies déduite de l'étude des séries est aussi claire que celle qu'on tire des travaux de laboratoire effectués à haute température et de la comparaison des spectres stellaires avec les résultats de ces travaux.

J'ai rapporté tout à l'heure le cas de l'hydrogène. Les professeurs Pickering et Kayser concèdent l'un et l'autre que la nouvelle série est due probablement à une haute température, et Kayser dit expressément que « si cette nouvelle série n'a jamais été encore observée, cela peut s'expliquer par la température insuffisante de nos tubes de Geissler et de la plupart des étoiles ».

Il semble que les deux séries soient du type secondaire, et que la principale fasse défaut si l'on n'admet pas les conclusions de Rydberg ; parce que, tandis que dans les séries secondaires, les raies pour les grandes valeurs de n sont très rapprochées les unes des autres, les raies similaires des séries principales sont au contraire toujours plus réfrangibles. Aussi semble-t-il probable qu'une ou deux des nombreuses raies inconnues, trouvées dans les spectres stellaires et que l'on n'a pu encore identifier, appartiennent à la série principale de l'hydrogène.

Si nous avons affaire dans ce cas à une molécule simple d'hydrogène, vibrant en raison d'une plus haute température d'une manière encore inconnue jusqu'à présent, pourquoi les molécules d'autres corps ne produiraient-elles pas de ces vibrations transcendantes et n'apparaîtraient-elles pas dans les mêmes étoiles, de façon à nous donner de nouvelles formes d'autres éléments chimiques ? Le fait qu'il n'en est pas ainsi fournit un argument en faveur de l'hypothèse que les séries principale et secondaires sont produites par des molécules de complexités différentes et que les molécules les plus subtiles peuvent seules supporter l'action des plus hautes températures que nécessite d'ailleurs leur apparition.

Nous pouvons ainsi expliquer aisément la visibilité de la nouvelle forme de l'hydrogène liée seulement ou principalement à celle des gaz de la cléveïte et des autres gaz similaires (car on a presque la preuve de l'existence d'autres gaz similaires) dans les étoiles les plus chaudes.

Par suite des admirables travaux faits sur des substances telles que le lithium, le sodium et le potassium, qui paraissent réduits à leurs atomes les plus subtils à des températures relativement basses, et plus récemment sur les séries de l'oxygène qu'on voit à basse température, nous pouvons considérer que lorsque les recherches se seront étendues au spectre compliqué du fer, il en sera de même pour lui. Mais il est déjà à peu près évident qu'une série principale et deux séries secondaires ne suffiront pas; il en faudra un nombre bien supérieur.

Maintenant ces séries doivent comprendre à la fois les raies d'arc et les raies renforées, et comme celles-ci sont visibles les unes sans les autres dans des étoiles de températures différentes, associées dans un cas avec les gaz de la cléveïte, apparaissant dans un autre cas en leur absence, nous avons un autre argument en faveur de la complexité moléculaire.

Je ferai remarquer ici que c'est toujours la raie de haute température qui reste en dehors des séries. L'argument que les raies en série représentent la vibration d'une molécule prouve que les raies non en série sont produites par la vibration d'une autre molécule.

Finalement, j'ai dit en 1878 que le spectre d'une substance était la somme des spectres de divers groupements moléculaires.

Il a été maintenant définitivement établi que le spectre de quelques substances est une somme de séries.

Jusqu'à présent, on n'a pas pu déclarer définitivement s'il est possible que chaque série représente les vibrations de molécules semblables, mais les faits actuellement connus sont en faveur de cette opinion, du moment où nous considérons une série comme le résultat le plus simple des vibrations atomiques. Il y a des faits qui suggèrent même qu'une série n'est pas un résultat simple.

Je suis heureux de pouvoir compléter ce chapitre, que le professeur Kayser a aimablement relu, par l'expression de son opinion qu'il m'autorise à publier.

« Je partage votre opinion que les molécules des éléments sont en général des systèmes d'atomes très compliqués et que leur complication varie beaucoup avec la température et peut-être avec d'autres conditions. Je pense que, plus haute est la température, plus simple est la structure de la molécule, qui peut être même un atome simple, et, dans cette condition, elle émet un spectre très simple consistant en une ou peut-être trois séries de doublets ou de triplets. Si la température ne s'élève pas assez au-dessus du point de fusion pour dissocier toutes les molécules, quelques-unes seront néanmoins dissociées et nous aurons toujours un mélange de molécules depuis les plus complexes pouvant exister à cette température, jusqu'aux plus simples. Quand la température devient de plus en plus basse, il s'ajoute de plus en plus de molécules complexes, tandis que les plus simples disparaissent graduellement. La simplicité du spectre se perd dans la même mesure, il ne reste que les plus fortes raies des séries, ou même aucune ne reste et le spectre est la somme d'un nombre plus ou moins grand de raies d'un grand nombre de spectres différents. J'ai exprimé la même opinion dans la première publication de Kayser et Runge (*Abdhandl. d. k. Akad.*, Berlin, 1888), et j'estime que nos recherches n'ont rien manifesté qui soit en contradiction avec elle. »

CHAPITRE XI

Preuve apportée par le déplacement des raies.

Un travail américain récent, effectué grâce à la grande
dispersion produite par les réseaux concaves de Rowland,
nous a fourni des résultats [1] du plus haut intérêt, relatifs
aux petites variations de la longueur d'onde des raies du
spectre et des causes qui les produisent. Elles ont été
établies pour la première fois par M. Jewell au moyen
d'un examen des séries de photographies des spectres
solaires et métalliques obtenues au moyen d'un réseau con-
cave de 21 pieds et demi de rayon et de 20 000 traits
au pouce; instrument difficile à obtenir pour les chercheurs de ce pays, du moins à ma connaissance. Les
investigations de M. Jewell commencèrent en 1890.
MM. Humphreys et Mohler étudièrent en 1895 les effets
de la pression sur les spectres d'arc des éléments, travaux
suggérés par les recherches antérieures de M. Jewell.

La base des conclusions nouvelles de M. Jewell fut
l'étude qu'il fit, dans les conditions modernes, de classes
de phénomènes que j'avais été le premier à observer et à
décrire il y a plus d'un quart de siècle.

Pour montrer la relation de ce nouveau travail avec

1. *Astrophysical Journal*, février 1896; vol. III, p. 114.

l'ancien, il est bon de commencer par un court historique qui aura l'avantage de donner le sens de quelques-uns des mots employés.

J'ai d'abord, en 1869, employé la méthode décrite page 33 et qui consiste à projeter l'image d'une source lumineuse sur la fente d'un spectroscope au moyen d'une lentille, et voici quelques-uns des résultats que j'obtins :

1° Les raies spectrales produites par une source de lumière comme l'arc électrique étaient de longueurs différentes. Quelques-unes apparaissaient seulement dans le cœur de l'arc, d'autres s'étendaient au loin dans la flamme et les enveloppes extérieures. Cet effet s'étudiait dans les meilleures conditions en projetant l'image d'un arc horizontal sur une fente verticale. Les longueurs des raies photographiées dans l'arc électrique de beaucoup d'éléments métalliques furent publiées sous forme de tableaux dans les *Phil. Trans.*, 1873 et 1874.

2° Les raies les plus longues de chaque métal étaient généralement plus larges que les autres, les bords s'estompant, et elles se renversaient. Je veux dire par là qu'une raie d'absorption sillonnait le centre des raies brillantes.

Ces résultats furent confirmés et complétés par Cornu[1].

3° D'expériences faites avec des mélanges de vapeurs et de gaz, il ressortit que les plus longues raies du plus faible constituant restaient visibles après que les raies plus courtes avaient disparu, le spectre de chaque substance devenant progressivement plus simple quand sa proportion diminuait[2], ses raies les plus courtes s'éteignant graduellement.

1. *Chemistry of the Sun*, p. 379.
2. *Phil. Trans.*, 1873, p. 482.

Peu après avoir fait ces observations, je formulai, parmi plusieurs autres, la règle générale suivante[1] :

« Dans les chocs entre molécules dissemblables, les vibrations des unes et des autres sont amorties. »

4° Les diverses largeurs des raies, spécialement des plus longues, dépendent de la pression et de la densité, non de la température[2].

5° « Les plus longues raies » de tout métal se comportent d'une façon extrêmement variable dans les phénomènes solaires, et se trouvent en outre différenciées d'avec les plus courtes. Sur cette preuve et sur d'autres, j'ai fondé mon hypothèse de la dissociation des éléments à la température du soleil. En 1876 j'ai exposé les faits pour le calcium.

6° En 1883, le prof. W. Vogel, dans une critique amicale, signala les preuves, qui commençaient alors à s'accumuler, du changement de la longueur d'onde des raies sous certaines influences[3]. En 1887 j'étendis ces preuves[4] et je crois que j'employai[5] le premier le mot « shift » (déplacement) pour désigner ces changements.

Je passe maintenant d'abord aux résultats que M. Jewell dit avoir établis.

Avec l'énorme dispersion produite par l'instrument dont j'ai parlé, on trouve que certaines raies métalliques, mais non toutes, sont déplacées, ou délogées vers le violet, si on les compare aux raies solaires correspondantes. « Il

1. *Études d'analyse spectrale*, 1878, p. 140.
2. *Phil. Trans.*, 1872, p. 253.
3. *Nature*, vol. XXXVII, 1883, p. 233.
4. *Chimie du soleil*, p. 369.
5. Puisque la paternité est incertaine, je puis dire que Shifting aurait mieux valu que Shift, qui a une autre acception : Love's last shift. La dernière ressource de l'amour (traduit par un auteur français : La dernière chemise de l'amour, en confondant les mots *shirt* et *shift*).

y avait une différence distincte dans le déplacement, non seulement pour les raies d'éléments différents, mais pour les raies de caractère différent appartenant au même élément. »

Ce « caractère différent » signifie plutôt les différences dans la longueur de la raie, dans sa réversibilité associée à sa longueur, que dans son intensité. Les raies les plus longues sont les plus déplacées, les plus courtes le sont le moins.

D'ailleurs, dans le spectre même de l'arc, lorsqu'il contient peu de matière, la position d'une raie « était approximativement la même que la position de la raie quand elle est renversée ». Mais puisque les plus longues raies sont les plus déplacées vers le violet, cela signifie que plus la quantité de matière est petite, plus grand est le déplacement vers le violet et, par suite, plus la quantité présente est grande, plus grand est le déplacement vers le rouge.

M. Jewell a trouvé qu' « avec un accroissement dans la quantité de matière contenue dans l'arc il y a un déplacement croissant de la raie vers le rouge », et ensuite que « à moins que la raie ne se renverse, tout progrès ultérieur de la raie dans cette direction cesse ».

Ici une observation sur la raie rouge du cadmium. « On a trouvé que si les fils du micromètre étaient pointés sur cette raie lorsqu'il y avait très peu de cadmium dans l'arc et qu'on augmentât ensuite la quantité de cadmium, la raie quittait presque en bloc la croisée des fils, se dirigeant toujours vers le rouge.

M. Jewell estime qu'il a établi que la période vibratoire d'un atome dépend dans une certaine mesure de son entourage. « Une augmentation de la densité de la matière, et probablement aussi de la pression, semble affaiblir la période vibratoire ». Mes résultats de 1872, en ce qui concerne la pression, sont adoptés. « On trouve que ces nouveaux résultats tiennent à la pression et *non* à la température. »

Nous semblons donc être maintenant en présence de deux effets amortisseurs, même dans le cas des raies métalliques, l'un qui éteint les raies quand nous avons affaire à des molécules dissemblables, l'autre qui déplace leurs longueurs d'onde vers le rouge quand nous avons des molécules semblables.

Une table soigneusement préparée montrait l'origine, l'intensité et le caractère des raies solaires considérées, l'intensité et le caractère des raies métalliques correspondantes, les longueurs d'ondes des unes et des autres et le déplacement observé.

M. Jewell fait plusieurs rapprochements entre les phénomènes solaires et les résultats de ses travaux, mais je ne me propose pas de les discuter ici. Il y a un point cependant pour lequel je dois m'y référer. M. Jewell estime que les conclusions à tirer d'une étude des nouveaux déplacements « dispense de la nécessité de rendre compte de la plupart des phénomènes solaires par l'hypothèse de la dissociation ». J'ai déjà signalé que c'était dès 1883 la conclusion du professeur W. Wogel à propos de déplacements possibles.

Cela est très simple. « Deux raies adjacentes du fer, par exemple, peuvent montrer les effets d'un mouvement violent de la vapeur du fer dans des directions opposées, dans le voisinage des taches ; ou bien une raie (la plus petite correspondant à une des « courtes raies » de Lockyer) peut montrer un élargissement et une augmentation d'intensité dans le spectre d'une tache solaire, tandis que

l'autre raie (la plus grande correspondant à une des
« raies longues » de Lockyer) n'est pas affectée. Mais cela
ne prouve pas que la vapeur de fer est dissociée dans le
soleil. Cela montre simplement que les portions des deux
raies en apparence semblables dans le spectre solaire sont
produites à des hauteurs différentes dans l'atmosphère du
soleil. La plus forte raie du fer sera affectée autant que
l'autre dans une tache solaire, mais c'est la portion de la
raie produite au même niveau que l'autre raie, et elle peut
être masquée complètement ou très largement par la raie
d'émission produite à une plus grande hauteur, tandis
que la seconde raie d'absorption du spectre solaire peut
être entièrement inaltérée, parce qu'elle est produite à
une hauteur plus grande encore.

« Ceci explique aussi pourquoi quelques raies (les
courtes en général) d'un élément peuvent prédominer
dans les spectres des taches, tandis que d'autres (généralement les longues) sont celles qu'on voit le plus
fréquemment dans les protubérances ou la chromosphère. »

Mon travail de trente-trois ans sur la physique solaire
m'a laissé un sentiment si profond de mon ignorance que
je concède volontiers à M. Jewell une science assez supérieure à la mienne pour qu'il puisse démolir tout mon travail en deux lignes, mais je suis forcé de constater qu'il
n'a pas lu attentivement ce que j'ai publié.

Par exemple, une comparaison des faits rassemblés
plus haut, page 38, réduit à néant tout son dernier para-
graphe. Ces faits montrent nettement que nous avons
affaire aux raies courtes dans la chromosphère et aux
raies longues dans les taches, juste le contraire de ce que
dit M. Jewell. Il ne va pas contre mes idées en supposant

que des phénomènes différents se produisent à différents niveaux. Je pensais avoir abondamment prouvé dans l'observation de l'éclipse de 1882 (*Chimie du Soleil*, p. 363) que les raies du fer, pour prendre un exemple concret, sont produites à des hauteurs différentes dans l'atmosphère solaire. Et c'était une des nombreuses raisons qui m'ont forcé à abandonner la théorie de la couche de renversement étroite suggérée par le Dr Falkland et moi en 1869, contrairement aux vues de Kirchhoff.

Mais sûrement, plus nous considérons l'atmosphère solaire comme disposée par couches avec certaines familles de raies du fer libres de rester dans certaines couches ou de s'en aller à discrétion, plus l'hypothèse d'une dissociation s'impose. Et en outre, nous avons à tenir compte du fait qu'au maximum des taches solaires, on ne voit absolument, parmi les raies les plus élargies, aucune raie du fer, tandis qu'au minimum, nous en avons quelques-unes.

Les appuis réels que les nouveaux travaux ont apportés à l'hypothèse de la dissociation ont été soigneusement relevés par le professeur Hale.

Une autre partie très intéressante du travail de M. Jewell se rapporte au phénomène d'absorption. C'est un sujet sur lequel il y a beaucoup de travaux à faire. Comme je l'ai remarqué en 1879, nous avons des élargissements inégaux, « en pavillon », et une masse de phénomènes inexpliqués[1]. Il est clair que l'énorme dispersion dont dispose M. Jewell servira beaucoup à l'avancement de cette étude.

Je passe maintenant aux recherches de MM. Humphreys

----

1. *Chimie du soleil*, p. 380-387.

et Mohler. Ces chercheurs se sont servis d'un arc électrique enfermé dans un récipient cylindrique en fonte
qui leur a permis de faire varier la pression jusqu'à
14 atmosphères. Une centaine de photographies de spectres métalliques furent prises et les déplacements de
quelques raies de 23 éléments mesurés. Le diagramme
grossier de la fig. 35 réunit des spécimens de leurs observations et indique la nature des résultats qu'ils ont obtenus.

Les pressions en atmosphères sont portées en ordonnées et les déplacements vers le rouge, en millièmes
d'unités Angström, en abscisses. Les déplacements ont
été ramenés à ce qu'ils seraient pour la longueur d'onde
λ 4000 dans le voisinage de laquelle la plus grande partie
du travail a été fait.

Le déplacement varie beaucoup avec les substances.
Il est toujours dirigé vers le rouge, directement proportionnel à la longueur d'onde et à l'excès sur une atmosphère de la pression employée.

Une seule exception à cette règle générale a été
constatée au début de la recherche à propos du calcium.

« Les raies H et K, entre autres, se déplacent seulement moitié moins que g (la raie bleue située à λ 4226-91)
et que le groupe situé à λ 5600. Que g diffère à cet égard
de H et K, ce n'est pas très étonnant puisque nous savons
qu'il en diffère grandement à d'autres égards. »

Sur la manière d'être exceptionnelle de ces raies du
calcium, je cite l'extrait suivant d'une note du professeur
Hale [1] :

« La différence de déplacement de H et de K et de la
raie bleue du calcium, découverte par MM. Jewell,

1. *Astrophysical Journal*, loc. cit.

Humphreys et Mohler semble confirmer les idées de Lockyer sur la dissociation du calcium dans l'arc et le soleil. Les variations remarquables du spectre du calcium avec la température sont connues depuis long-

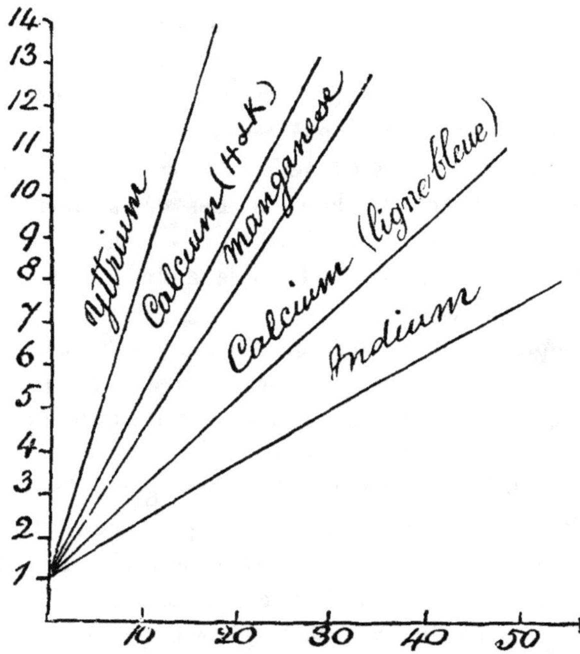

Fig. 35. — Changements de longueur d'onde produits par la pression, montrant les effets différents produits sur les raies du calcium (H et K et la raie bleue).

temps, grâce surtout aux recherches de Lockyer. L'auteur a montré que les raies H et K se produisent à la température de la combustion du magnésium et dans la flamme du gaz oxhydrique. On ne peut les photographier dans le spectre du brûleur Bunsen même avec une pose de soixante-quatre heures. Depuis que ces expériences ont été faites, j'ai été informé par le professeur Eder que ses propres efforts pour photographier les raies du brûleur Bunsen n'ont pas été plus heureµx, malgré l'emploi d'un système optique en quartz et en spath-fluor:

« Il apparaîtrait donc que la températuure de la dissociation du calcium est comprise entre celle du brûleur Bunsen et celle de la flamme oxhydrique. Le poids moléculaire élevé du calcium contrariait notre croyance à la présence de ce métal dans les protubérances. Mais s'il est prouvé que cette dissociation peut avoir lieu à des températures inférieures même à celle de l'arc, la difficulté est beaucoup amoindrie. »

Dans un article écrit dans *Nature* à propos de ce travail[1], je disais qu'il serait très intéressant de voir si la raie du strontium à λ 4707-52 se comporte comme g du calcium, par rapport aux raies λ 4077-88 et λ 4215-66 représentant H et K.

Cette prévision fut vérifiée, dans la suite, par M. Humphreys[2], qui donna une table des déplacements mesurés pour les raies du strontium mentionnées plus haut. A des pressions variant entre 6 et 12 atmosphères, le déplacement de la raie λ 4077-88 fut toujours à peu près la moitié de celui de la raie λ 4607-52. Il ne peut guère y avoir de doute après ce succès que de nouvelles recherches ne donnent le même résultat pour d'autres raies renforcées.

DÉPLACEMENT ARTIFICIEL DES RAIES.

Les déplacements dont nous avons parlé jusqu'ici sont naturels, dépendant du milieu environnant les molécules dont les vibrations constituent le spectre.

---

1. *Nature*, vol. LIII, p. 416, mars 1896.
2. The effects of Pressure on the Wave-Lenghts of lines in the Spectra of certain Elements. *Astrophys. Journal*, vol. IV, p. 249.

Mais il y a aussi ce que nous pouvons appeler des déplacements artificiels dont l'observation a récemment conduit
le Dr Schuster et M. Hemsalech à des conclusions d'une
grande importance, égalant presque à notre point de vue
particulier celles de MM. Jewell, Humphreys et Mohler.

Considérons une forte étincelle de bouteille de Leyde
jaillissant dans l'air entre deux pôles métalliques différents. Voici ce qui arrive : « La décharge initiale a lieu
dans l'air. Il faut qu'il en soit ainsi, puisqu'au début il
n'y a pas de vapeur métallique. La chaleur intense engen-
drée par le courant électrique volatilise le métal qui
commence alors à se diffuser à partir des pôles. Les
oscillations suivantes de la décharge ont lieu alors à travers les vapeurs métalliques et non plus à travers l'air[1] ».

Admettons maintenant qu'il faut un certain temps aux
vapeurs métalliques produites à chacun des deux pôles
pour passer à l'autre. Si alors nous observons au moyen
d'un miroir tournant, l'étincelle à travers l'air nous
donnera une ligne droite, la décharge à travers chaque
vapeur nous donnera des lignes courbes.

Mais au lieu d'observer les étincelles ainsi produites
par les trois sources différentes, nous pouvons étudier
leurs spectres; c'est ce qu'ont fait le Dr Arthur Schuster
et M. Hemsalech, qui décrivent ainsi leurs expériences :

« La méthode du miroir tournant, essayée durant plusieurs années de diverses façons par l'un de nous, n'a pas
donné de résultats probants. Par contre, on a obtenu de
bons résultats par la méthode du professeur Dixon dans
ses recherches sur les ondes explosives. Elle consiste à
fixer une pellicule photographique sur la jante d'une roue

____

1. *Proc. Roy. Soc.*, vol. 64, p. 331.

tournante. Il est nécessaire seulement d'avoir des étincelles assez puissantes pour que chacune d'elles donne une bonne impression de son spectre sur la pellicule. Si les étincelles étaient absolument instantanées, les images obtenues sur la roue en mouvement seraient identiques à celles développées sur une plaque immobile, mais ce n'est pas ce qui se produit. Les raies du métal se trouvent inclinées et courbées quand la roue tourne et leur inclinaison sert à mesurer la vitesse de diffusion des particules métalliques. Les raies de l'air, au contraire, restent droites bien que légèrement élargies.

« Pour remédier à la tendance de la pellicule à quitter la roue lorsqu'elle est fixée autour de la jante, comme cela arrivait dans la forme primitive de l'appareil, un disque tournant nous a été construit par la compagnie des instruments scientifiques de Cambridge. La pellicule est posée à plat contre le disque et maintenue par un second disque plus petit qui peut être vissé facilement au premier. Les diamètres des deux disques sont de 33 et 22 cm. 2, les photographies étant prises dans l'espace annulaire de 10 cm. 8, laissé découvert par le petit disque. Un moteur électrique met le disque en mouvement et nous avons obtenu des vitesses de 170 tours par seconde, quoique, dans nos expériences, le nombre de révolutions fût généralement de 120 environ, donnant une vitesse linéaire d'environ 100 mètres par seconde pour la partie de la pellicule où la photographie était prise. »

La courbure des raies métalliques doit dépendre de la vitesse de diffusion des vapeurs dans les directions opposées aux pôles. Et si le spectre de chaque métal employé comme pôle est dû à la vibration d'une seule espèce de molécules, il y aura une courbure égale dans toutes les raies du métal.

Les photographies obtenues jusqu'à présent montrent que la courbure n'est pas égale. Ainsi, dans ce travail comme dans celui que j'ai rapporté dans les chapitres précédents, nous sommes amenés à conclure que le spectre a une origine complexe.

Les résultats de cette recherche, aussi loin qu'elle a été poussée, n'ont pas encore été complètement publiés, mais le Dr Schuster, dans une lettre qu'il m'adresse, constate « qu'il y a, sans aucun doute, de grandes différences de courbure dans les raies du bismuth. Je crois aussi que la différence est réelle dans le cas des raies du zinc (le doublet vert étant différent du triplet bleu), mais je ne la considère pas comme établie avec la même certitude que dans le cas du bismuth ».

Afin de donner un exemple de la grandeur des différences de vitesse indiquées par la courbure inégale des raies, le Dr A. Schuster me permet de publier les nombres suivants :

Métal.	Longueur d'onde.	Vitesse mètres par seconde.
Zinc	4 925 4 912	415
	4 811 4 722	545
Cadmium	5 379 5 339	435
	5 086 4 800 4 416 3 613	559
Bismuth	5 209 4 561 3 696	1 420
	4 302 4 260	533
	3 793	394
Mercure	4 359	481
	3 663	383

CHAPITRE XII

Preuve fournie par les perturbations
magnétiques des raies.

Longtemps avant qu'on n'eut donné à la théorie électro-
magnétique de la lumière sa forme actuelle, plusieurs
observateurs avaient essayé de voir si on pouvait observer
un changement spectral quelconque lorsque la source
de lumière était placée dans un champ magnétique.

Le professeur Tait semble avoir été le premier de ces
chercheurs. Il fit l'essai en 1855 sans résultats[1].

Il en fut de même d'un essai de Faraday, en 1862. Et
l'expérience tentée sur cette question fut même la dernière qu'il effectua. J'emprunte l'extrait suivant à l'histoire de sa vie par le Dr Bence Jones [2] :

« L'année 1862 fut la dernière où il effectua des recherches expérimentales. L'appareil de Steinheil pour produire le spectre de différentes substances donna une nouvelle méthode pour essayer l'action des pôles magnétiques
sur la lumière. En janvier, Faraday se familiarisa avec
l'appareil et essaya alors l'action du grand aimant sur le

1. *Proc. Roy. Soc. Edin.*, vol. IX, p. 118, 1875-76.
2. Vol. II, p. 449, 1870.

spectre du chlorure de sodium, du chlorure de baryum, du chlorure de strontium et du chlorure de lithium.

Voici la description d'une expérience faite le 12 mars :

« La flamme incolore du gaz montait entre les pôles de l'aimant et on la colorait avec les sels de sodium et lithium. Un polariseur de Nicol était placé juste devant le champ magnétique intense et un analyseur à l'autre extrémité de l'appareil.

« Alors on fermait, puis ouvrait le circuit de l'électro-aimant mais on ne put observer la plus légère trace d'effet ou de changement dans les raies du spectre, quelle que fût la position de l'analyseur ou du polariseur.

« Deux autres pièces polaires percées furent ajustées à l'aimant, la flamme colorée établie entre elles, et l'appareil optique ne recueillait que le rayon envoyé dans l'axe des pôles, c'est-à-dire suivant l'axe magnétique ou ligne de force magnétique. A la fermeture ou à la rupture du circuit de l'électro-aimant on n'observa point le plus léger effet de polarisation ou de dépolarisation. »

Vers l'année 1872, le Dr Clifford et moi-même nous fîmes quelques expériences avec le grand spectroscope de Steinheil, alors en usage dans mon laboratoire à l'École des Sciences. Le seul aimant utilisable était faible et ne donnait rien.

En 1885 M. Fievez[1] fut plus heureux. Il fit une série d'expériences qu'on peut retenir comme le premier succès au moins partiel pour la solution du problème qui nous occupe. M. Fievez, observant une flamme dans un champ magnétique, comme Faraday avait fait précédemment, nota un élargissement et un dédoublement apparent des

____

1. *Bulletin de l'Académie des sciences de Belgique*, 3e série, t. IX, p. 381, 1885.

raies, mais le dédoublement fut attribué par lui à l'absorption.

Il écrivait :

« Les phénomènes qui se manifestent sous l'action du magnétisme sont identiquement les mêmes que ceux produits par une élévation de température. »

Malgré cela, le Dr Preston a exprimé l'opinion que « si Fievez avait connu la théorie, toute la question aurait été réglée en 1885 ».

Le sujet resta infécond jusqu'à l'année 1897, au cours de laquelle le Dr Zeeman fit connaître les résultats d'une importante série d'observations patiemment effectuées [1].

Au cours de mesures concernant les phénomènes observés d'abord par le Dr Kerr, le Dr Zeeman fut conduit à remettre en question le point de savoir si la flamme soumise à l'action du magnétisme subit réellement un changement. Il faisait la remarque suivante : « Si un Faraday a pu songer à la possibilité de cette relation, cela valait qu'on recommençât l'expérience avec les moyens excellents dont la spectroscopie dispose aujourd'hui... » Et ses observations établirent que les raies brillantes du spectre sont modifiées considérablement dans un champ magnétique intense. On comprit alors pourquoi les expérimentateurs précédents avaient échoué. L'effet est petit, en sorte qu'il faut à la fois un puissant champ magnétique et une grande dispersion.

Dès que le Dr Zeeman eut rendu publique sa découverte, le professeur Lorentz et ensuite le Dr Larmor étudièrent théoriquement ce sujet. Ils montrèrent qu'en prenant la théorie sous sa forme la plus simple, on devait

---

1. *Phil. Mag.* [5], vol. XLIII, p. 226.

s'attendre, non seulement à l'élargissement des raies,
mais à ce que chaque raie consistât réellement en trois

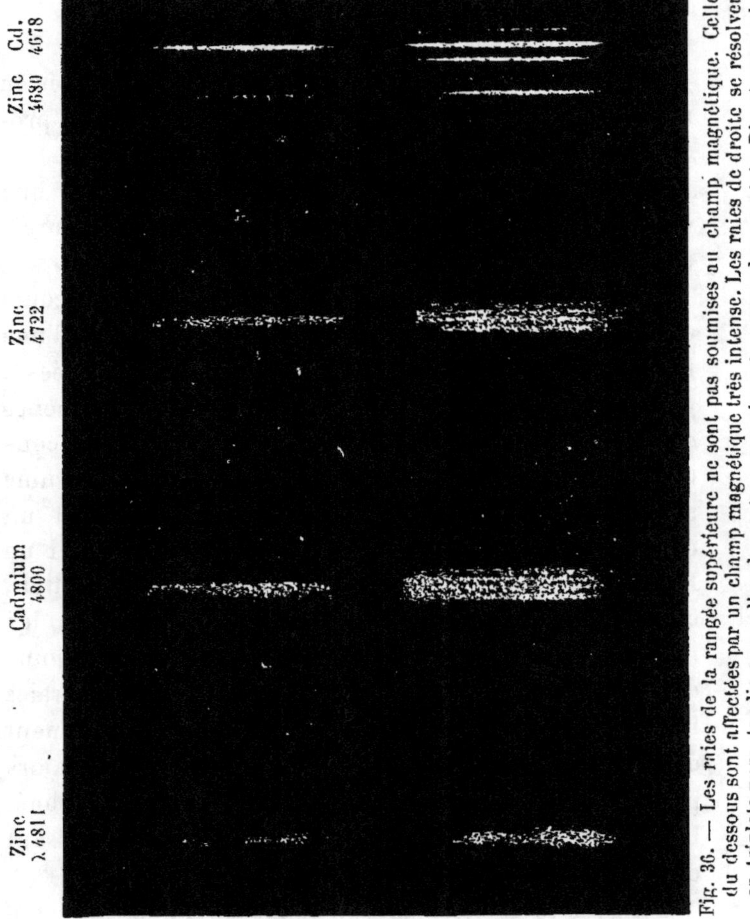

Fig. 36. — Les raies de la rangée supérieure ne sont pas soumises au champ magnétique. Celles du dessous sont affectées par un champ magnétique très intense. Les raies de droite se résolvent en triplets purs, tandis que celles du centre apparaissent comme des quartets. D'après une photographie prise par le Dr Preston en 1897.

raies séparées, ou, en d'autres termes, formât un triplet.
Suivant la théorie la plus simple, les mouvements de
chaque élément matériel qui porte une charge électrique

propre — le complexe étant appelé un ion — sont affectés par le champ magnétique. Si nous considérons ces ions comme les éléments matériels dont le mouvement produit la lumière, il est certain que, dans un champ magnétique, les mouvements seront affectés. Il y aura non seulement le mouvement normal dans l'orbite, mais un mouvement additionnel de précession ou de rotation autour des lignes de force magnétique. Si nous représentons par e la charge électrique d'un ion et son inertie par m, le rapport $\frac{e}{m}$ dans un champ de force donnée est proportionnel à la précession ou rotation de l'orbite de l'ion.

En se servant d'électro-aimants construits à cet effet et en disposant les expériences d'une manière spéciale, on ne tarda pas à produire un champ magnétique assez intense pour séparer complètement les composantes des raies, qu'auparavant on voyait simplement élargies.

On trouva que tandis que certaines raies spectrales étaient converties en triplets, d'autres l'étaient en quartets, sextets, octets ou autres types complexes, tandis que d'autres restaient presque inaltérées.

Il y eut alors une autre révélation.

Non seulement les raies du spectre de différentes substances varient à cet égard, mais les raies du spectre d'une même substance subissent des changements différents. Tandis que certaines raies spectrales d'un élément se résolvent considérablement dans le champ magnétique, d'autres ne sont presque pas affectées. Ce fait important a été constaté par le Dr Preston en 1897 [1].

---

1. *Trans. Roy. Dub. Soc.*, vol. VI, p. 385, 1898, et vol. VII, p. 7, 1899.

Cela nous montre un lien entre ces travaux et les miens, car nous trouvons des raies de *la même substance* se comportant différemment sous l'influence des perturbations magnétiques, comme j'ai trouvé que les raies du fer se comportaient différemment dans le spectre des taches solaires sous l'influence de la vitesse.

Plus tard **M.** Cornu signala en ces termes l'importance de cette découverte :

« L'effet du champ magnétique sur la période de vibration des radiations de la source lumineuse semble dépendre non seulement de la nature chimique de la source, mais encore de la nature du groupe de raies spectrales auquel chaque radiation appartient et du rôle qu'elle joue dans ce groupe [1]. » Quelque temps après **MM.** H. Becquerel et Deslandres donnèrent des détails sur le spectre du fer dans l'ultra-violet, appelant l'attention sur ces observations comme étant d'une grande importance « physique, chimique et astronomique [2] ».

Regardant dans le sens des lignes de force magnétiques puis perpendiculairement à elles, le Dr Zeeman [3] observa que, quoique la grande majorité des raies du fer fussent, pour la valeur du champ employé, résolues en doublets, triplets, quadruplets, etc., *trois ou quatre raies ne semblaient pas affectées*. Dans le cas d'un petit nombre de raies, il trouva une inégalité entre les composantes du triplet, vu perpendiculairement aux lignes de force, et celles du doublet correspondant vu parallèlement à leur direction.

MM. Ames, Earhart et Reese remarquèrent plus tard

<hr>

1. *Astrophysical Journal*, vol. VII. p. 163, 1898.
2. *Comptes rendus*, vol. CXXVI, p. 997, vol. CXXVII, p. 18.
3. *Proc. de l'Académie royale des sciences*, Amsterdam, juin, 25, 1898, et *Astrophysical Journal*, vol. IX, p. 47.

des particularités quant aux variations de quelques raies du fer [1].

Quand on étudiait la radiation perpendiculairement au champ magnétique, on trouvait en général chaque raie du spectre séparée en trois, la composante centrale étant polarisée dans un plan parallèle aux lignes de force, les deux composantes latérales étant polarisées dans un plan perpendiculaire.

Les raies ayant pour longueurs d'ondes 3587-13, 3733-47 et 3865-67 faisaient exception à cette règle et se comportaient exactement de façon inverse. Deux autres raies, de longueur d'ondes de 3722-72 et 3872-64, formaient des quadruplets, la composante centrale qui a ses vibrations dans la direction de la ligne de force étant double. Quelques raies à $\lambda\lambda$ 3746-06, 3767-34, 3850-12 et 3888-67 ne montraient pas de modifications.

Ces observateurs remarquèrent de plus que la séparation des composantes latérales des triplets semblait irrégulière. Ils trouvèrent qu'il y avait certaines raies dans lesquelles la séparation était presque la même, mais beaucoup plus grande que celle d'autres raies où les séparations semblaient être tout à fait pareilles. D'après cela, ils divisèrent les raies du spectre du fer en deux classes qui présentaient une même séparation magnétique, mais beaucoup plus grande dans l'une des classes que dans l'autre. Les raies appartenant à ces deux séries furent trouvées pratiquement identiques aux raies des deux séries en lesquelles se partage le spectre du fer quand on étudie le déplacement produit par la pression, mais cette conclusion n'est pas acceptée par le Dr Preston.

---

1. *Astrophysical Journal*, vol. VIII, p. 48.

J'ai déjà dit que, d'après la théorie simple, nous devions obtenir des triplets seulement, de même que, d'après la théorie simple d'il y a trente ans, nous devions avoir le mouvement de la vapeur du soleil indiqué par toutes les raies du spectre. Les faits sont également contraires à la théorie simple dans les deux cas.

Cependant on peut, par l'extension de la théorie magnétique, embrasser et expliquer tous les nouveaux phénomènes, extraordinaires à première vue. Pour montrer dans quelle mesure on y est parvenu, je ne peux faire mieux que de citer un extrait d'une conférence récente du Dr Preston, l'un des chercheurs les plus heureux dans cette nouvelle science [1].

« D'après la théorie simple, toute raie spectrale, quand nous la considérons perpendiculairement aux lignes de force, doit devenir un triplet dans le champ magnétique, et la différence de la fréquence de vibration entre les raies latérales au triplet serait la même pour toutes les raies spectrales d'une substance donnée. En d'autres termes, la fréquence précessionnelle serait la même pour tous les orbites des ions, ou la différence de longueur d'onde $\delta\lambda$ entre les composantes latérales du triplet magnétique varierait en raison inverse du carré de la longueur d'onde de la raie spectrale considérée.

« Cependant, quand nous examinons ce point expérimentalement, nous trouvons que cette loi simple est loin de se réaliser. En fait, une observation très superficielle du spectre d'une substance quelconque montre que la loi n'atteint même pas une approximation grossière. Car, tandis que certaines raies spectrales se résolvent

<hr>

1. *Nature*, vol. 60, p. 178.

considérablement dans le champ magnétique, d'autres raies de la même substance, ayant à peu près la même longueur d'onde, ne sont presque pas affectées. Cette anomalie est surtout intéressante pour ceux qui s'occupent de la structure intime de la matière, car elle montre que le mécanisme qui produit les raies spectrales d'une substance donnée n'est pas aussi simple que le demanderait cette théorie élémentaire de l'effet magnétique.

. . . .

« Suivant les prévisions de la théorie simple, la séparation $\delta\lambda$ doit être proportionnelle à λ^2 et, quoique cette loi ne soit pas vérifiée du tout si nous considérons les raies du spectre comme un groupement simple, nous la trouvons cependant exacte pour les différents groupes si nous divisons les raies en séries de groupes. En d'autres termes, si les raies d'un spectre donné sont arrangées en une série de groupes, les raies du premier groupe étant notées A_1, B_1, C_1, celles du second groupe A_2, B_2, C_2, et ainsi de suite, les raies correspondantes A_1, A_2, A_3 donnent la même valeur pour la quantité $\dfrac{e}{m}$, ou, pour employer un autre langage, sont produites par le mouvement du même ion. Les autres raies qui se correspondent, B_1, B_2, B_3, ont une autre valeur commune et sont produites par un autre ion différent, et ainsi de suite. Nous sommes ainsi amenés par cet effet magnétique à arranger les raies d'un spectre donné en groupes naturels et, d'après la nature de l'effet, à soupçonner que les raies correspondantes de ces groupes sont produites par le même ion et que, par suite, l'atome d'une substance donnée est réellement un complexe, consistant en plusieurs ions différents, dont chacun donne lieu à des raies spectrales différentes, ces ions étant associés, pour former un atome, d'une certaine manière caractéristique des propriétés de la substance. »

La loi générale énoncée par Preston établit encore ce fait remarquable : Si nous considérons un groupe de métaux ayant des rapports chimiques, tels, par exemple, que le magnésium, le zinc et le cadmium, les groupes de raies en lesquels peut se diviser, comme nous le disions ci-dessus, le spectre de chacun d'eux correspondent, groupe par groupe, à ceux entre lesquels sont réparties les raies d'un autre de ces métaux. Il en résulte que la variation magnétique de la fréquence $\left(\text{le rapport } \dfrac{e}{m}\right)$ pour l'un quelconque de ces groupes, est le même que pour le groupe correspondant de chacun des autres métaux. Cela semble prouver que les métaux, dans chaque groupe chimique, sont constitués, au moins en partie, par des ions identiques pour tous les métaux du même groupe.

Ce qui précède prouve surabondamment que ces nouvelles recherches ont présenté les mêmes difficultés que les anciennes et qu'elles ont conduit au même résultat en établissant que les spectres des substances élémentaires ne sont pas produits par les vibrations d' « atomes » ou d' « ions » similaires, mais par une série d'atomes ou d'ions différents.

Il est bien évident que la concordance des observations spectroscopiques ordinaires, avec les preuves tirées des séries, et des perturbations magnétiques nous fait faire un grand pas en avant.

CHAPITRE XIII

Preuve par le « fractionnement ».

Dans les trois chapitres précédents, j'ai essayé de montrer que les nouvelles méthodes de recherche dans le domaine de la physique venaient toutes à l'appui de l'hypothèse de la dissociation. Je vais montrer maintenant qu'on peut attendre des confirmations analogues tirées de l'analyse chimique, lorsqu'on aura substitué aux méthodes insuffisantes actuelles des méthodes plus fidèles, telles par exemple que celle dont le type nous est fourni par le fractionnement patient de l'yttria par sir William Crookes.

J'ai dû attendre jusqu'à 1883 la première confirmation chimique précise de mes travaux. Cette année-là, sir William Crookes exposa un résumé de ses belles recherches sur l'yttria dans une conférence à la Société Royale. Il y donnait une esquisse de la méthode de raisonnement qui l'a conduit à l'opinion que le fractionnement systématique brise le groupement moléculaire stable en ses « constituants » et que ceux-ci ne sont point l'yttrium et l'oxygène, comme cela devrait être.

Plus tard, dans une communication à l'Association

Britannique au congrès de Birmingham en 1886, il donna un aperçu de la méthode de fractionnement qui l'a mené à ces résultats.

Ce qui fait l'importance de ce travail au point de vue de la question de la dissociation, c'est que sir William Crookes fut conduit à l'idée de la pluralité des éléments de l'yttria par la variation de l'intensité des diverses raies de son spectre de phosphorescence, alors que les procédés chimiques n'avaient pu faire qu'un corps simple de ce qui était un mélange. Comme résultat de son travail il trouva cinq composants « conséquence d'une véritable rupture de la molécule de l'yttrium ».

Cela fortifie évidemment l'idée que si nos ressources chimiques étaient beaucoup plus grandes, la démonstration d'autres changements d'intensité dans les spectres d'autres éléments serait bientôt accomplie.

Je cite maintenant sir William Crookes dans ce qu'il dit de sa méthode qui constitue un véritable instrument nouveau de recherches chimiques. « A dire les choses en gros, l'opération consiste à choisir quelque réaction chimique dans laquelle les éléments traités paraissent très vraisemblablement se comporter d'une manière différente, et à la produire incomplètement de façon qu'une fraction seulement des bases présentes soit séparée ; l'objet de cette méthode est, en effet, d'obtenir une partie de la matière à l'état soluble et l'autre à l'état insoluble. L'opération doit avoir lieu lentement, de façon à donner aux affinités, — qui, par la nature même des choses, sont presque en équilibre, — le temps de jouer librement. Supposons qu'on ait en présence deux terres, à peu près identiques par leurs propriétés chimiques, différant seulement par une variation presque imperceptible dans la

basicité. Ajoutons, à la solution très diluée, de l'ammoniaque diluée en quantité telle qu'elle ne puisse précipiter
que la moitié des bases présentes. La dilution doit être
telle qu'un temps considérable s'écoule avant que le
liquide se trouble et qu'il faille plusieurs heures avant que
l'effet de l'ammoniaque soit complet. En filtrant nous
avons les terres divisées en deux parties, et nous pouvons aisément imaginer qu'il y a maintenant une légère
différence de valeur basique entre les deux portions de la
terre, celle qui reste dissoute étant un rien plus basique
que celle que l'ammoniaque a précipitée. Si on répète
ce procédé, cette minime différence ira s'augmentant
jusqu'à ce qu'elle devienne perceptible par une réaction
chimique ou une propriété physique. »

Quant aux résultats auxquels cette recherche très
laborieuse a conduit sir William Crookes, je citerai ses
propres paroles[1]; remarquons d'abord que la matière
première est l'yttria brute, tirée de la samarskite, de la
gadolinite, de la cérite et autres minerais semblables.
La première opération est de la séparer grossièremen t
des terres du groupe cérium, en profitant de ce que les
sulfates doubles de potassium et de métaux du groupe de
l'yttrium sont aisément solubles dans une solution saturée
de sulfate de potasse, tandis que les sulfates doubles du
groupe cérium y sont difficilement solubles.

« Il n'y a pas longtemps le nom d'yttria comportait,
pour tous les chimistes, un sens parfaitement défini. Cela
signifiait l'oxyde du corps simple l'yttrium. J'ai en ma
possession des spécimens d'yttria provenant de M. de
Marignac (considéré par lui comme le plus pur qu'un

1. *Chemical News*, vol. LIV, p. 1400.

chimiste eût obtenu jusqu'alors), de **M.** Clève (qualifié
par lui de « purissimum »), de **M.** de Boisbaudran (cet
échantillon est décrit par ce chimiste éminent comme
à peine souillé de traces d'autres terres), et aussi

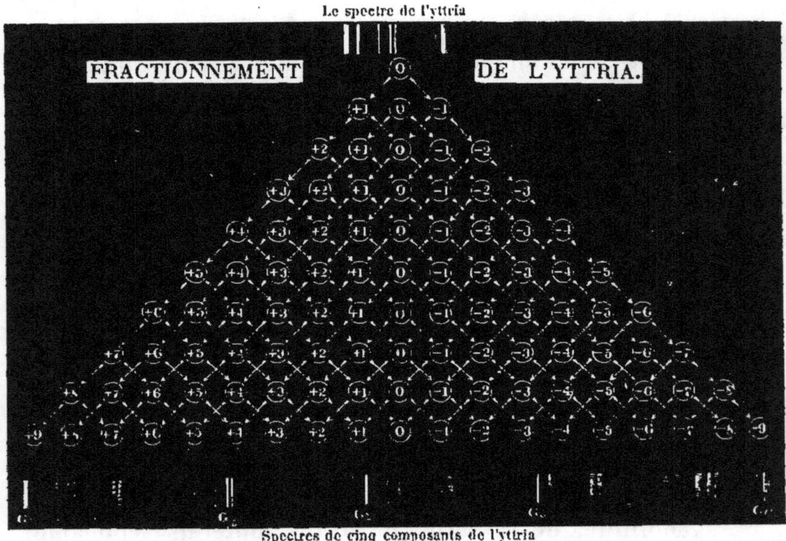

Fig. 37. — Montrant comment par la méthode de fractionnement l'yttria est séparée en cinq substances différentes définies spectroscopiquement par les intensités différentes des raies de phosphorescence.

maints spécimens préparés par moi et purifiés autant
qu'on pouvait le faire à l'époque de cette préparation.
Pratiquement ces terres sont toutes pareilles et jusqu'à
l'an dernier, tous les chimistes du monde les auraient
décrites comme identiques, c'est-à-dire comme de l'oxyde
du métal yttrium. Elles sont presque indiscernables l'une
de l'autre, soit chimiquement, soit physiquement, et, donnent dans le vide des spectres phosphorescents d'un
éclat extraordinaire. C'est ce que j'appelais naguère

« yttria » et aujourd'hui « ancienne yttria ». Or ces constituants du vieil yttrium ne sont pas des *impuretés* dans l'yttrium, pas plus que le praséodyme et le néodyme (en admettant qu'ils soient eux-mêmes des éléments) ne sont des impuretés dans le didyme. Ils constituent un véritable émiettement de l'yttrium en ses constituants. »

« Le résultat final auquel je suis arrivé est qu'il y a certainement cinq et probablement huit constituants en lesquels l'yttrium peut se diviser. Prenant les constituants dans leur ordre approximatif de basicité (analogue chimique de la réfrangibilité) le constituant terreux inférieur donne une large bande bleue $G \alpha (\lambda\, 482)$; ensuite vient la forte bande citron $G \delta (\lambda\, 574)$ qui est devenue de plus en plus nette jusqu'à pouvoir être appelée une raie ; puis un couple serré de raies bleues verdâtres $G \zeta (\lambda\, 619)$; ensuite une large bande rouge $G \eta (\lambda\, 647)$, puis une bande jaune $G \varepsilon (\lambda\, 597)$; ensuite une autre bande verte $G \gamma (\lambda\, 564)$; celle-ci (dans l'yttria de la samarskite et de la cérite) est suivie de la raie orange $S \delta (\lambda\, 609)$. Les bandes du samarium existent dans la partie la plus élevée des séries. Je suis convaincu que celles-ci sont également séparables, mais pour le moment je n'y ai guère touché, étant entièrement occupé par les terres plus aisément résolubles. La bande jaune $G \varepsilon$ et la bande verte $G \gamma$ peuvent en fait être dues à l'émiettement du samarium. »

A ma connaissance, sir William Crookes n'a pas encore donné de noms aux éléments différenciés par les raies de longueurs d'ondes dont il parle. Mais plus récemment, s'occupant encore de l'yttria, il a fait d'autres recherches ayant pour objet la séparation de l'élément caractérisé par un groupe de raies au voisinage de $\lambda\, 3110$. La découverte du victorium d'un poids atomique voisin de 117 a récompensé ses efforts.

Donc, en suivant les indications spectroscopiques, sir William Crookes a divisé « un élément » en cinq ; c'est un argument de plus, s'il en était besoin, pour montrer que le spectre d'un élément n'est pas produit par des molécules semblables, mais par des molécules dissemblables.

LIVRE IV

OBJECTIONS A L'HYPOTHÈSE DE LA DISSOCIATION

CHAPITRE XIV

La chimie de l'espace.

Je dois maintenant m'occuper de certaines objections qu'on a faites aux idées que j'ai formulées durant les trente dernières années. J'ai cru apercevoir dans ces idées un moyen de sortir du pêle-mêle auquel j'avais abouti à la suite de mes travaux de laboratoire, aussi bien que de ceux concernant le soleil et les étoiles. Dans les chapitres immédiatement précédents, j'ai montré qu'après moi, d'autres savants, engagés dans des recherches plus ou moins analogues, étaient arrivés au même pêle-mêle.

Les objections qui sont les plus importantes à examiner ici ont porté sur la preuve stellaire. J'ai supposé que les matériaux dont les mondes auraient été formés dans l'hypothèse météoritique, sont identiques dans toutes les parties de l'espace; je considère cette hypothèse comme légitime, jusqu'à preuve du contraire, et l'*onus probandi* incombe à ceux qui me font des objections. Ni Kant ni Laplace n'ont imaginé des caractères différentiels pour

la chimie intime de la matière, et, en fait, la seule idée de
ce genre que je connaisse, jusqu'à ces dernières années,
a été avancée par un savant théologien pour expliquer
les miracles. D'après cette théorie, des miracles peuvent
se produire dans certaines régions de l'espace et non dans
d'autres ; et les mouvements du système solaire à travers
l'espace nous fournissent les changements nécessaires
pour réaliser la condition d'apparition des miracles.

Mais, tout récemment, on a étendu cette hypothèse à
la constitution chimique de l'espace ; la première objection que nous rencontrons est, en effet, la suivante : les
différences spectrales qu'il était de mon devoir de relater
comme caractérisant les différents groupes d'étoiles, ne
seraient pas produites par la température ; elles seraient
dues simplement à ce que la composition chimique de
l'espace est variable. De sorte que, suivant leur lieu
d'origine et leur ambiance, certaines étoiles sont composées principalement d'hydrogène, d'autres de calcium,
d'autres de fer, d'autres de carbone et ainsi de suite.

Mais on suppose qu'il peut y avoir des cas intermédiaires, dans lesquels la composition relative varierait
seule d'étoile à étoile. On considère que cette théorie de
l'espace divisé en paroisses chimiques se trouve confirmée
en alléguant la localisation d'étoiles du même type dans
des portions particulières de l'espace (localisation indiquée par les mouvements propres, etc.).

Une *vera causa* possible de semblables différences
chimiques fut, je crois, proposée par le Dr Wolf en 1866 ;
induit en erreur par les déclarations de sir Wm. Huggins
sur la chimie des nébuleuses, le Dr Wolf [1] tenta d'expli-

---

1. *Hypothèses cosmogoniques*, p. 6.

quer pourquoi leur spectre et, par conséquent, leur constitution chimique, diffèrent de celui des étoiles; il employa pour cela une méthode que l'extrait suivant fera suffisamment comprendre.

« Si, d'après les données de l'analyse spectrale, on admet que les corps singuliers (les nébuleuses) sont à l'état gazeux, et que leur composition chimique est simple, on est amené à voir en eux seulement le résidu de la condensation de la matière primitive, en soleil et en planètes, condensation qui a absorbé la plus grande partie des éléments simples que nous voyons sur la terre et dans quelques étoiles. »

On voit que, pour Wolf, la différence entre les nébuleuses et les soleils provient d'une « extraction de matière » résultant d'une action locale préalable. La chimie entra d'abord en jeu d'une façon générale, puis le résidu fut employé.

Du reste, plus récemment, le Dr Schuster est allé plus loin, partant toujours de l'idée d'une chimie générale.

« Nous n'avons aucune raison de croire que les nébuleuses actuelles ressemblent à l'ancêtre de notre soleil. Quelques-unes des étoiles qui sont aujourd'hui à leur premier stade de développement peuvent être en train de se former par la condensation de matière abandonnée par d'autres; et il n'y aurait rien d'étonnant à ce que les étoiles les plus jeunes n'aient pas la même composition chimique que leurs compagnes plus âgées[1]. »

Supposons donc que les différentes paroisses chimiques dans l'espace soient légion pour commencer; par le jeu d'actions pareilles à celles suggérées par les Drs Wolf et Schuster, de nouvelles paroisses s'établiront; il est certain alors que les différences stellaires seront aussi légion.

1. *Proc. Roy. Soc.*, vol. 61, p. 209.

Je veux dire que plus on ajoute de causes semblables aux précédentes à une distribution primitive de la matière dans l'espace, irrégulière par hypothèse, plus on doit trouver de différences dans la constitution chimique des étoiles. Or ce n'est pas ce qu'on rencontre en fait.

Tandis que le nombre des éléments chimiques connus actuellement est de plus de 70, le nombre des groupes d'étoiles bien différenciés n'est que de 10 pour une branche de la courbe de température, c'est-à-dire si nous tenons compte des étoiles de température croissante ou de celles à température décroissante. Nous avons le droit d'envisager une branche seulement parce que les spectres des étoiles des degrés correspondants des deux côtés montrent précisément les mêmes éléments; seule la proportion relative des éléments des régions *absorbantes effectives* diffère d'une branche à l'autre. A la même température, la principale différence entre les branches opposées est l'inversion des intensités des raies de l'hydrogène et des métaux.

Ainsi les faits sont exactement contraires à l'hypothèse de l'existence dans l'espace de paroisses chimiques différentes. Ils montrent aussi que nous n'aurions pas non plus raison d'admettre la possibilité de toutes les variations dans les proportions de la composition chimique. Dans ces conditions on devrait s'attendre à une variété infinie de spectres, alors que, comme cela a déjà été constaté, il n'y a que dix groupes bien marqués.

Le Soleil, Capella et Arcturus, et d'autres étoiles en voie de refroidissement, à une distance énorme les unes des autres dans l'espace, contiennent les mêmes raies spectrales avec des intensités presque identiques, de sorte que non seulement elles contiennent les mêmes *éléments* mais les contiennent en proportions *absolument identiques*. Les états les plus anciens et les plus chauds de telles étoiles ne peuvent donc avoir consisté en des mélanges différents.

De même toutes les étoiles rouge sang, que l'on s'accorde à considérer comme près de leur point d'extinction, ont des spectres pratiquement identiques.

. Un autre argument très fort contre l'objection actuellement discutée, c'est qu'à chaque espèce de spectre correspond toujours la même température, mesurée d'une manière indépendante, principalement par l'extension du spectre dans l'ultra-violet. Avec des différences de composition chimique on aurait, à température égale, des spectres différents.

Nous avons donc le droit de conclure que les différences relevées dans les spectres stellaires ne viennent pas des différences dans les proportions des éléments chimiques qui constituent les étoiles, mais de l'action de températures différentes sur les mêmes molécules.

Jusqu'à ce que les faits ci-dessus soient expliqués, je persiste à considérer comme complet le raisonnement qui nous amène à penser que nous devons avoir les mêmes éléments représentés par des raies spectrales différentes dans des étoiles différentes, quand les différences apparentes sont de nature à suggérer l'objection que je discute en ce moment. Ce n'est pas l'absence d'éléments, mais l'absence de *certaines complexités moléculaires* de chaque élément, qui différencie le spectre du soleil de celui des divers genres d'étoiles.

Après tout ce que je viens de dire en général au sujet de cette objection, je dois maintenant discuter le seul commencement de preuve dont on l'a étayée, je veux dire la prétendue localisation de certains groupes chimiques d'étoiles dans des parties déterminées de l'espace, appuyée sur le fait que certains des éléments chimiques ne se rencontrent que dans certaines régions. On ne considère pas cette localisation comme simplement quantitative, c'est-à-dire comme manifestée par des proportions différentes de la quantité de chaque élément; on allègue leur absence complète en telle ou telle portion de l'espace.

Je me propose de discuter cette question de la façon suivante :

Puisque nous ne pouvons tenir compte dans l'espace que des masses de matière visibles, il est évident que toute recherche sur la distribution des caractères chimiques, de ces masses, telle que le spectre la révèle, doit être précédée d'une recherche sur la distribution de ces massse visibles elles-mêmes, considérées simplement en tant que masses et indépendamment de la chimie.

Nous devons donc nous occuper d'abord de la distribution générale des étoiles et des nébuleuses, indépendamment de leur chimie. Cela nous donnera une idée générale de notre système stellaire. Cette base établie, nous pourrons voir si des étoiles de même nature chimique se rencontrent sur le même rayon (prenant notre système solaire comme centre) ou dans une même direction de l'espace.

Puis, tenant compte des distances, nous verrons s'il y a quelque preuve de l'existence de ce qu'on pourrait appeler des écailles chimiques.

On doit se souvenir qu'une plus ou moins grande proportion d'étoiles de même nature chimique, dans certaines régions, est sans rapport avec la question. Il ne s'agit que de démontrer si certains éléments sont absents de certaines régions, dans les limites où les étoiles nous en fournissent la preuve.

CHAPITRE XV

La distribution générale des étoiles.

Les travaux de trois ou quatre générations d'astronomes ont prouvé définitivement que la répartition des étoiles visibles bien à portée de notre vue est prédominante dans la Voie lactée. Quoique à l'œil nu la Voie lactée paraisse très différente des autres parties du ciel, nous savons depuis l'époque de Galilée que cet aspect provient de ce qu'elle est composée d'une effroyable multitude d'étoiles, une très grande partie des masses de matière qui compose notre système se trouvant dans son plan. Elle n'est pas simplement un fluide en feu ou incandescent comme différentes écoles l'enseignaient autrefois. Une petite jumelle ou une lunette nous montrent aisément que nous sommes en présence d'une multitude innombrable d'étoiles.

La Voie lactée est un grand cercle, incliné d'environ 62° sur l'équateur terrestre ou sur le plan équatorial prolongé jusqu'aux étoiles.

Naturellement nous ne savons rien des causes de cette inclinaison de 62°, mais elle a son importance, car non seulement la bande doit couper l'équateur en deux points opposés, qui sont les deux constellations opposées, l'Aigle

et la Licorne, mais les pôles de la Voie lactée doivent
être aux points les plus éloignés des points d'intersection avec l'équateur, dans certaines constellations. Ce
sont la Chevelure de Bérénice et l'Atelier du Sculpteur,
et la position du pôle galactique nord, comme on nomme
le pôle nord de la Voie lactée, est en A. D. 12 h. 40 m.,
Décl. + 28°.

Lorsque nous examinons d'un peu plus près la Voie
lactée, nous voyons qu'à partir de deux de ses points il
se produit une séparation, en sorte qu'en certaines parties de son orbite elle est double pour ainsi dire.

La grande fente qui en sépare les deux parties, commence près d'une étoile de l'hémisphère sud qui est α du
Centaure, et continue pendant plus de six heures en
ascension droite jusqu'à ce que les deux branches se
réunissent de nouveau dans la constellation du Cygne, qui
est bien visible dans le ciel boréal.

La distance entre les lignes médianes de ces deux composantes de la Voie lactée, là où la séparation est la plus
apparente, est d'environ 17°, de sorte qu'en certaines
parties il y a un rejeton de la Voie lactée qui s'élance
d'un angle égal à 17° environ, outre les 62° qu'elle
fait avec l'écliptique. Les régions de plus grand éclat
correspondent à peu près avec les points d'intersection
des branches.

En résumé, il y a plusieurs raisons pour que l'ensemble
des phénomènes dont la Voie lactée est le siège soit plus
simple à comprendre en les étudiant comme résultant de
la superposition de deux voies lactées. Jusque dans ces
derniers temps, on admettait généralement que la Voie
lactée n'était pas un grand cercle parce qu'on pensait que
le soleil n'était pas situé dans son plan. On comparait la

masse entière des étoiles à une meule fendue sur un de ses bords, ce qui était la première idée de sir William Herschel. Mais les travaux récents, principalement ceux de Gould, dans l'Argentine, ont montré que pratiquement c'est un grand cercle. Quoique cela soit possible, dans une partie des cieux, cette merveilleuse voie lactée apparaît comme un courant simple, très irrégulier, qui semble dans une autre partie dédoublé.

Cette brillante réunion d'étoiles est pleine de majesté merveilleuse et de complexité : nous y trouvons des marques de traînées délicates s'élançant dans l'espace et qui semblent en revenir renforcées, de courants dans toutes les directions, avec des essaims qui leur sont attachés, etc. Dans d'autres parties elle est caillée, c'est le seul mot dont je puisse user pour rendre ma pensée. Dans une région nous pouvons la trouver vide de toute étoile importante; dans d'autres nous la trouvons mêlée à des nébuleuses très visibles; dans d'autres encore, non seulement elle est mêlée à des nébuleuses, mais à un grand nombre d'étoiles à raies brillantes englobées non seulement dans la Voie lactée, mais dans les nébuleuses elles-mêmes.

Nous avons, heureusement pour la science, d'inestimables photographies de ces différentes régions qui nous donnent une idée du nombre énorme d'étoiles existant dans certaines parties et des courants de matière nébuleuse qu'on voit dans la Voie lactée de place en place. Ici nous trouvons une rivière régulière de matière nébuleuse jaillissant parmi des milliers d'étoiles, ailleurs la nébulosité semble se resserrer en nœuds. Presque chaque partie a son individualité que nous pouvons étudier sur nos plaques photographiques. En réalité il n'y a pas deux parties semblables.

D'autres photographies nous montrent l'apparence caillée qui est visible en différentes régions et enfin la coexistence d'un nombre infini d'étoiles avec de la matière nébuleuse visible.

De cette façon nous pouvons nous former une idée des conditions générales de la Voie lactée.

Le second point important c'est que l'énorme augmentation du nombre d'étoiles n'est pas limité au plan de la voie lactée; il y a en réalité une augmentation graduelle de ce nombre depuis les pôles de la voie lactée, où se trouve le plus petit nombre d'étoiles, jusque dans son plan. Il n'est pas aisé de rapprocher tous ces renseignements, les différents observateurs donnant des mesures différentes. Ils prennent des unités différentes pour déterminer l'espace occupé par les étoiles entre les pôles et le plan galactique; d'autre part le nombre des étoiles dans l'hémisphère nord n'est pas le même que dans l'hémisphère sud.

Mais pour obtenir une approximation grossière, si nous représentons par quatre le nombre des étoiles au pôle galactique, le nombre des étoiles dans le plan galactique sera environ cinquante-quatre. La table suivante montrera l'augmentation graduelle du nombre des étoiles du pôle au plan, comme Herschel les a vues avec un télescope de 18 pouces d'ouverture et de 20 pieds de longueur focale [1].

Distance du pôle galactique.	Nombre d'étoiles par champ de 15 minutes.	
	Nord.	Sud.
0° à 15°....................	4,32	6,05
15 à 30....................	5,42	6,62
30 à 45....................	8,21	9,08
45 à 60....................	13,61	13,49
60 à 75....................	24,09	26,29
75 à 90....................	53,43	59,06

1. *Outlines of Astronomy*. Herschel, p. 535, 536.

D'une considération de la distribution des étoiles en ascension droite entre les déclinaisons de 15° nord et 15° sud, Struve fut amené à conclure qu'il y a des maxima bien marqués pour A. D. 6 h. 40 m. et 18 h. 40 m. et des minima pour A. D. 1 h. 30 m. et 13 h. 30. Il remarque que les maxima coïncident exactement avec l'intersection de la Voie lactée par l'équateur, et plus loin il dit que « l'apparence de cet assemblage serré d'étoiles ou de matière condensée est en relation directe avec la nature de la Voie lactée, ou que cette condensation et l'aspect de la Voie lactée sont un seul et même phénomène ».

Bien que la Voie lactée soit le phénomène dominant dans la distribution des étoiles et spécialement des étoiles faibles, il n'apparaît pas qu'elle soit le seul anneau d'étoiles auquel nous ayons affaire. Sir John Herschel a tracé une zone d'étoiles brillantes dans l'hémisphère-sud, qu'il pense être la projection d'un jet ou couche d'étoiles secondaire. Ce fut le premier acheminement vers une nouvelle découverte faite plus tard par le Dr Gould dans ses travaux sur l'hémisphère austral à Cordova. Il trouva un courant d'étoiles brillantes qui est comme tracé tout autour du ciel, formant un grand cercle aussi bien défini que la Voie lactée, qui se trouve coupée sous un angle d'environ 25°. Gould, alors qu'il était dans l'hémisphère austral, observa sans difficulté que le long de ce cercle, que nous pouvons appeler Voie étoilée par opposition à la Voie lactée, se trouvent la plupart des étoiles brillantes du firmament austral.

Quand il revint plus tard chez lui, il s'attacha à étudier s'il pouvait continuer cette ligne d'étoiles à travers l'hémisphère nord, et il le put sans difficulté.

De sorte que nous pouvons maintenant considérer

coimme hors de doute l'existence de cette voie étoilée indiquée par une ligne d'étoiles extrêmement brillantes.

Je donnerai la citation suivante, prise dans les écrits de Gould sur ce sujet[1] :

« Peu de phénomènes célestes sont aussi saisissables que l'existence d'un courant ou anneau d'étoiles brillantes, comprenant Canopus, Sirius et Aldébaran, avec les plus brillantes de la Carène et de la poupe du vaisseau d'Argo, de la Colombe, du Grand Chien, d'Orion, etc., et bordant la Voie lactée sur son bord antérieur. Lorsque la moitié opposée de la Voie lactée devint visible, il fut également manifeste que la même chose est vraie là aussi, les étoiles brillantes frangeant de même le bord antérieur et formant un flux qui, divergeant de la Voie lactée aux étoiles α et β du Centaure, comprend la constellation du Loup et une grande partie du Scorpion et s'étend à travers Ophiuchus vers la Lyre. Ainsi un grand cercle ou zone d'étoiles brillantes semble faire le tour du ciel, coupant la Voie lactée à la Croix du Sud ; elle est visible en toute saison, quoique plus apparente du côté d'Orion que de l'autre. A mon retour dans le nord, je cherchai immédiatement le point nord d'intersection, et quoique le phénomène fût beaucoup moins visible dans cet hémisphère, je reconnus sans difficulté le nœud dans la constellation Cassiopée, qui est diamétralement opposée à la Croix du Sud. Il est réellement facile de fixer l'ascension droite du nœud nord à environ 0 h. 50 m. et celle du nœud sud à 12 h. 50 m. La déclinaison est dans chaque cas voisine de 60°, de façon que ces nœuds sont très voisins des points où la Voie lactée approche le plus des

1. *American Journal of Science*, VIII, p. 322.

pôles. L'inclinaison de ce fleuve d'étoiles sur la Voie lactée est d'environ 25°, les Pléiades occupant une position médiane entre les nœuds. »

Gould n'eut pas de difficulté à montrer que le groupe d'étoiles fixes auxquel je viens de me rapporter, plus brillantes en tous cas que la quatrième grandeur, est plus symétrique par rapport à cette nouvelle ligne d'étoiles que par rapport à la Voie lactée elle-même, et que, dans toute région du ciel, l'abondance des étoiles brillantes augmente à mesure qu'on est plus proche de cette nouvelle ligne d'étoiles.

Pratiquement, 500 des plus brillantes étoiles peuvent être considérées comme formant un essaim, indépendant de la Voie lactée, essaim de forme allongée et bifide.

Rapports de la Voie lactée et des nébuleuses.

Non seulement nous trouvons que les étoiles sont beaucoup plus nombreuses près de la Voie lactée que partout ailleurs, mais les nébuleuses planétaires sont dans le même cas. Nous ne pouvons, pour le moment, discuter utilement des nébuleuses en général parce qu'il y a beaucoup de corps classés comme tels dans les différents catalogues et sur la nature desquels nous ne savons rien. J'appellerai seulement l'attention sur les points dont nous sommes le plus certains.

Non seulement nous trouvons les étoiles et les nébuleuses planétaires plus nombreuses à mesure que nous approchons de la Voie lactée, mais celles qui sont, sans aucun doute, des essaims d'étoiles, augmentent aussi étonnamment au voisinage de la Voie lactée.

Bauschinger (1889)[1], dans une revue du nouveau catalogue général du Dr Dreyer (7 840 numéros), a discuté la distribution des classes de différents corps et trouvé que les essaims résolubles et les nébuleuses planétaires sont agglomérés dans la Voie lactée ou dans son voisinage.

M. Sydney Waters, environ quatre années plus tard, en 1893, rassembla les nébuleuses et les essaims d'étoiles sur des cartes qui montrent, sans erreur possible, que les essaims d'étoiles, comme les nébuleuses planétaires et les étoiles en général, sont beaucoup plus nombreux dans le plan de la Voie lactée que partout ailleurs.

Il est frappant que les essaims suivent fidèlement non seulement le tracé d'ensemble de la Voie lactée, mais encore ses circonvolutions et courants, tandis que l'absence remarquable des nébuleuses — les nébuleuses planétaires exceptées — est à noter. Cela a été signalé par sir W. Herschel.

Nous voyons donc que le plus grand nombre des étoiles se rassemble dans le plan de la Voie lactée, ainsi que le plus grand nombre de nébuleuses planétaires et d'essaims d'étoiles.

1. *V. J. S. Ast. Ges.*, vol. XVIV, p. 43.

CHAPITRE XVI

La distribution des Groupes chimiques d'étoiles.

A. — Distribution par rapport à la direction.

La façon la plus commode de considérer la distribution des différents groupes chimiques d'étoiles, est de
prendre le plan de la Voie lactée comme base, ainsi que
nous l'avons déjà fait quand nous considérions les étoiles
simplement comme des masses de matière, indépendamment de toute chimie, et de noter si une espèce chimique
particulière d'étoiles se rassemble dans la Voie lactée ou
en est absente. Cette nouvelle recherche moléculaire
coïncide absolument avec l'autre.

Je ne m'occuperai pas encore ici des distances. Pour
le moment la classification suivante plus générale,
donnée déjà page 110, suffira :

Température élevée.

Étoiles gazeuses { Étoiles à protohydrogène.
{ Étoiles à gaz de la cléveïte.
Étoiles protométalliques.
Étoiles métalliques.
Étoiles à spectres cannelés.

Basse température.

En discutant dans ce qui va suivre les travaux des autres observateurs, j'ai, autant que possible, ramené leurs différentes notations à la notation chimique indiquée plus haut; dans quelques cas il y aura à considérer les deux branches de la courbe de température.

Le premier essai de ce genre fut fait en 1884 par Duner [1], qui se rendit célèbre par ses admirables observations sur deux différentes classes d'étoiles, — celles définies par les cannelures du carbone et celles définies par les cannelures métalliques. Ses travaux étaient à peu près les seuls effectués sur les étoiles à carbone, — c'est-à-dire sur celles qui donnent les cannelures du carbone. Il était désireux naturellement de voir comment elles étaient distribuées, et il donna le nombre de ces étoiles dans les différentes parties du ciel, rapportées à la Voie lactée. Il trouva que le nombre augmentait en se rapprochant de la Voie lactée. La table que je donne montre le résultat général auquel il est arrivé.

Nous avons vu, dans le cas des étoiles ordinaires, qu'il y a une progression très rapide de leur nombre du pôle de la Voie lactée à son plan; nous avions trois étoiles au pôle pour 53 dans le plan (tableau page 194).

Distance du pôle galactique.	Nombre.	Grandeur moyenne.
0° à 35°	3	6,6
35 à 60	8	6,6
60 à 70	8	7,2
70 à 80	13	7,4
80 à 90	29	8,3

Duner trouva, pour les étoiles à carbone, qu'il y avait un accroissement très net du pôle vers le plan, mais nous remarquons que le taux de l'accroissement est beaucoup

1. *Étoiles de la troisième classe*, p. 126.

moindre que pour les étoiles ordinaires ; il passe en effet
de trois au pôle jusqu'à vingt-neuf seulement dans le plan.

Donc, bien que le nombre augmente en avançant vers
la Voie lactée, il n'augmente pas aussi vite que celui des
étoiles en général. Cependant nous sommes en droit de
dire d'après ses observations qu'il y a un accroissement
en approchant du plan de la Voie lactée, et que la répartition des étoiles à carbone n'est pas limitée à ce plan.

Les travaux de Duner sont de 1884. En 1891, quand le

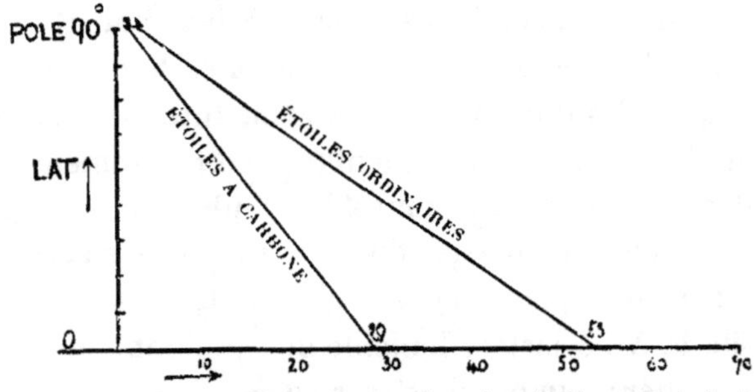

Fig. 38. — Comparaison du nombre des étoiles en général
et des étoiles à carbone.

professeur Pickering eut réuni environ 10 000 étoiles
dans le Catalogue de Draper, il commença à considérer
leur distribution dans les différentes parties de l'espace
par rapport à la classification adoptée alors ; cette classification était pratiquement fondée sur des hiéroglyphes,
vu le peu que l'on savait de la chimie de ces différents
corps à cette époque.

Le professeur Pickering trouva que la Voie lactée était
due à une agrégation d'étoiles blanches, ce qui corres-
pondait, comme nous le savons à présent, aux étoiles de
très haute température et que les plus chaudes d'entre
elles — c'est-à-dire les étoiles gazeuses — existent plus

manifestement que les autres dans la Voie lactée. La proportion d'étoiles protométalliques dans la Voie lactée était plus grande pour les plus faibles étoiles que pour les plus brillantes de cette espèce, et cela suggère immédiatement à l'esprit la possibilité que la Voie lactée elle-même soit quelque chose qui absorbe la lumière; il en résulterait que les étoiles les plus brillantes ne seraient pas en réalité les plus brillantes, mais celles qui le paraîtraient davantage parce qu'elles n'auraient pas subi cette absorption, tandis que celles qui l'ont subie peuvent être beaucoup plus éloignées de nous que les autres de la même composition chimique.

Il arriva aussi à cette très importante conclusion que les étoiles métalliques, c'est-à-dire analogues à notre soleil, étoiles plus ou moins à leur déclin, ne sont pas de préférence situées dans la Voie lactée, mais distribuées également dans tout le ciel. Quant au groupe d'étoiles qui ont des cannelures dans leurs spectres, il ne peut nous renseigner mieux que Duner, parce que le nombre de ces étoiles est petit et qu'elles n'avaient pas encore été complètement étudiées.

Cette étude n'a été poussée plus loin que l'an dernier par M. Mac Clean, qui a non seulement photographié un nombre considérable de spectres d'étoiles dans l'hémisphère nord, mais a été ensuite au Cap de Bonne-Espérance pour compléter le travail sur les étoiles inférieures à la 3ᵉ et à la 4ᵉ grandeur, qu'il pouvait observer là-bas.

Il discuta très soigneusement, par rapport à la Voie lactée et à certaines zones galactiques, la distribution des diverses espèces d'étoiles qu'il eut la chance de photographier.

Il trouva que le nombre des étoiles gazeuses est petit dans la région nord et sud tandis que ce nombre est grand dans le voisinage de la Voie lactée, de façon que nous voyons enfin exactement comment ces corps célestes sont distribués.

Si nous prenons les étoiles gazeuses, c'est-à-dire les plus chaudes, nous en trouvons le moindre nombre dans les régions polaires, mais si nous prenons les étoiles métalliques nous en trouvons pratiquement le plus grand nombre, en tout cas un nombre considérable, dans les régions polaires. Le résultat général est que les étoiles gazeuses sont pour la plupart confinées dans les zones galactiques, que les étoiles protométalliques, celles dont la grandeur est d'environ 3 1/2, ne sont pas aussi confinées. On voit aussi que les étoiles à cannelures métalliques sont pratiquement distribuées de façon égale dans les régions polaires et sur le plan de la Voie lactée; de sorte qu'à ce point de vue nous obtenons pour ces étoiles un résultat équivalent à celui de Duner pour les étoiles à carbone, c'est-à-dire qu'elles ont peu de préférence pour la Voie lactée.

ÉTOILES A RAIES BRILLANTES.

Tels sont les résultats relatifs aux étoiles qui ont nettement des raies obscures dans leurs spectres, mais dans le nombre il y a beaucoup de prétendues étoiles à raies brillantes. Je dois dire qu'il y a eu nécessairement un changement de nos idées par rapport à ces étoiles à raies brillantes depuis l'époque où on les classait avec les nébuleuses.

Les nébuleuses sont génériquement distinctes des étoiles par suite de ce fait que, dans leur cas, nous avons affaire à des raies brillantes, c'est-à-dire à des phénomènes de radiation et non d'absorption, comme dans le cas des étoiles considérées jusqu'ici.

Dans le premier cas on imaginait que les étoiles à raies brillantes étaient, au point de vue chimique, pratiquement des nébuleuses, quoiqu'elles apparaissent comme des étoiles, parce que leurs condensations les plus brillantes étaient si limitées ou si lointaines qu'elles ont dans le télescope l'apparence d'étoiles.

Depuis ce premier groupement d'étoiles à raies brillantes, on a trouvé principalement, grâce aux travaux des astronomes américains, que, dans un grand nombre de cas, *elles ont aussi des raies noires dans leur spectre*, et que, cela étant, nous devons les classer d'après leurs raies noires et non d'après leurs raies brillantes; ainsi considérées les étoiles à raies brillantes se rapprochent des étoiles gazeuses, mais *avec une différence.*

Quelle est-elle? C'est celle-ci, à ce que je crois :

Dans le cas des étoiles à raies brillantes, nous avons affaire aux condensations des nébuleuses les plus troublées du firmament ; nous avons à la fois la lumière que nous recevons du noyau de cette nébuleuse qui apparaît comme une étoile et peut être spectroscopiquement classée parmi les autres étoiles à raies obscures, d'autant plus que les vapeurs environnantes voisines de l'étoile produisent une absorption et nous donnent des raies obscures, et les autres parties de la nébuleuse, probablement plus éloignées, nous donnent des raies brillantes mêlées à ces raies obscures. Nous obtenons donc à la fois dans ces conditions des raies brillantes et obscures. Dans la mesure des résultats obtenus, nous avons à considérer que ces étoiles à raies brillantes, au lieu d'être simplement des nébuleuses, sont des étoiles gazeuses à très haute

température, parce que la nébuleuse qui les entoure et
qui tombe vers elles augmente la température de la
masse centrale par la transformation de sa force vive en
chaleur. Pickering [1], dans sa discussion de ces étoiles,
s'est occupé de trentre-trois d'entre elles, et trouva
qu'elles avaient une étonnante tendance à se grouper le
long de la Voie lactée, que peu d'entre elles, en fait, sont
en dehors de son plan central, la latitude galactique — la
distance en degrés du plan — étant limitée à 2° dans la
généralité des cas, et la plus grande distance, la latitude
galactique la plus élevée, étant environ de 9°. C'était
l'état des choses en 1891. Deux ans après, Campbell, un
autre astronome distingué d'Amérique, s'intéressa aussi à
la question des étoiles à raies brillantes, et la discuta ;
son catalogue en contenait cinquante-cinq à opposer aux
trente-trois de Pickering. Il trouva aussi qu'elles étaient
rassemblées presque exclusivement dans la Voie lactée et
qu'en dehors de la Voie lactée on n'en observait en fait
aucune. Je veux insister sur l'importance de ce fait. La
ligne centrale de la carte (fig. 39) représente la zone
galactique, le plan de la Voie lactée et, tout le long, les
différentes longitudes galactiques sont indiquées ; au-
dessus et au-dessous du plan de la Voie on voit un espace
de quelques degrés au nord et au sud, suffisant pour
montrer toutes les étoiles à raies brillantes discutées par
Campbell. La carte montre que toutes les étoiles à raies
brillantes sont réellement tout près du plan central de la
Voie lactée. Une seulement, sur cinquante-cinq, en est à
plus de 9° et encore est-elle dans un éperon en saillie, de
façon que nous ne pouvons pas savoir si elle est réelle-

1. *Astr. Nach.*, n° 2025.

ment en dehors de la Voie lactée. Il est remarquable que ces étoiles à lignes brillantes ne soient pas distribuées également le long de la Voie lactée.

Elles sont denses principalement dans deux régions opposées et il y a une région où elles manquent d'une façon marquée.

Les figures 40 et 41 sont des photographies d'un globe de verre sur lequel la Voie lactée est indiquée. La Voie lactée secondaire, qui se sépare de la principale en un point des cieux pour la rejoindre plus loin, y est aussi figurée avec la voie étoilée de Gould et le plan de l'équateur. Les disques sombres indiquent des positions d'étoiles à raies brillantes.

Nous trouvons que ces étoiles commencent juste à apparaître avant le dédoublement. Elles continuent le long du plan de la voie ; elles y sont par endroits très nombreuses et on n'en rencontre plus après le dédoublement ; nous remarquons que sur une grande longueur de la Voie lactée, là où elle est simple, il n'y a pas du tout d'étoiles à raies brillantes. Il semble vraiment qu'il y ait, dans ce doublement de la Voie lactée, une cause génératrice des conditions qui produisent les étoiles à raies brillantes.

Par les travaux de Duner, Pickering, Mac Clean et Campbell, nous commençons à avoir des notions définitives sur la distribution des différentes espèces chimiques d'étoiles par rapport à la Voie lactée. Comme je l'ai déjà remarqué, l'association intime des étoiles à raies brillantes avec les nébuleuses ne fait pas question. Nous devons maintenant, à ce point de vue de la distribution chimique, nous occuper des nébuleuses, mais ici il y a quelques difficultés.

J'ai déjà dit qu'au point de vue des nébuleuses en général,

il est difficile de parler avec certitude parce que, jusqu'à présent, il n'y a pas eu, pendant un temps assez long, un nombre suffisant d'observateurs pour classer les milliers de nébuleuses que nous connaissons, en nébuleuses à spectre gazeux et en nébuleuses à spectre dit continu, celles-ci étant en apparence de constitution entièrement différente. Encore pouvons-nous aller un peu plus loin dans cette voie, grâce à quelques figures que j'ai notées. Nous pouvons toujours voir s'il y a quelque différence dans la distribution de ces nébuleuses qui sont indubitablement des masses de gaz et qui nous donnent ce qu'on appelle le spectre nébuleux, et de ces autres nébuleuses, dont à présent nous savons très peu de chose et qui nous donnent ce qu'on appelle des spectres continus. Il est clair qu'à cet égard, dans un temps plus ou moins éloigné, on apprendra beaucoup. Les figures que

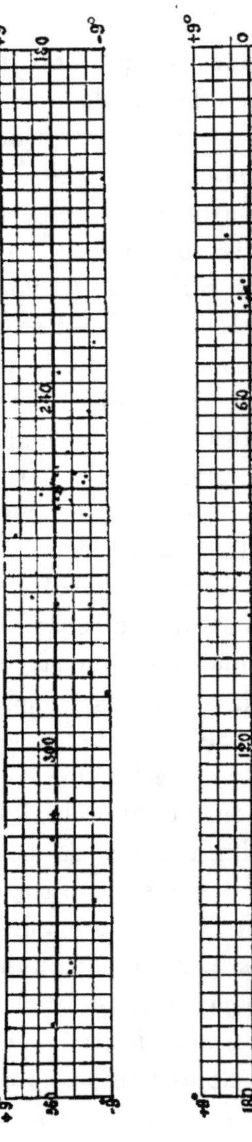

Fig. 39. — Distribution des étoiles à raies brillantes dans la Voie lactée.

je donne fournissent les résultats pour l'année 1894. Si
nous prenons la région voisine de la Voie lactée, la région

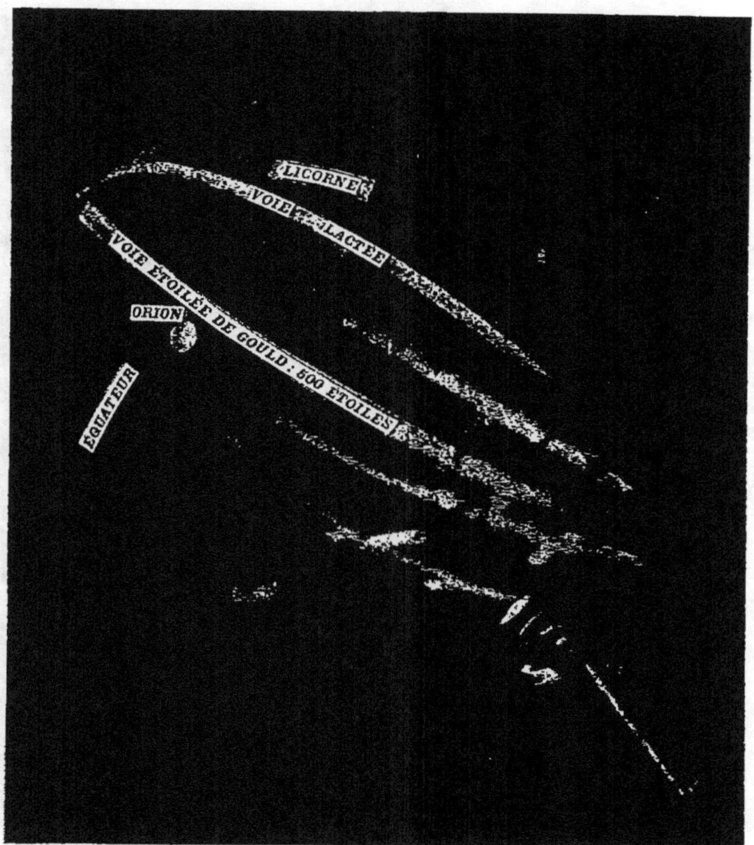

Fig. 40. — Photographie d'un globe de verre montrant la relation de la
Voie lactée, de la voie étoilée de Gould et de l'équateur.

limitée par 10° de latitude galactique nord et sud, nous
trouvons qu'il y a quarante-deux nébuleuses planétaires,
mais le nombre tombe à cinq, si nous cherchons en dehors
du 10° degré de latitude. Si nous prenons d'autres nébu-

leuses, pas nécessairement planétaires mais gazeuses
comme les nébuleuses planétaires, d'autant plus qu'elles

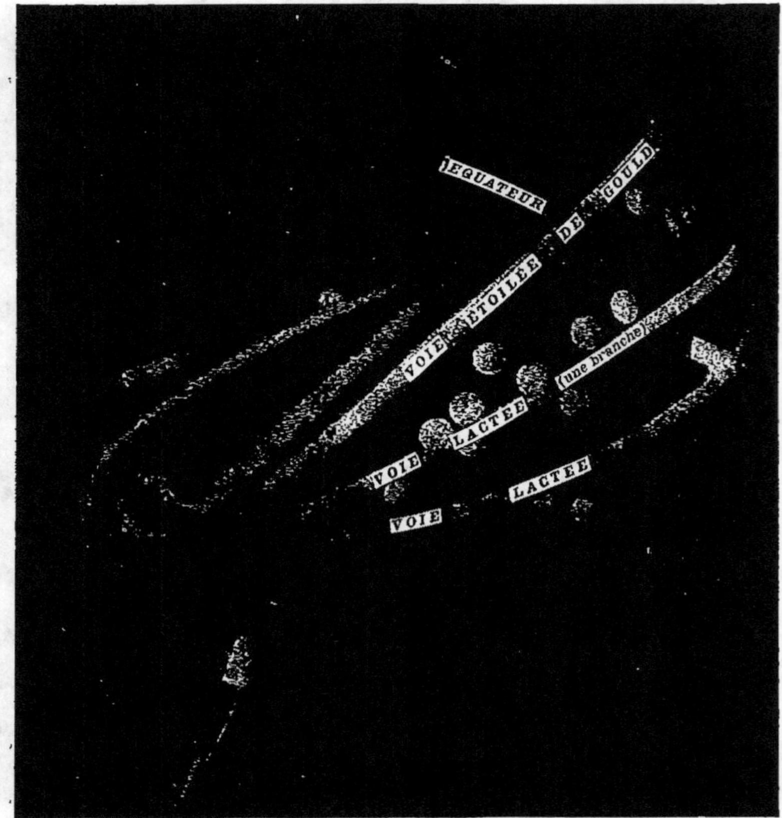

Fig. 41. — La Voie lactée, dans la région où elle se dédouble, dans ses
relations avec l'équateur et la voie étoilée de Gould, montrant que les
étoiles à raies brillantes (disques sombres) et les étoiles nouvelles
(disques blancs) sont limitées à la Voie lactée.

nous donnent un spectre de raies brillantes, nous trouvons qu'il y en a vingt-deux dans la Voie lactée, ou tout
près d'elle, et seulement six au dehors. Si nous prenons

ce qu'on appelle les nébuleuses dont le spectre est continu, qui peuvent très bien n'être pas du tout des nébuleuses — nous nous figurons que ce sont des nébuleuses
uniquement parce qu'elles sont si loin que nous ne savons
rien d'exact à leur sujet, — nous trouvons ces proportions absolument renversées. Il y en a seulement quatorze
dans le plan de la Voie lactée, tandis qu'il y en a quarante-
trois en dehors; nous avons quatre-vingt-quatre nébuleuses planétaires et autres donnant des raies brillantes
situées dans un espace de 10° autour du plan de la Voie
lactée, tandis que dans le même espace nous n'avons que
vingt-cinq nébuleuses à spectre continu.

Ainsi nous avons une identité absolue de résultats entre
les étoiles à raies brillantes et les autres corps célestes
qui nous donnent des raies brillantes.

Il y a une autre classe de corps d'un extrême intérêt.
Pour certains même, ces corps sont plus intéressants que
toutes les étoiles des cieux, parce que ce sont les mysté-
rieuses « étoiles nouvelles » qu'on a supposées de nouvelle création. Quand nous examinons ces étoiles dites
nouvelles, nous voyons qu'elles aussi sont limitées presque
absolument à la Voie lactée. Nos renseignements à leur
sujet commencent en l'an 134 avant Jésus-Christ et se
terminent l'année dernière. Le nombre des étoiles données
comme étoiles nouvelles est de trente et une, et sur ce
nombre trois seulement ont été vues en dehors de la
Voie lactée. La figure 40 montre les faits qui concernent
les étoiles nouvelles. Les étoiles à raies brillantes sont
marquées par des disques sombres, les étoiles nouvelles
par des disques blancs. On remarquera que là où nous
avons le plus de disques sombres nous avons un nombre
considérable de disques blancs. Cela signifie que ces

étoiles nouvelles ont leur origine dans la partie de l'espace occupée par les étoiles à raies brillantes, et il est aussi intéressant de constater que le vide relatif, indiqué dans la portion où la Voie lactée est simple et sans étoiles à raies brillantes, se reproduit aussi pour les étoiles nouvelles. On n'en a en effet rencontré qu'une dans cette région (fig. 41).

Comme je l'ai dit, beaucoup de personnes ont pris grand intérêt à la question des étoiles nouvelles parce que, lorsqu'une étoile apparaissait dans une partie du ciel où il n'y avait point auparavant d'étoiles, on s'imaginait que quelque chose de merveilleux et de miraculeux avait eu lieu. C'était admissible quand nous étions ignorants; mais des travaux récents prouvent presque jusqu'à l'évidence que la formation des étoiles nouvelles aurait simplement l'origine suivante. Nous avons dans le voisinage de la Voie lactée un grand nombre de nébuleuses, planétaires et autres. Nous en trouvons là plus que dans toute autre partie du ciel. Les masses nébuleuses qu'on y observe également peuvent contenir des courants de météorites circulant sous l'influence de la gravitation. L'origine d'une étoile nouvelle est due à l'invasion soudaine d'une de ces nébuleuses non encore cataloguées par un de ces courants de météorites. Il se produit un choc. Nous savons que ces météorites entrent dans notre atmosphère à la vitesse de trente-trois milles par seconde; nous pouvons donc dire que tout météorite dans l'espace, même dans la Voie lactée, circule à peu près à cette vitesse.

Si un courant se mouvant aussi rapidement vient à traverser une nébuleuse que nous supposons être une masse de météorites plus ou moins en repos, il y aura naturellement des collisions ; naturellement aussi il y aura production de chaleur et par suite de lumière.

Quand le courant a fini de passer à travers la nébuleuse, la lumière diminue et, finalement, l'attention ayant été appelée par ce cataclysme sur cette portion spéciale de l'espace, nous découvrons qu'il y a là une nébuleuse. Il en a toujours été ainsi. Par suite, dans le cas des étoiles nouvelles, nous devons toujours nous attendre à avoir des indications sur l'existence des deux corps, l'envahisseur et

Fig. 42. — Le spectre de l'étoile nouvelle du Cocher montrant à la fois des raies sombres et des raies brillantes.

l'envahi. Nous devons aussi nous attendre, si nous avons affaire à de petites particules de poussière météoritique, à ce que l'action soit très rapide et à ce que la mêlée soit vivement terminée. Tout cela concorde avec les faits. Dans le cas de l'étoile nouvelle que nous avons eu la bonne fortune de pouvoir observer dans l'hémisphère boréal, l'étoile nouvelle de la constellation du Cocher, nous avons obtenu des indications indubitables du fait que nous avions affaire à deux masses différentes de matière. En effet, si nous prenons les raies principales marquées G, h, H et K (fig. 42), c'est-à-dire les raies de l'hydrogène et du calcium, nous trouvons à la fois des raies brillantes et des raies obscures, ce qui signifie qu'il y a de la lumière émise par l'hydrogène et le calcium et de la lumière arrêtée par eux. Il doit y avoir eu certaines particules d'hydrogène et de calcium qui émettaient de la lumière et d'autres qui en absorbaient ; nous ne pouvons pas imaginer que ce soient les mêmes particules qui aient pu jouer ces deux rôles. Et si nous regardons la photographie attentivement, nous voyons que les raies brillantes et obscures sont côte à côte ; nous savons que cela indique un changement de longueur d'onde conséquence d'un mouvement, et ce changement de longueur d'onde nous permet aussi de calculer que la différence de vitesse entre les particules d'hydrogène et de carbone qui nous donnent les raies brillantes et celles qui donnent les raies obscures est d'environ cinq cents milles par seconde. Nous en déduisons la preuve indiscutable que nous avons réellement affaire à deux séries entièrement différentes de particules, se mouvant en des directions opposées, et que c'est pour cette raison que nous avons ces illuminations soudaines et brèves après lesquelles nous trouvons une nébuleuse que nous ne connaissions pas à la place de la nouvelle étoile.

Cette nébuleuse n'est pas le résultat, mais la cause du phénomène observé; seulement nous ne connaissions pas son existence avant que notre attention eût été appelée sur cette portion des cieux.

B. — *Distribution par rapport à la distance.*

Voilà, sous la forme la plus générale, ce qui touche la distribution des divers groupes d'étoiles et des groupes de nébuleuses. Voyons, en second lieu, ce que nous savons de la distance de ces corps.

On comprendra le moyen qui sert aux astronomes à déterminer la distance de la terre aux diverses étoiles en considérant ce qui arrive à un voyageur dans un train. Si le train marche à une bonne vitesse et que nous regardions les objets rapprochés, ils nous paraissent courir avec une vitesse qui fatigue les yeux. Plus éloignés sont les objets que nous regardons, et plus ils paraissent aller lentement et moins l'œil se fatigue.

Maintenant supposons qu'au lieu du train, ce soient les différents objets qui se déplacent et nous qui restions en repos. Alors les objets qui paraîtront se mouvoir le plus rapidement seront les plus voisins, et les plus éloignés, justement parce qu'ils sont les plus distants, apparaîtront animés d'un mouvement plus lent. C'est-à-dire que dans le cas des objets les plus rapprochés de nous, nous aurons ce qui s'appelle un grand « mouvement propre » et un faible mouvemeut propre dans le cas des objets qui sont plus loin.

Cette question a fait l'objet pour les étoiles de fort beaux travaux de la part de nombreux astronomes.

Ce fut M. Monck qui, le premier, montra en 1892[1] que les étoiles gazeuses ont le plus faible mouvement propre, c'est-à-dire que les étoiles les plus chaudes sont plus loin de nous que les plus froides.

Puis il trouva que le mouvement propre des étoiles protométalliques, — moins chaudes que les étoiles gazeuses, mais plus chaudes que les étoiles métalliques, — est à la valeur immédiatement supérieure. Il est naturel d'admettre que cela indique que les étoiles métalliques sont les plus proches de nous, à moins que le mouvement propre ne dépende pas de la distance mais plutôt d'une vitesse moyenne plus grande dans l'espace.

On a montré, cependant, par des considérations tirées du mouvement du soleil dans l'espace, qu'il faut proba-

---

1. *Astronomie et astrophysique*, vol XVIII, 2, p. 876.

blement rejeter cette idée. La première discussion du mouvement propre eut donc pour résultat de démontrer grossièrement que plus une étoile est chaude et plus elle est éloignée de nous ; et c'est une bonne raison de conclure que notre soleil appartient à un groupe ou essaim dans lequel le type spectral prédominant est analogue au spectre solaire.

Kapteyn poussa ces recherches un peu plus avant [1]. Partant de cette idée que les étoiles dont le mouvement propre est le plus rapide sont en moyenne les plus proches, il en conclut que la part du mouvement propre due à la translation du soleil dans l'espace doit être rigoureusement liée à la distance ; il détermina cette part en résolvant le mouvement propre observé le long d'un grand cercle passant par le point de l'espace vers lequel le soleil se meut, qu'on appelle l'apex de l'orbite solaire, et en le ramenant à un point à 90° de cet apex. Ses résultats furent pratiquement les mêmes que ceux qu'on obtient en prenant les mouvements propres individuels.

Il trouva aussi que les étoiles dont le mouvement propre est le plus grand sont généralement métalliques et n'ont aucun rapport avec la Voie lactée, et que les étoiles dont le mouvement propre est très petit ou même inobservable sont gazeuses et protométalliques, y compris un petit nombre d'étoiles métalliques rassemblées dans le plan galactique.

En cela il s'accorde avec les premières observations 'sur lesquelles j'ai appelé l'attention. Les mouvements propres moyens sont indiqués dans la table suivante.

1. *Amsterdam Academy of science*, 1893.

*Relations entre les spectres des étoiles et leurs
mouvements propres (Kapteyn).*

MOUVEMENT PROPRE MOYEN DES ÉTOILES	ÉTOILES GAZEUSES ET PROTO-MÉTALLIQUES	ÉTOILES MÉTALLIQUES	CANNELURES MÉTALLIQUES	PROPORTION DES ÉTOILES MÉTALLIQUES ET GAZEUSES
1″,39	2	51	»	17,0
0 ,52	12	66	1	5,5
0 ,35	14	66	»	4,7
0 ,24	34	124	»	3,6
0 ,18	35	67	3	1,9
Inappréciable.	79	35	1	0,44

Nous trouvons que le nombre des étoiles gazeuses et
protométalliques augmente à mesure que le mouvement propre diminue.

Nous avons aussi le rapport du nombre des étoiles
métalliques à celui des étoiles gazeuses et protométalliques. Ce rapport varie de 17 à 0,4 environ, de sorte
qu'on peut considérer ces résultats comme bien définis.
Les résultats ont été obtenus par Kapteyn sur 591 étoiles
qui étaient communes au catalogue des mouvements
propres de Stumpe et au catalogue des spectres de
Draper. On peut donc dire que les étoiles métalliques
sont 17 fois plus nombreuses que les étoiles gazeuses à
la distance la plus faible, tandis qu'à la distance la plus
grande, les premières sont moitié moins nombreuses que
les dernières.

Ici se pose de nouveau la question de savoir dans quelle
mesure il faut tenir compte de l'éclat intrinsèque de ces
corps par rapport à la distance qui les sépare de nous et
à l'affaiblissement plus ou moins grand que leur intensité lumineuse peut subir en traversant l'espace. C'est

un problème dont la solution demandera encore beaucoup de travail dans l'avenir.

Il est assez remarquable que si nous prenons les quatre étoiles dont le mouvement propre est très grand, beaucoup plus grand que la moyenne, nous trouvons que trois d'entre elles sont certainement métalliques, mais il est possible que l'étoile 1830 Groombridge, qu'on regarde toujours comme battant le record de la vitesse, — elle irait de Londres à Pékin en deux minutes environ, — ne soit pas une étoile métallique[1].

1. Ces étoiles sont :

1830 Groombridge	7",04	Gazeuse ou protométallique.
Σ 2758	5 ,196	Métallique.
Σ 578	4 ,049	Probablement métallique.
D.-C. 583	3 ,7	Métallique.

CHAPITRE XVII

Résultat de la recherche.

Nous sommes enfin arrivés à un point où nous pouvons faire un résumé général de la loi suivant laquelle les différents groupes chimiques d'étoiles sont distribués dans l'espace, à un double point de vue : 1° celui de la direction dans l'espace, vue du système solaire, direction très favorable par rapport aux longitudes et latitudes galactiques; 2° celui de la distance qui nous sépare des groupes d'étoiles.

Les résultats auxquels on est arrivé dans les deux précédents chapitres peuvent être résumés comme suit. Considérons d'abord les étoiles étudiées d'après leurs phénomènes d'absorption.

Nous trouvons que les étoiles gazeuses sont principalement dans la Voie lactée et sont loin de nous, que les étoiles protométalliques ne sont pas aussi exclusivement confinées dans la Voie lactée et ne sont pas aussi éloignées. Mais quand nous arrivons aux étoiles métalliques et aux étoiles à carbone, nous ne trouvons plus de relation bien saisissable avec la Voie lactée, et ces étoiles sont près de nous.

Malheureusement les renseignements ne sont pas si complets pour les étoiles métalliques à cannelures. M. Mac Clean ne s'est occupé que d'un petit nombre d'entre elles et il a montré qu'elles ont, comme les étoiles à carbone et celles de Duner, très peu de rapport avec la Voie lactée. Nous obtenons ainsi une énorme séparation entre les étoiles chaudes avec leur grande distance et les étoiles plus froides avec leur distance plus petite.

GROUPE	RELATION AVEC LA VOIE LACTÉE	MOUVEMENT PROPRE
Étoiles gazeuses...	Rassemblées dans la Voie lactée. (Pickering et Mac Clean.)	Très petit[1]. (Monck.)
Protométalliques..	Les plus brillantes ne sont pas notablement rassemblées dans la Voie lactée. (Mac Clean.) Elles tendent à s'y rassembler, spécialement les plus faibles. (Pickering.)	Intermédiaire.
Métalliques........	Pas rassemblées dans la Voie lactée. (Pickering et Mac Clean.) Rassemblées dans la Voie lactée. (Kapteyn.)	Div. 1. Très grand (Kapteyn.) Div. 2. Petit. (Kapteyn.)
Cannelures métalliques............	?	?
Carbone...........	?	?

Quoique cette discussion de la distribution des différents types de spectres stellaires indique une tendance collective de certains types, elle prouve, en même temps, que les substances chimiques représentées dans ces types ne sont pas limitées aux régions où elles prédominent.

Ainsi nous avons de l'hydrogène dans toutes les étoiles,

1. Kapteyn trouve pour les étoiles gazeuses et protométalliques un faible mouvement propre, mais ne les divise pas en deux groupes.

les étoiles à carbone exceptées. Quoique les étoiles montrant de fortes indications d'hélium soient plus nombreuses dans la Voie lactée et les alentours, des étoiles de cette espèce apparaissent dans d'autres parties de l'espace, éloignées de la Voie lactée, parmi lesquelles les brillantes étoiles de l'Épi de la Vierge et η de la Grande Ourse.

Outre cette preuve de la large diffusion de l'hélium, il y a la preuve indirecte basée sur le fait que la présence de l'hélium est reconnue dans le soleil, quoiqu'il ne soit pas représenté parmi les raies de Fraunhofer. Par analogie nous devons admettre que l'hélium existe également dans Arcturus et les milliers d'étoiles qui ont des spectres analogues à celui du soleil sans avoir de relations spéciales avec la Voie lactée. L'hélium doit donc être, comme l'hydrogène, distribué dans toutes les directions autour du soleil pris comme centre.

Le carbone nous fournit un autre exemple de cette distribution générale d'un élément particulier. Dans les étoiles les plus chaudes, dans les étoiles analogues au soleil et dans les étoiles les plus froides, nous trouvons de même des indications de l'existence de cette substance, de façon que la localisation d'un type particulier d'étoiles dans une portion de l'espace n'implique pas pour cette portion l'absence du carbone. De même nous trouvons les caractères du fer — soit sous forme de fer, soit sous forme de protofer — dans une grande variété de types stellaires, et nous pouvons dire aussi que le calcium et le magnésium manifestent directement leur présence dans presque toutes les étoiles.

Ainsi nous sommes amenés à conclure qu'au point de vue de la direction dans l'espace, il n'y a pas de localisation des éléments chimiques. Tandis que la discussion du mouvement propre indique que les types particuliers d'étoiles tendent à se rassembler à des distances spéciales à chacun d'eux, cette localisation n'a rien d'absolu.

Quelques étoiles de chaque type ont des mouvements propres très différents de la moyenne. Aussi, à toute distance de nous, nous trouvons les mêmes types d'étoiles et par suite la preuve de l'existence de substances chimiques pareilles.

Nous avons déjà vu que la chimie est la même dans toutes les directions, de sorte que nous pouvons finalement admettre que la chimie de toutes les parties de l'espace est la même. En d'autres termes, il n'existe pas de ces paroisses chimiques nécessaires à la théorie qui veut que les types stellaires représentent des conditions chimiques différentes tenant à la présence ou à l'absence de certains éléments. Dans aucune direction à partir de notre système, dans aucune des écorces qui l'entourent, on ne trouve un élément chimique qu'on ne rencontre également dans d'autres directions et dans d'autres écorces.

Ainsi la plus grave objection contre la preuve stellaire de l'hypothèse de la dissociation s'évanouit. Notre longue étude de la question nous a donné un appui solide non seulement pour l'hypothèse de la dissociation, mais aussi pour l'hypothèse météoritique.

Comme, d'après cette dernière hypothèse, les étoiles s'échauffent par suite des collisions météoritiques, nous pouvons espérer trouver dans les nébuleuses les conditions favorables à l'étude de leur origine. Voyant que les nébuleuses sont des masses de météorites, nous devons nous attendre à trouver les nébuleuses gazeuses et les corps qui en résultent, dans la région où existent les étoiles les plus chaudes et où la dissociation a été étudiée.

Les nébuleuses planétaires consistent en courants de météorites, se mouvant généralement en spirale ou suivant des orbites circulaires. Il ne s'y présente pas de très grandes perturbations. Elles nous donnent un spectre de raies brillantes et nous savons qu'elles sont à peu près limitées à la Voie lactée. Nous avons trouvé que les étoiles à raies brillantes sont limitées à la voie lactée. Ce sont simplement des étoiles englobées dans des nébuleuses. C'est un lien de plus entre les nébuleuses et la Voie lactée. Les étoiles nouvelles sont dues à des nébuleuses relativement fixes traversées par des nébuleuses en mouvement à la façon des comètes, et elles sont à peu près limitées à la Voie lactée. Là encore, nous trouvons le sceau de la nébuleuse. Les régions à nébuleuses que Sir William Herschel fut le premier à signaler sont plus importantes au voisinage de la Voie lactée que nulle part ailleurs.

On voit que nous avons une association étroite entre les nébuleuses, les conditions d'une dissociation possible et les étoiles de haute température, dans lesquelles la dissociation a été étudiée, et nous sommes enfin en face d'une explication simple de l'étroite contiguïté de ces phénomènes en apparence si divers.

CHAPITRE XVIII

Réponses à des objections spéciales.

Je vais maintenant passer à des objections moins
générales. En 1897, je portais la question de la dissociation devant la Société Royale, dans une discussion qu'on
me pria de commencer. A cette occasion, je fis remarquer comment on avait proposé d'expliquer les différences
spectrales existant entre des étoiles telles que les suivantes : Bellatrix, qui contient de l'hydrogène et des gaz
de la cléveïte ; Sirius, dans lequel l'hydrogène se trouve
en proportions énormes ; enfin notre propre soleil, et les
étoiles qui lui ressemblent et dans lesquelles l'atmosphère
est surtout métallique. L'explication repose sur l'hypothèse que « l'hydrogène et les gaz de la cléveïte se dégagent, pour une raison quelconque, du mélange des
vapeurs métalliques, et viennent former à eux seuls une
atmosphère supérieure particulière ; par suite de la grande
simplicité chimique de cette atmosphère, les raies des
gaz qui la constituent prennent une plus grande importance [1] » ; j'ajoutai : « Mais cet argument n'est pas philosophique, parce que rien ne nous autorise à imaginer un

1. *Proc. Roy. Soc.*, vol. LXI, p. 202.

pareil changement [1] ». Cette remarque, se rapportant à
un point très spécial, fut malheureusement mal comprise,
et le Dr Schuster, dans la discussion, dit :

« Si M. Lockyer se fût borné à nous présenter son
hypothèse comme légitime, consistante et méritant
l'attention, beaucoup d'entre nous eussent admis qu'il
avait raison. Mais il déclare que sa théorie est la seule
qui puisse expliquer les faits et rejette comme anti-philo-
sophique la seule alternative qu'il discute. »

En dépit de ce malentendu, cependant, les critiques du
Dr Schuster ont une grande valeur, et je me propose de
les examiner ici et de leur répondre le mieux possible.
Je puis ajouter qu'il admet mon système de classification,
qu'il insiste sur la nécessité d'un appel constant au
travail de laboratoire et qu'il reconnaît en même temps
que les recherches sur les raies renforcées « ont constitué
un progrès réel ». Dans mon article, je faisais remarquer,
à propos des atmosphères stellaires, que ce que nous
pourrions nous attendre à observer, en supposant une
élévation de la température du soleil, serait très différent selon qu'il y aurait ou non dissociation. Je disais :

« *Dans l'hypothèse usuelle, le seul changement que nous
puissions imaginer, comme résultat d'un accroissement de
température, serait une diminution de densité et un égal
affaiblissement de toutes les raies accompagnant l'augmentation de volume.* Mais c'est précisément ce qui n'a pas
lieu. »

Le Dr Schuster écrit à ce propos :

« Je ne puis être de cet avis. Le fait principal à expliquer est le remplacement graduel de l'hydrogène, qui est

---

1. *Proc. Roy. Soc.*, vol. LXI, p. 202.

prédominant dans les étoiles les plus chaudes, par le calcium, le fer et d'autres métaux.

« Il y a selon moi plusieurs causes en œuvre pour produire un tel effet. Une masse de gaz enflammés peut être soit en équilibre thermique, soit en équilibre par convection et les apparences dans les deux cas seront profondément différentes. En réalité un état intermédiaire s'est probablement produit, mais il y a de bonnes raisons de croire que notre soleil est plus proche de l'état d'équilibre par convection que les étoiles à hydrogène.

« C'est un fait établi qu'il y a des courants de convection intenses au voisinage de la surface du soleil. On approche donc là d'une distribution uniforme de matière et il y a d'énormes différences de température entre des couches relativement très voisines. Ceux qui ne sont pas spécialement occupés de ce sujet peuvent difficilement se figurer les différences de température produites par des courants de convection. Sur la surface du soleil la chute de température produite par les courants de convection équivaut à 20 000° pour une différence de niveau de 100 kilomètres, de façon qu'une distance angulaire d'une seconde d'arc correspondrait à une différence de 100 000°. Le rayonnement et la condensation diminueraient cette chute, mais il y a des preuves spectroscopiques qu'elle est considérable.

« Ainsi, d'après les résultats de MM. Jewell, Mohler et Humphreys [1], la pression serait d'environ six atmosphères dans la couche de renversement pour le calcium à haute température, qui donne les raies H et K, tandis que la vapeur de calcium, plus froide, est à environ trois

____

1. *Astrophysical Journal*, III, p. 138.

atmosphères. Avec une constante de gravitation vingt-sept fois plus grande que celle de notre terre, une différence de trois atmosphères n'indique qu'une différence minime de niveau. Ainsi, tandis que, dans le soleil, nous devons admettre une agitation plus ou moins efficace des constituants en même temps qu'une progression rapidement croissante des températures, nous avons la preuve que le contraire se produit dans les étoiles comme γ de la Lyre.

« Le spectre de cette étoile, d'après le Pʳ Lockyer, contient seulement les raies de haute température du fer. Cela signifie que la couche de renversement est très chaude et aussi qu'il n'y a pas de rapides changements de température d'un niveau à un autre. Il est impossible d'imaginer cette couche de gaz chaude finissant brusquement. Elle doit être entourée d'une matière plus froide qui ne peut pas être du fer, puisque les raies de basse température du fer n'apparaissent pas.

« Dans une étoile de ce genre il ne peut pas y avoir un véritable mélange des constituants et, par suite, les couches de gaz s'arrangent d'elles-mêmes suivant les lois de la diffusion. Il s'ensuit que l'hydrogène, gaz plus léger que le fer, sera principalement représenté dans les couches plus froides de l'extérieur, tandis que le fer se trouvera surtout dans les parties plus chaudes de l'intérieur. La proportion relative des divers éléments dans les diverses couches sera réglée en partie par leur densité, mais aussi par les quantités respectives de ces éléments présentes dans chaque étoile, car les différents gaz ne flotteront pas l'un sur l'autre comme des liquides, mais la densité de chaque gaz augmentera progressivement de la surface au centre. Suivant cette théorie, la

principale différence entre une étoile à hydrogène et une
étoile du genre solaire consiste dans le mélange plus ou
moins effectif des constituants. Si nous pouvions produire
un brassage dans γ de la Lyre, les raies du fer apparaî-
traient sans aucun doute, tandis que si nous pouvions
arrêter les courants de convection à la surface du soleil,
l'hydrogène qui se trouve maintenant sous la photosphère
se diffuserait graduellement et ses raies d'absorption
caractéristiques prendraient plus d'importance.

« Comme nous possédons la preuve directe de l'absence
de courants de convection dans les étoiles les plus
chaudes, il n'est pas nécessaire à mon argumentation
de discuter pourquoi il en est ainsi, mais on peut voir
que la diminution du poids et de la densité, et l'augmentation de la viscosité qui en est la conséquence, contri-
bueront à l'effet; tandis que, par suite de la plus faible
densité, un rayonnement plus égal se produira à travers
une couche plus épaisse de l'enveloppe, de façon que la
cause principale des courants de convection serait aussi
fortement diminuée. »

En réponse à cette objection, je m'occuperai d'abord
des courants de convection et de l'énorme chute de
température que le Dr Schuster suppose. Dans le soleil,
siègent, d'après lui, des courants de convection de ce genre
(courants qui sont absents de la Lyre); ils sont suffisamment puissants pour causer une différence de 20 000° cen-
tigrade par cent kilomètres de différence de niveau, ou,
comme il l'exprime d'autre part, de 100 000° par seconde
d'arc.

Les photographies d'éclipse ne donnent aucune preuve
de chutes de température aussi brusques que celles que le
Dr Schuster suppose. Dans la série de l'Inde, deux pho-

tographies successives prises à des intervalles d'environ
une seconde, presque au commencement de la totalité de
l'éclipse, diffèrent d'autant plus que la première comprend
une couche d'environ cent cinquante milles au-dessus de
la photosphère, couche qui aurait été couverte par la lune
quand la seconde photographie fut prise (sauf les effets
pouvant résulter des irrégularités du disque lunaire).
Cependant il n'y a pas grande différence entre les spectres. Tous les deux contiennent à peu près le même
nombre de raies d'arc et de raies renforcées, et montrent
ainsi que la température change peu sur une hauteur de
cent cinquante milles. En fait, sur une distance de cinq
cents milles au-dessus de la photosphère, le spectre
n'indique pas de changements importants de température.

Nous sommes donc, grâce aux photographies d'éclipse,
mis en présence des faits, et nous ne trouvons pas de
grands changements spectraux dans une région où le
Dr Schuster suppose une différence de 100 000° centigrades. Devons-nous prendre cette valeur pour celle de
la température solaire au niveau de la photosphère? Si oui,
comment le Dr Schuster la concilie-t-il avec les valeurs
obtenues par les chercheurs précédents qui la donnent
comme inférieure à 10 000°? et même avec la valeur
de 28 000° fixée par Homer Lane?

Les faits montrent avec certitude qu'il n'y a pas dans
le soleil les énormes courants de convection exigés par
les théories du Dr Schuster.

Le Dr Schuster s'appuie sur les conclusions de
MM. Jewell et autres, relativement à la pression du calcium chaud et du calcium froid dans la couche de renversement. Il montre ainsi qu'il admet ma théorie d'après

laquelle nous avons affaire dans ce cas à des molécules différentes; mais je tiens à faire remarquer que nous ne devons pas accepter trop précipitamment les conclusions auxquelles il se rapporte, car, au premier abord, les photographies d'éclipse ne concordent pas avec elles.

Dans ces photographies (1898) la couche K atteint une hauteur de 6 000 milles, la couche de longueur d'onde b, $\lambda = 4226\text{-}9$, s'élève seulement à 2 000 milles. Ceci porte à penser que le calcium froid tombe et est dissocié dans les profondeurs. En tout cas cela ne signifie pas qu'il y ait une couche de calcium froid à une élévation plus grande et sous une pression moindre entourant une couche plus chaude à une température moindre et à une pression plus grande.

La preuve sur laquelle on s'appuie pour affirmer que des courants de convection manquent dans des étoiles plus chaudes à température décroissante comme γ de la Lyre, ne paraît pas décisive. Admettons-la cependant.

L'absence des raies du fer froid montre seulement que nous sommes dans des régions d'une température supérieure à celle du soleil. Ne peut-il pas toutefois y avoir une élévation rapide de température allant de la « haute » à la « très haute » température, de même qu'il y a dans le soleil une élévation rapide de la « basse » à la « haute » température. Mais, dans aucun cas, le simple brassage de γ de la Lyre ne rendrait son spectre pareil à celui du soleil. Un pareil brassage ne pourrait faire apparaître les raies du fer froid que si le protofer était en même temps amené dans les régions plus froides, où il pourrait devenir du fer et produire alors les raies d'absorption du fer froid dans le spectre de l'étoile. Mais il ne s'ensuit aucunement que les raies du fer froid ainsi produites seraient aussi fortes que dans le spectre solaire, car nous savons que la proportion de protofer absorbant y est faible. De plus, ce brassage pourrait difficilement réduire l'intensité des raies de l'hydrogène.

Cependant, une réduction de température nous fournit une explication suffisante des changements observés en passant d'une étoile comme γ de la Lyre à une étoile comme le soleil. Les raies froides du fer y apparaîtront évidemment et ces raies deviendront plus fortes si le fer peut se former aux dépens de l'hydrogène.

Si nous renversons l'hypothèse et supposons arrêtés les courants de convection imaginés dans le soleil, je ne vois pas comment un tel état de choses aurait pour résultat la transformation du spectre actuel du soleil en un spectre comme celui de γ de la Lyre. Nous avons en effet à expliquer non seulement l'intensité plus grande des raies de l'hydrogène, mais l'apparition des raies renforcées du fer comme raies d'absorption. Or ces raies renforcées sont déjà dans la chromosphère solaire, et sont vraisemblablement absentes du spectre de Fraunhofer, parce que la vapeur qui les produit est à une température voisine de celle de la photosphère.

Est-il possible qu'un état de repos dans le soleil élèverait assez la température de la photosphère pour rendre visible l'absorption produite par ces vapeurs à haute température? Et, si cela était possible, il n'y aurait encore aucune raison expliquant la disparition des raies froides du fer. Dans tous les cas le passage du spectre du soleil à celui de γ de la Lyre s'explique de suite, si nous admettons qu'il y a un accroissement de température produisant du protofer avec la vapeur froide de fer existant préalablement, et une dissociation capable de produire aux dépens du protofer l'augmentation constatée de l'absorprion par l'hydrogène.

On ne voit pas clairement comment l'augmentation de l'absorption par l'hydrogène pourrait s'expliquer autrement. L'idée que de l'hydrogène se dégagerait des couches inférieures de la photosphère pour produire cet effet n'est guère admissible.

La discussion définitive de sujets comme celui qui nous occupe est très difficile, car nous savons par l'étude du soleil que l'absorption que nous pouvons enregistrer n'est que celle d'une région moyenne.

Ni l'hélium ni le coronium n'impriment leur sceau parmi les raies de Fraunhofer. Tout le monde admettra certainement qu'il y a des centaines de substances dans les hautes régions froides de l'atmosphère solaire qui ne donnent aucune indication de leur existence. Comment pourrions-nous dire alors que, dans les conditions admises par le Dr Schuster, « il ne peut y avoir *aucun doute*, que les raies de basse température du fer feraient leur apparition ».

Le Dr Schuster fait allusion aussi à l'hydrogène « emprisonné sous la photosphère ». Y a-t-il quelque justification de cette théorie? L'histoire complète de l'hydrogène, y compris la présence du protohydrogène dans les atmosphères stellaires, est expliquée de façon simple et suffisante par l'hypothèse de la dissociation. Je doute qu'une explication qui nécessite l'hypothèse d'un pareil emprisonnement de l'hydrogène soit plus satisfaisante.

Je vais maintenant donner une autre citation du docteur Schuster :

« Il y a spécialement une question à laquelle le professeur Lockyer doit être prêt à répondre. Parmi les

métaux lourds, le tellure, l'antimoine, le mercure, ne
sont pas représentés dans le soleil, mais on les trouve
dans Aldébaran. Pour être conséquents avec nous-même
nous devons, si nous adoptons la théorie de la dissociation, admettre que dans le soleil ces métaux sont décom-
posés. Mais, si je le comprends bien, le professeur
Lockyer croit qu'avec nos étincelles les plus fortes nous
pouvons dépasser l'état de dissociation existant dans la
couche de renversement du soleil. Or, si nous faisons
jaillir une de ces fortes étincelles d'un pôle de mercure,
aurons-nous des raies d'hélium, ou de calcium, ou d'hydrogène? Cela me semble une expérience à peu près
cruciale.

« Il se peut, naturellement, que nous obtenions des
raies de haute température, non recherchées encore, mais
présentes dans le soleil; et, dans ce cas, l'objection tom-
berait. Mais autrement, si le mercure à haute température
refuse de se laisser dissocier en éléments plus simples,
ce sera une très sérieuse objection contre la théorie. »

En réponse à ceci, je constate que dans des photographies récentes à grande dispersion les différences signa-
lées par le docteur Schuster entre le soleil et Aldébaran
n'existent pas. D'ailleurs je suis d'accord avec lui pour
dire que les expériences qu'il décrit devraient se faire, et
j'en ai effectuées plusieurs, mais ces travaux ont été inter-
rompus, car je n'ai plus à ma disposition la bobine de
Spottiswoode, dont j'ai démontré plus haut la supériorité
sur toutes les autres pour un pareil travail. Je puis dire
cependant ici que, dans les limites où j'ai pu pousser les
recherches de laboratoire, leurs résultats semblent être
d'accórd avec les résultats stellaires; mais il peut y avoir
des causes d'erreur à étudier, et du reste dans un sujet

d'une telle importance il faut répéter les expériences plusieurs fois avant qu'un fait soit définitivement établi.

Le Dr Schuster dit ensuite :

« Je crois qu'on peut admettre que les étoiles différé-
rentes sont à différents stades de développement et que
les étoiles à hydrogène arriveront à la fin à l'état de notre
soleil; mais j'estime qu'il serait imprudent de pousser
trop loin la raison d'uniformité et de dire que toutes les
étoiles passeront exactement par les mêmes phases. Ritter,
qui est favorable à l'hypothèse de la dissociation [1], fournit
de bonnes raisons de croire que la surface du soleil n'a
jamais été beaucoup plus chaude qu'aujourd'hui et que
la chaleur plus grande des étoiles à hydrogène tient à ce
que leurs masses sont plus considérables. Il est en effet
impossible d'admettre que le processus du développement
soit tout à fait indépendant de la masse de l'étoile.

« On peut dire qu'Arcturus doit avoir une masse beaucoup plus grande que celle de notre soleil; son spectre,
d'après le professeur Lockyer, est identique à celui du
soleil. Mais je suppose que cette constatation se rapporte
seulement à la région du violet et du bleu, car, d'après le
Dr Huggins, dont les premières photographies stellaires
nous ont tant appris, le spectre d'Arcturus dans l'ultra-
violet se rapproche de celui de Sirius. »

Bien que les masses d'un très petit nombre d'étoiles
blanches aient été déterminées d'après des résultats
dignes de confiance, il suffirait d'un seul cas où la masse
d'une étoile blanche serait prouvée être inférieure à celle
du soleil pour montrer la faiblesse des conclusions de
Ritter. Pour β de Persée (Algol), Vogel donne une masse

---

1. *Wied. Annalen*, vol. XX, p. 152.

égale aux quatre neuvièmes de celle du soleil, de façon que, d'après les théories de Ritter, la masse du soleil peut être supposée suffisante pour atteindre une température égale à celle de β de Persée; ce résultat ne s'accorde pas avec son affirmation que le soleil n'a probablement jamais été et ne sera jamais plus chaud qu'à présent.

La constatation de sir William Huggins au sujet du spectre ultra-violet d'Arcturus est très intéressante, si elle se confirme. Les séries de photographies à large dispersion de Kensington montrent entre le spectre du soleil et celui d'Arcturus une similitude presque parfaite s'étendant jusqu'à λ 3880.

Il est difficile d'élever une objection fondée sur l'inégalité des masses, même si nous obtenons des spectres semblables. Il suffit de supposer qu'Arcturus, comme le soleil et d'autres étoiles du même type, a déjà passé par ses stades les plus chauds et qu'il peut avoir commencé sa condensation avant le soleil.

Pour prendre un autre cas, ζ de la Grande Ourse et β du Cocher ont des spectres presque identiques, quoique les masses de ces deux systèmes soient, d'après Pickering, respectivement égales à 40 et 4,6 fois celle du soleil. Une autre étoile très chaude, l'Épi de la Vierge, a une masse égale à 2,6 fois celle du soleil.

Le Dr Schuster suppose ensuite que j'ignore les longues études de Ritter sur la contraction des masses gazeuses par l'effet de leur propre gravitation. Dans mes travaux qui ont consisté dans la discussion d'observations spectroscopiques, je fus, au début, amené à penser qu'à l'origine il ne s'agissait pas de masses gazeuses, et par conséquent je ne faisais pas allusion aux conclusions de Ritter.

De plus j'ai eu à envisager la preuve spectroscopique qu'il s'agissait d'une série de corps en voie de
refroidissement évident, et le fait « qu'une masse qui
rayonne et se contracte n'est pas nécessairement une
masse qui se refroidit » n'était pour moi qu'un détail,
car, en dépit de ce truisme, il viendra nécessairement une
époque à laquelle la température de tous les corps se
trouvera abaissée. Je suis sûr que les conclusions de Ritter,
à propos de l'élévation de la température des corps
gazeux suivie d'une chute de température, sont analogues à celles que suggère la preuve spectroscopique qui
m'a amené à la théorie des essaims de météorites en condensation ; mais il n'aurait pas été juste de revendiquer à
l'appui de mon hypothèse les conclusions de Ritter
parce que les bases des phénomènes que nous considérions étaient très différentes.

On me permettra peut-être de faire remarquer que là
où les conclusions de Ritter ne semblent pas s'accorder
avec les faits spectroscopiques, ce peut être parce que,
comme le professeur Perry l'a dit[1], une atmosphère
stellaire est une chose plus compliquée que ne l'implique
la théorie d'une masse gazeuse. Et même les observations du spectroscope ne portent généralement que sur la
couche de renversement.

Le professeur Perry écrit :

« Il (Ritter) admet que la couche radiante qui se trouve
à l'extérieur d'une étoile a une masse constante. Il admet
aussi que le module de la radiation est proportionnel à la
quatrième puissance de la température moyenne de cette
couche. Il a affaire à des températures qui sont telle-

1. *Nature*, vol. LX.

ment plus grandes que les températures avec lesquelles nous travaillons au laboratoire que de telles assimilations peuvent être regardées comme tout à fait arbitraires.

« M. Homer Lane, dans son travail classique sur les températures théoriques du soleil[1], admet que la loi de radiation de Dulong et Petit est vraie pour la radiation solaire et il se sert de cette loi pour calculer la température de la couche radiante qu'il fixe à 28 000° F. C'est dire qu'il emploie une loi empirique, — vraie peut-être aux températures du laboratoire pour le rayonnement émis par les solides chauds, — pour exprimer à des températures énormes la radiation d'une couche de gaz chauds qui a, au-dessus et au-dessous d'elle, des couches de gaz à toutes températures. »

« Nous savons si peu de chose sur le phénomène du rayonnement produit par une couche de gaz, lorsqu'au dessous d'elle se trouvent des couches gazeuses plus chaudes et plus denses, et au-dessus des couches plus froides et moins denses, qu'il ne me paraît pas possible d'accorder quelque valeur aux hypothèses de Ritter ou d'Homer Lane. Dans une étoile on rencontre des couches de gaz présentant toutes espèces de températures et de densités; nous n'avons pas de connaissance acquise au laboratoire qui soit applicable à ces conditions de radiation. Nous savons très peu de chose sur les étoiles, notre soleil excepté... Des affirmations comme celles d'Homer Lane et Ritter peuvent conduire à des résultats tout à fait faux. »

Enfin je peux relater deux autres objections prove-

1. *American Journal of Science and Arts*, 2ᵉ série, vol. I, p. 57, 1870.

nant de sources différentes. La première a trait à la relation sur laquelle j'ai insisté, entre la longueur du spectre continu et la température de la source lumineuse; j'ai dit qu'elle était basée sur la loi de Kirchhoff. A cela on objecte que des rayons dans l'ultra-violet peuvent être émis par des corps qui ne sont pas à une haute température. On en conclut que les étoiles qui ont les spectres les plus longs peuvent être froides. Mais elles sont reliées au soleil par un enchaînement ininterrompu dans la suite des phénomènes. Le soleil aussi est-il donc froid?

D'autre part on avance que les phénomènes des étoiles gazeuses, au lieu d'être dus à leur haute température, peuvent être causés par la phosphorescence. Où sont donc les spectres phosphorescents de Crookes? Si cette objection implique que l'hydrogène peut être rendu phosphorescent de manière à donner le spectre de Pickering, on aurait dû faire l'expérience avant de se risquer à faire une telle objection.

LIVRE V

CHAPITRE XIX.

Ce que signifie le mot : Évolution; l'évolution organique.

Dans les précédents chapitres, j'ai essayé de relier l'ensemble des faits établis pour le soleil, pendant les trente dernières années, avec les faits plus récents recueillis au sujet des étoiles. Au cours de cette étude, j'ai admis l'hypothèse que nous observions· les effets de dissociations intervenant à des températures de plus en plus élevées; l'hypothèse de la dissociation suppose qu'à haute température les unités chimiques, sur lesquelles nous opérons à température plus basse, se trouvent émiettées en masses plus petites; et cette idée nous a permis d'expliquer les phénomènes spectraux observés aussi bien dans nos laboratoires que dans le soleil et les étoiles.

J'ai aussi montré que, pour beaucoup de chercheurs, une hypothèse de dissociation s'impose pour expliquer les phénomènes observés dans des branches de la physique différentes de celle que nous étudions ici.

Dans les chapitres de conclusion qui vont suivre, je me propose de changer de point de vue; j'envisagerai les phénomènes non plus dans l'hypothèse d'une dissociation, mais avec les idées d'*évolution*.

Qu'est-ce que l'évolution? Pour répondre à cette question, je m'adresserai à une branche de la science dans laquelle on se sert fréquemment de ce mot, et où il a une signification précise. On verra plus loin qu'il y a une raison importante de procéder ainsi.

La branche de la science à laquelle je fais allusion ne traite pas des formes inanimées, comme les éléments chimiques et les étoiles, mais elle s'occupe d'objets animés, de ce qu'on appelle des organismes. La plupart de mes lecteurs savent que ce qu'on s'accorde aujourd'hui à considérer comme l'un des triomphes du siècle qui vient de finir, fut d'établir la réalité de ce qu'on appelle « l'évolution organique ». Il me semble que ce fut là la révolution de la pensée moderne la plus profonde que le monde ait vue.

Cette évolution nous montre que chaque espèce de plante ou d'animal n'a pas été l'objectif d'une création spéciale, mais que des causes naturelles ont produit les changements successifs de formes qui sont ainsi passées du simple au complexe. En réalité l'évolution organique peut être définie comme la production de nouvelles formes organiques à partir d'autres formes plus ou moins différentes, en sorte que les plantes et les animaux actuels sont, par l'intermédiaire d'une longue série de modifications et de transformations séparées ou simultanées, les descendants d'un nombre limité de types anciens plus simples.

Nous ne devons pas représenter cette série par une

suite unique de degrés, mais plutôt par un arbre formé
d'une racine commune et de deux gros troncs représentant
la vie animale et végétale ; chacun de ces troncs est divisé
en quelques grosses branches subdivisées elles-mêmes en
une multitude de petites branches avec des rameaux plus
petits.

Cette idée nouvelle nous représente l'évolution de l'ensemble des êtres vivants, nous montre que toutes les sortes
d'animaux et de plantes ont été produites par le développement et la modification de germes primordiaux. Je dois
dire que ce n'est pas là une idée neuve ; la démonstration
seule est nouvelle pour notre siècle et notre génération.

Pour trouver les premiers germes de ces idées, il nous
faut remonter jusqu'au XVIIe siècle sinon même jusqu'à
Aristote. Mais je ne puis faire ici cet historique. Il y a
deux ou trois points cependant à considérer dans cette
évolution. Il n'est pas nécessaire que chaque forme organique progresse individuellement d'une façon continue,
mais il suffit que la généralité progresse — progression
dans le genre de celle de notre civilisation moderne qui
n'empêche pas la stagnation ou la dégénérescence individuelle de certaines tribus ou nations. — Cette réserve
faite, les formes primitives ont été les plus simples. Il
peut se faire qu'en réalité nous connaissions aujourd'hui
fort peu de chose sur les débuts de l'histoire terrestre ; il
est possible que les roches fossilifères ne soient nulle
part voisines de la base véritable. C'est la conclusion
inspirée au professeur Poulton par la complexité des
formes qu'on y rencontre. Du moins nous n'y trouvons
pas une association vaste et hétérogène de plantes et d'ani-

1. Discours présidentiel, section D, congrès de l'Association Britannique, Liverpool, 1896.

maux ayant des organismes très inférieurs ou très élevés, comme celle que nous connaissons aujourd'hui. Nous n'y avons affaire en général qu'aux plus simples. L'histoire des animaux et des végétaux est la même à cet égard.

Occupons-nous d'abord des plantes. Les premières furent aquatiques, c'est-à-dire vécurent dans l'eau et à sa surface. Autant qu'on peut le savoir, les premiers végétaux vivants furent de la famille des algues, qui comprend nos varechs actuels; des plantes du genre des mousses suivirent, puis des fougères, et c'est beaucoup plus tard seulement que nos phanérogames, avec leurs fleurs aux couleurs gaies, firent leur apparition sur le sol. La tendance générale des changements survenus parmi les végétaux a été dirigée vers la végétation terrestre, tendance opposée à une vie dans le sein ou à la surface des eaux. Quelques varechs actuels montrent la simplicité initiale de structure qui a caractérisé le début de la vie végétale; les phanérogames sont, au contraire, relativement récentes, mais nous avons encore actuellement des varechs, de sorte que, malgré les changements en tous sens, quelques types analogues aux primitifs survivent.

Après cette explication empruntée à des travaux de direction si différente en apparence, il est facile de comprendre le sens que j'attache, en parlant des éléments chimiques, au mot « évolution » dans les limites de l'acception qu'on lui donne dans l'histoire des changements de végétaux. Mais il n'y a pas que la vie végétale. Les mêmes conceptions conviennent aux animaux et il est important pour mon sujet que j'en parle aussi. Nous rencontrons la même progression du simple vers le complexe. La meilleure manière d'étudier cette progression est de nous adresser aux archives géologiques.

La géologie stratigraphique n'est pas autre chose que l'anatomie de la terre [1] et l'histoire de la suite des formations est faite de la succession d'anatomies de ce genre ; elle correspond au développement regardé comme une chose distincte de la génération.

Dans la géologie stratigraphique, comme on peut le voir dans tout ouvrage sur ce sujet, nous trouvons les noms de quelques terrains qui contiennent certaines formes différentes de la vie animale et végétale. Nous commençons par le Laurentien et l'Algonquien, passons de là au Cambrien, à l'Ordovicien, au Silurien, au Dévonien, par une longue suite de terrains et de couches géologiques, nous arrivons au terrain Récent, c'est-à-dire à l'état de choses actuel de la surface de la terre. Il est peut être préférable de classer plusieurs de ces divers terrains en groupements génériques ; nous avons d'abord le Primaire ou Paléozoïque, puis le Secondaire ou Mésozoïque et enfin le Tertiaire ou Cainozoïque. Le dépôt de ces couches et de la vie animale qui évoluait à leur surface pendant qu'ils se constituaient nous donne les changements et développements des formes animales.

Il faut maintenant pénétrer dans le détail et indiquer d'une manière très générale les changements de forme qui se sont produits. En commençant par le Cambrien inférieur, nous trouvons les formes animales représentées par des Invertébrés comme les éponges, les coraux, les échinodermes, les brachiopodes, les mollusques, les crustacés, avec nombre de Trilobites primitifs, sans parler des vrais fucoïdes et d'autres restes de plantes inférieures.

Quand nous arrivons au Silurien, nous trouvons une

1. Huxley, Q. J. G. S., vol. XXV, p. 43.

grande augmentation des formes précédentes, spécialement des coraux, des crinoïdes, des crustacés géants (tels
que le *Pterygotus*) et des animaux à carapaces (*Ostra-
codermes*) sans mâchoire inférieure ni paires de nageoires ;
les commencements de la vie vertébrée, incomplètement
évoluée encore, et un groupe inférieur de poissons armés,
appelée Cyathaspis (sans cellules osseuses dans leur cara-
pace d'écailles). Nous rencontrons aussi les premiers animaux respirant à l'air libre : l'aile d'un poisson volant et
quelques scorpions entiers et reconnaissables. Ainsi nous
constatons en plus des espèces de l'étage précédent l'apparition des vertébrés par opposition aux invertébrés, et les
premiers vestiges des poissons. En avançant vers le
Dévonien, les poissons (associés aux crustacés géants)
prédominent ; on l'a appelé l'âge des poissons. Dans la
série suivante, le terrain carbonifère, nous trouvons les
premières traces certaines des amphibies que leur première phase d'existence rapproche des poissons ; la gre-
nouille est un exemple de cette forme de la vie qué la
plupart d'entre nous ont étudiée dans leur jeunesse sous
forme de têtard dans ses premiers stades. Quelques
amphibies gardent encore des caractéristiques des poissons.

Nous ne rencontrons pas de véritables reptiles avant
d'arriver au Permien, mais dans la grande série suivante,
le Triasique, nous rencontrons un groupe de reptiles
remarquables au point de vue évolutif, le Thériodonte ou
animal à dentition de fauve, parce que, seul parmi les
reptiles, il a une dentition de chien ou de lion, avec des
incisives, des canines et des molaires, — le précurseur
sans doute du type mammifère actuel. Nous passons aisément ainsi des reptiles à leurs alliés les mammifères ;
par exemple l'ornithorynque et l'échidné sont deux

mammifères australiens qui sont ovipares com me les rep
tiles. Ensuite nous commençons à rencontrer les oiseaux.
Les oiseaux anciens étaient reptiliens par quelques-uns de
leurs caractères, et le ptérodactile, dont les restes existent
dans beaucoup de musées, était réellement un reptile ailé
et non un oiseau. D'où la conclusion que mammifères
et oiseaux sont des variantes des reptiles. En passant du
jurassique au terrain récent, nous voyons apparaître
l'homme, descendant direct de ces formes primitives.

Lorsque nous étudions l'histoire naturelle des formes
diverses que nous présentent les couches géologiques, nous
trouvons des variations considérables, accusées par la présence ou l'absence des différents genres dans les diverses
couches. Nous trouvons que les trilobites, par exemple,
apparaissent seulement dans les formations géologiques
très anciennes; on n'en trouve pas trace dans les formations récentes, tandis que nous constatons la présence
ininterrompue des Annélides et des Brachiopodes depuis
les couches les plus anciennes jusqu'aux plus récentes :
nous avons encore des vers parmi les formes actuelles.
D'autres formes organiques encore font leur apparition
très tard dans l'échelle des âges, qui n'étaient pas représentées du tout dans le Cambrien et le Silurien; quelques-
unes se retrouvent sans interruption jusqu'à nos jours.

Prenons l'histoire des poissons. Beaucoup apparaissent
à l'âge Dévonien; il y en avait peu dans le Silurien; certains s'arrêtent là, tandis que d'autres se continuent de
l'époque Dévonienne jusqu'à la nôtre. Prenons par
exemple le poisson de vase *australien Ceratodus*. A en
juger d'après les dents qu'il possède, ce poisson a vécu sans
changement depuis les temps paléozoïques jusqu'au nôtre.

Nous voyons qu'il y a une variation effrayante de la

durée possible de vie de ces différentes formes. C'est par ces recherches que la géologie a pu nous mettre devant les yeux la continuité de la vie dans ses diverses formes, depuis les couches géologiques les plus anciennes jusqu'aux plus récentes. Le tableau peut être incomplet, mais il est suffisant pour ce que je me propose.

Ce n'est du reste pas la seule preuve que je puisse apporter en faveur de l'évolution. Les enseignements de l'embryologie confirment les arguments basés sur l'étude de la géologie et suggèrent l'idée que l'histoire de la vie se reproduit dans l'histoire des individus. Les processus de la croissance organique ou du développement embryonnaire présentent une remarquable uniformité à travers toute la série animale. Quoique notre connaissance en soit encore limitée, des personnes autorisées tiennent pour certain qu'il y a un rapport très étroit entre le développement de l'individu et celui de toute les séries qui constituent la vie animale. D'autres, il est vrai, ne regardent pas l'argument embryologique comme convaincant. Quoi qu'il en soit, si nous étudions l'embryon de la tortue, de l'oiseau, du chien et de l'homme, nous trouvons qu'ils présentent à une certaine période une étonnante ressemblance. A un stade ultérieur la similitude disparaît. Cela ne signifie pas que l'animal vertébré commence à une époque de son développement par être une tortue et devient ensuite chacun des animaux variés correspondant à ces embryons divers; cela prouve seulement qu'il y a entre eux une parenté, puisqu'il y a continuité.

Après avoir demandé ces renseignements aux plantes et aux animaux on comprendra ce qu'est l'évolution organique, et par conséquent l'évolution en général.

CHAPITRE XX

La preuve stellaire de l'évolution inorganique.

De même que les plantes et les animaux composent le monde organique ou vivant, ainsi, ce qu'on appelle les éléments chimiques (simples ou combinés entre eux) composent le monde inorganique ou inanimé.

Autrefois les plantes, les animaux et les éléments chimiques étaient tous considérés comme représentant des créations spéciales — des « articles tout faits »; — nous savons maintenant qu'il n'en est pas ainsi pour les plantes et les animaux; qu'ils ont évolué d'une manière continue à partir de certaines formes simples.

Nous avons à voir maintenant si les faits constatés dans les précédents chapitres indiquent ou non que nous devions accepter les éléments chimiques, de même que les animaux ou les plantes, comme des produits d'évolution.

Prenant pour base les plantes et les animaux tels que nous les connaissons, nous trouvons que, plus nous remontons dans le passé, plus il y a de différences dans les formes, quoique les températures auxquelles les processus vitaux ont évolué et évoluent encore ne soient certainement pas très différentes.

Prenant pour base les éléments chimiques, tels que nous les connaissons ici-bas, nous trouvons d'une façon continue des différences de composition à mesure qu'on étudie des étoiles de températures successivement croissantes. Il est évident qu'il y a là un point très important. Dans l'évolution inorganique, nous avons affaire à un grand abaissement de température; personne ne pourrait en indiquer la grandeur. Nous connaissons la température de notre terre, mais nous ne connaissons pas celles des étoiles les plus chaudes et ne pouvons y assigner une limite. Aucun homme ne peut par suite déterminer avec certitude quelle a dû être à une époque donnée la température de la terre en supposant qu'elle soit représentée par la température actuelle de l'étoile la plus chaude.

En ce qui concerne l'évolution organique qui englobe les plantes et les animaux, il peut n'y avoir eu aucun abaissement de température de ce genre. La température a dû être sensiblement constante dans une limite de quelques degrés.

Les différences dépendent donc de la durée dans le monde organique et de la température dans le monde inorganique.

C'est pour cette raison que dans l'évolution inorganique qui nous occupe maintenant, les changements chimiques produits par des changements de température doivent être notre guide principal et nous devons chercher les formes les plus simples et les plus anciennes dans les régions où règne actuellement la plus haute température.

Les simplifications produites par les hautes températures sont connues de tous. Si nous agissons sur des composés bien connus, tels, par exemple, que le sel commun, chlorure de sodium, et l'oxyde de fer — la rouille, — nous produisons par la chaleur les substances simples dont ils sont composés, et nous n'avons plus de difficulté à reconnaître le fait que le chlore et le sodium, dans un cas, et l'oxygène et le fer, dans l'autre, doivent avoir existé avant que leurs composés, sel et rouille, puissent avoir été constitués.

L'eau est dissociée en oxygène et hydrogène à haute température, de façon qu'il y a une température au-dessus de laquelle les deux gaz resteraient en contact sans se combiner. Quand la température baisse, l'eau se produit. La dissociation, par conséquent, à tous ses degrés doit nous révéler les formes dont la rencontre a produit ce qui peut être dissocié ou divisé par la chaleur.

S'il en est ainsi, le produit final de la dissociation ou de la séparation par la chaleur doit être la forme chimique primitive. Donc, si les diverses étoiles se comportent comme les diverses couches géologiques en nous présentant une progression de formes nouvelles en une suite ordonnée, nous pouvons regarder les substances chimiques qui existent visiblement dans les étoiles les plus chaudes, comme représentant les formes les plus anciennes, car ces étoiles, autant que nous pouvons le savoir, nous mettent en présence de températures plus hautes que celles que nous pouvons produire dans nos laboratoires.

J'ai dit *si*. Maintenant les étoiles nous présentent-elles, de la plus chaude à la plus froide, cette progression de formes nouvelles, comme font les strates géologiques de la plus ancienne à la plus récente?

Les pages précédentes nous permettent de répondre à cette question. J'ai indiqué comment, dans l'évolution cosmique, nous avions une continuité d'effets accompagnée par des changements considérables de la température; cette suite s'étend de la rencontre des essaims météoritiques dans l'espace jusqu'à la formation d'une masse de matière obscure et froide. Les étoiles variées qui représentent les différentes phases du changement ont été classées le long d'une courbe des températures.

Quand nous remontons une branche de cette courbe les étoiles deviennent graduellement plus chaudes jusqu'à ce que nous arrivions aux étoiles les plus chaudes que nous connaissions. Puis sur la branche descendante sont représentés les corps en voie de refroidissement, dont finalement la température diminue jusqu'à atteindre celle d'un monde obscur comme le satellite de Sirius, ou celle de notre propre lune et de la planète que nous habitons.

Grâce aux travaux récents nous pouvons maintenant nous appuyer sur la chimie de chacun de ces corps. Sans aucun doute, avec le cours du temps et les travaux de nouveaux chercheurs, nous en saurons davantage. Mais nous en savons assez pour ce que je me propose, car nous possédons l'histoire des changements chimiques d'un bout à l'autre de la série.

Quand on commença l'œuvre de la photographie des spectres stellaires, nos connaissances étaient si incomplètes qu'une chaîne continue de faits chimiques ne pouvait être constituée; mais grâce aux progrès récents nous pouvons traiter l'évolution inorganique à un point de vue chimique et nous allons examiner le résultat de cette recherche.

Les chapitres VI et VII donnent la preuve sur laquelle on peut s'appuyer pour affirmer que dans les étoiles les plus chaudes on se trouve en face d'un très petit nombre d'éléments chimiques. Quand nous descendons des étoiles les plus chaudes vers les plus froides, le nombre des raies spectrales augmente et, avec le nombre des raies, le nombre des éléments chimiques. Je ne parle que des substances connues, car il semble que nous ayons actuellement à nous débattre encore avec beaucoup de substances inconnues. Dans les étoiles les plus chaudes de toutes, nous trouvons une forme d'hydrogène dont nous ne savons rien (mais que nous supposons produite par une très haute température), l'hydrogène tel que nous le connaissons, les gaz de la cléveïte, le magnésium et le calcium sous des formes qu'il est difficile d'obtenir ici-bas; nous croyons y parvenir par l'emploi des plus hautes températures de nos laboratoires. Dans les étoiles dont la température est immédiatement inférieure, nous trouvons également ces substances, jointes à l'oxygène, à l'azote et au carbone qui font leur apparition. Dans les étoiles suivantes nous trouvons en plus le silicium. Dans celles qui viennent après, nous constatons l'existence des formes du fer, du titane, du cuivre et du manganèse que nous pouvons produire aux plus hautes températures du laboratoire, et c'est seulement en arrivant aux étoiles beaucoup plus froides que nous trouvons la présence de caractères ordinaires du fer, du calcium, du manganèse et d'autres métaux. Donc tous ces corps semblent être des formes produites par l'abaissement de la température. A chaque stade avec l'introduction de certaines formes nouvelles, disparaissent certaines formes anciennes.

Les traits saillants des archives organiques sont ainsi reproduits si exactement que le meilleur moyen de représenter les résultats a été de désigner les divers stades stellaires au moyen des formes chimiques qui s'y révè-

lent à nous, exactement comme les géologues ont fait
pour les formes organiques. De telle façon que nous trai-
tons les couches stellaires, si on peut ainsi parler, comme
équivalant aux couches géologiques. De l'étoile la plus
chaude à la plus froide, j'ai trouvé dix groupes si distincts chimiquement l'un de l'autre qu'il est nécessaire
de les distinguer aussi nettement qu'on distingue le
Cambrien du Silurien. Imitant les géologues jusqu'au
bout, j'ai donné des noms finissant en *ien* à ces groupes
ou genres, en commençant par les étoiles les plus chaudes,
qui sont les plus anciennes dans l'ordre d'abaissement
de la température.

Ce sont les groupes Argonien, Alnitamien, Acher-
nien, Algolien, Markabien (ici « une faille dans les
terrains »), Sirien, Procyonien, Arcturien (solaire),
Piscien.

J'ai aussi caractérisé la nature chimique de ces couches
stellaires comme les géologues font pour leurs diverses
couches. Nous pouvons dire par exemple que les étoiles
acherniennes contiennent principalement de l'hydrogène,
de l'oxygène, de l'azote et du carbone, et dans une
moindre proportion du protomagnésium, du protocalcium,
du silicium et du sodium[1] et peut-être du chlore et du
lithium; de façon que grâce au développement de l'analyse spectrale nous avons pu réaliser pour les diverses
étoiles ce que les biologistes ont fait, un grand nombre
d'années auparavant, pour les couches géologiques.

On voit que la question suivante : « Les étoiles présentent-elles une progression de formes chimiques analogue à la progression des formes organiques dans les

1. Campbell, *Astronomie et Astrophysique*, 1894, vol. XIII, p. 295.

terrains géologiques ? » comporte une réponse claire et précise. Il y a une progression.

Nous avons donc le droit de considérer les choses au point de vue nouveau de l'évolution. Il y a quelques points qui méritent un examen détaillé.

Évidemment nous ne pouvons attendre aucun secours de la présence de certaines raies à cause des températures transcendantes des étoiles. Par exemple la différence entre les gaz et les solides est sans intérêt car, aux hautes températures, tous les corps que nous connaissons à l'état de solides sont aussi gazeux que les gaz eux-mêmes, c'est-à-dire se comportent comme des gaz. A ces hautes températures tout se présente sous l'aspect gazeux.

Les corps fusibles comme le lithium et le sodium, dans des conditions comme celles où se trouve actuellement la terre, prendront l'état gazeux bien plus tôt que des corps comme le fer ou le platine ; mais ces considérations sont sans objet aux hautes températures stellaires. Naturellement il n'y a pas de solides à une température de 10 000° centigrades ; et il n'y aura pas de gaz dans l'espace, loin des étoiles, si la température de l'espace intersidéral est le zéro absolu.

De même pour les métaux et les métalloïdes ; cette distinction ne nous servira pas non plus à grand'chose. La conception générale d'un métal est qu'il est solide, et par conséquent une chose qui n'est pas solide n'est pas un métal. Mais la preuve chimique de la nature métallique de l'hydrogène a été fortifiée par de nombreux chimistes, et le mercure est généralement connu comme un liquide. Quant aux métalloïdes, ils sont certainement très nombreux. On suppose que le carbone est un métalloïde et il est remarquable que dans les limites de nos connaissances actuelles il semble, dans les étoiles, être le seul représentant de ce groupe.

Je ferai remarquer tout particulièrement que le tableau des caractères chimiques des étoiles (donné pages 108 et 109), tableau qui ne contient que des faits exacts, est peut-être, comme les archives géologiques, plus important par ses indications relatives à la présence des éléments chimiques dans les étoiles que par ce qui y manque.

Il y a beaucoup de raisons d'admettre que quelques substances qui peuvent exister dans les étoiles ne peuvent manifester leur présence. Je tiens à insister sur le fait que le champ de nos photographies stellaires étant très réduit et les raies les plus caractéristiques d'une substance ne se trouvant pas nécessairement dans la portion photographiable du spectre, la preuve négative est beaucoup moins importante que la preuve positive.

Je pense que nous aurions peut-être à ajouter le lithium aux substances indiquées dans ces tableaux, nous avons certainement à ajouter le sodium et l'aluminium et peut-être le chlore. Quant au soufre, je n'ai présentement aucun fait.

En tout cas nous devons faire ressortir, avec la plus grande confiance, l'absence de corps de poids atomique élevé et ce fait extraordinaire que les métaux magnésium, calcium, sodium et silicium commencent à exister dans les étoiles chaudes longtemps avant qu'on n'y trouve une trace nette de plusieurs des métaux auxquels un chimiste aurait apparemment songé tout d'abord.

CHAPITRE XXI

Les éléments les plus simples apparaissent les premiers.

En ce qui concerne l'apparition des corps dans les
étoiles les plus chaudes, le fait de toute importance qu'on
doit remarquer le premier, c'est que les formes chimiques que nous y voyons sont parmi les plus simples.

Comment cela se détermine-t-il? De deux façons. Les
chimistes reconnaissent qu'un élément de faible poids atomique est plus simple, c'est-à-dire que sa masse est inférieure à celle d'un élément de poids atomique élevé. Si
nous nous appuyons sur l'analyse spectrale, nous pouvons dire, à propos de la question des « séries », que les
éléments qui donnent le plus rapidement des séries com-
plètes sont suivant toute probabilité plus simples que
ceux qui n'en donnent aucune, et cela est encore plus
vrai quand nous trouvons que toutes les raies du spectre
d'une substance peuvent être comprises dans des séries
harmoniques, comme il arrive dans le cas de l'hydrogène
et des gaz de la cléveïte.

Donc, en se basant sur ces modèles, il est certain que
le premier stade de l'évolution inorganique, si une telle

évolution existe, est comme dans l'évolution organique,
le stade des formes les plus simples, quelle que soit la
théorie que nous ayons sur la nature de « l'atome ».

Il est utile cependant de comparer en détail les résultats obtenus par la forme la plus nouvelle de l'analyse
spectrale, celle relative aux « séries » au sujet des premières formes stellaires, parce qu'il est évident que nous
nous trouvons en présence des débuts d'une nouvelle
méthode d'étude de la nature des prétendus éléments chimiques.

Nous avons trouvé que les étoiles les plus chaudes
contenaient de l'hydrogène, de l'hélium et de l'astérium.
Nous avons aussi trouvé (chapitre X) que ces substances
ont les séries les plus simples, c'est-à-dire un groupe de
trois séries. Bien que cela ne soit pas absolument établi,
il est plus que probable que le groupe des métaux du
lithium est aussi représenté dans les étoiles de très hautes
températures. Dans ce cas nous trouvons encore simplement un groupe de trois séries. Du soufre nous ne savons
rien positivement, mais son existence dans les étoiles
chaudes me semble probable. Là encore nous avons un
autre groupe simple de trois séries. De sorte que nous avons
les séries les plus simples pour trois constituants parfaitement certains des étoiles les plus chaudes ainsi que
pour un constituant très probable et pour un douteux.

Nous arrivons maintenant à ce fait remarquable qu'à
côté de ces substances simples nous trouvons dans les
étoiles très chaudes le magnésium, le calcium et le silicium. Des séries de ce dernier nous ne savons rien. Pour
le magnésium et le calcium on n'a déterminé que des
séries secondaires.

Nous ne pouvons supposer que l'absence des séries

principales indique une simplicité plus grande, car j'ai montré que la moitié seulement des raies de chacune de ces substances a été classée en séries; comme les séries représentent la vibration d'une particule unique, les raies qui n'y figurent pas doivent d'après la théorie représenter la vibration d'autres particules. Ainsi nous en arrivons à ceci : il est possible que la complexité des particules qui produisent les séries soit supérieure à la complexité de celles qui, dans les étoiles, nous donnent les raies hors séries. Ces dernières particules correspondent donc à d'autres formes simples.

Descendant l'échelle des températures stellaires, nous trouvons l'oxygène. Ici nous avons six séries au lieu de trois ou de deux comme dans le cas du calcium et du magnésium, et même, ainsi que je l'ai remarqué, dans ce cas, nous n'avons pas affaire à la moitié de celles des raies du gaz que nous pouvons voir à une température plus haute. Cela semble indiquer que dans les étoiles les plus chaudes il y a des stabilités différentes pour des formes très diverses; en résumé il semble qu'il y ait distincte-ment là, comme sur la terre, une survivance de la forme la mieux adaptée.

Autrement comment rendre compte du fait certain que dans les étoiles les plus chaudes nous rencontrons trois métaux, magnésium, calcium et silicium, avant de trouver aucune trace des autres; comment expliquer aussi que, lorsque ces métaux existent, si nous les comparons à nos séries-pierres-de-touche, nous trouvons qu'au lieu d'être très simples, ils sont en réalité aussi complexes qu'ici-bas. Quoi qu'il en soit, nous sommes dès maintenant assurés qu'il y a dans les étoiles très chaudes beaucoup plus de formes en apparence complexes que de formes simples.

C'est un point que les chimistes auront à envisager, quand ils feront des recherches sur ces questions. Ces considérations soulèvent encore une autre question intéressante. Un grand nombre de formes organiques simples apparaissent tardivement dans les séries stratigraphiques. Quelques-unes des formes les plus simples périssent, d'autres persistent. Or il peut se faire que dans l'évolution inorganique comme dans l'évolution organique quelques-unes des formes les plus simples représentent en réalité des introductions ultérieures. Quoi qu'il en soit, il est parfaitement certain que nous n'avons pas un parallélisme absolu entre les résultats des observations spectroscopiques des séries et les observations spectroscopiques des étoiles.

Il semble que dans tous ces changements nous rencontrons des complications successives dues à l'abaissement de la température, mais il y a une plus longue série de complications pour quelques substances que pour les autres. Jusqu'à présent les étoiles ne nous apprennent rien sur l'origine du protomagnésium et du protocalcium. Mais il est difficile d'admettre que les plus anciennes formes des autres métaux ne sont pas formées à l'aide de quelques-uns des constituants qu'on rencontre aux degrés de chaleur compris entre ceux de γ d'Argo et d'α de la Croix, leurs autres complications n'ayant commencé à se produire que plus tard.

Remarquons ensuite que les résultats des études astronomiques faites au point de vue de l'évolution concordent avec la géologie en ce qui touche l'accroissement de la complexité. Nous notons les mêmes changements de formes, les mêmes interruptions dans la continuité, les mêmes disparitions des vieilles formes accompagnées par l'apparition des nouvelles, et que nous nous plaçions au point de vue du poids atomique ou au point de vue des séries, nous devons y joindre l'accroissement de la complexité.

Quoique, dans ce chapitre, je me sois surtout adressé aux preuves stellaires, il ne faut pas oublier que dans des limites restreintes de température la preuve solaire peut aussi être utilisée. Nous avons comparé le soleil aux étoiles pour tout ce qui touche la discussion des effets dus aux hautes températures.

Les photographies prises au cours des récentes éclipses de soleil portent sur la partie la plus chaude que nous puissions atteindre : la température y est plus élevée que dans les portions du soleil qui produisent le spectre d'absorption bien connu, accusé par les raies dites de Fraunhofer. Or ces photographies ne nous mettent pas en présence de régions inconnues ; elles nous montrent des phénomènes analogues à ceux qui interviennent dans l'atmosphère des étoiles plus chaudes que le soleil.

Le spectre de raies brillantes de la chromosphère solaire tel qu'on le voit pendant une éclipse nous montre les effets produits par la chaleur dans les parties du soleil les plus chaudes que nous puissions atteindre ; comparé aux raies obscures du spectre d'une étoile qui contient d'ailleurs des raies d'absorption très différentes de celles de Fraunhofer, le spectre de raies brillantes de la chromosphère coïncide presque raie par raie avec celui de cette étoile.

Il y a quelques années, je suggérai l'idée de cette évolution inorganique pour expliquer les rares faits stellaires qui nous étaient alors familiers. Je dois dire que nous sommes en meilleure posture qu'autrefois pour considérer le problème, parce que nous avons des dizaines, je

pourrais dire des centaines de milliers de faits coor-
donnés et il est très remarquable que, les lacunes de nos
connaissances une fois comblées, nous nous trouvions
en face des preuves d'une évolution réellement majes-
tueuse en sa simplicité.

Il convient que je dise que, de même que les travaux de
Darwin au xix⁰ siècle furent dirigés par les hypothèses
du xvii⁰, de même notre théorie stellaire a été précédée
par des hypothèses faites directement dans le meme sens.
La première phase de la chimie fut l'alchimie. L'alchimie
se proposait l'étude des transmutations, mais on trouva
bientôt que le rôle véritable de la science de la chimie, est
d'étudier les *simplifications* ; pour y procéder de notre mieux,
nous avons besoin de ces énormes différences de température que les étoiles seules mettent à notre disposition.

Sur cette question de l'évolution inorganique, la première idée fut émise en 1815 par Prout ; se basant sur le
faible poids atomique de l'hydrogène, il pensa que cette
substance était réellement l'élément primitif et que tous
les autres, caractérisés par leurs poids atomiques différents, étaient des agrégations d'hydrogène, la complexité
de l'association étant déterminée par le poids atomique.
L'élément de poids atomique 20 contenait 20 unités
d'hydrogène ; celui de poids atomique 40 en contenait 40,
et ainsi de suite. On lui répondit que lorsque les éléments
étaient minutieusement purifiés et examinés avec le plus
grand soin, leurs poids atomiques n'étaient pas exactement représentés par des nombres entiers. Il y avait des
poids atomiques représentés par des nombres suivis d'une
décimale qui pouvait varier depuis zéro jusqu'à un demi,
et on supposait qu'il y avait là une objection sans réplique
à la théorie de Prout.

En 1817, Döbereiner émit une autre hypothèse, impliquant les idées précédentes, et Pettenkofer la développa en 1850. Pour eux il y a une relation physique entre ces objets différents, relation qui est en opposition avec la théorie d'après laquelle ces objets seraient des « articles tout faits », dus à des créations spéciales, sans relation les uns avec les autres. Tous deux faisaient remarquer qu'il y avait des groupes de trois éléments, tels que lithium-sodium-potassium, en relation numérique : c'est-à-dire que, leurs poids atomiques étant 7, 23 et 39, le poids atomique intermédiaire était la moyenne des deux autres. $7 + 39 = 46$, qui divisé par 2 donne 23. On peut encore mettre ce fait en évidence d'une autre manière : $7 + 16 = 23$ et $23 + 16 = 39$; ce qui suggère l'addition possible de quelque chose ayant un poids atomique de 16.

En 1862, de Chancourtois arriva à la conclusion que les relations entre les propriétés des divers éléments chimiques étaient des relations géométriques simples

En 1864 nous arrivons à ce qu'on appelle la « loi périodique », suggérée d'abord par Newlands et élaborée par Mendeleef en 1869. Selon cette loi, les propriétés chimiques et physiques des éléments sont des fonctions périodiques de leurs poids atomiques.

Ensuite Lothar Meyer obtint quelques résultats très intéressants, au point de vue des volumes atomiques. Il montra que si nous portons sur un diagramme les volumes atomiques des différents éléments, rangés de gauche à droite par poids atomiques croissants, il y a une certaine périodicité dans les sommets de la courbe qui marquent les plus hauts volumes atomiques.

Jusque-là on n'avait indiqué aucun rapport avec l'action de la température, mais en 1873 j'émis l'idée que nous devions avoir dans les étoiles une chute de température et que la complexité plus grande des spectres de certaines étoiles était due probablement à cette chute de la température. Cette idée fut enfin utilisée par William Crookes dans une variante intéressante de la loi périodique; il admet que la température joue un rôle dans le changement des caractères des éléments. Brodie, en 1880, fut amené à conclure que les *éléments* n'étaient certainement pas *élémentaires*, parce que, dans ce qu'il appelait un « calcul chimique », il était conduit à admettre que certaines substances, qu'on supposait des éléments, n'en étaient point en réalité. Et il émit l'idée très féconde qu'on pourrait trouver dans quelques étoiles chaudes quelques-uns de ces éléments dont il prévoyait l'existence. Neuf ans plus tard, Rydberg, un des chercheurs les plus perspicaces qui aient travaillé la question des « Séries », admettait que la plupart des phénomènes des séries pouvaient s'expliquer en supposant que l'hydrogène était vraiment l'élément initial, et que les autres substances étaient en réalité des composés de l'hydrogène; il revenait aux premières idées émises par Prout en 1815. Toutes ces idées impliquent une action continue et indiqueraient qu'il y eut avec le temps transformation de quelque matière première en quelque chose de plus complexe. C'est-à-dire que l'existence de nos éléments tels que nous les connaissons ne provient pas de créations particulières pour chacun, mais représente l'effet de l'action d'une loi générale, comme dans le cas des plantes et des animaux.

De ce qui précède, on conclura que les faits stellaires sont entièrement en harmonie avec les plus hautes conceptions chimiques et établissent que les tendances en sont correctes. On peut dire que nous passons de la spéculation chimique à une chaîne solide de faits qui sera fortifiée et allongée avec le temps. Dans tous ces changements, il semble que nous soyons en présence d'une série de complications, dont la possibilité dépend d'une réduction de la température. Il peut y avoir eu une série de doublements; ou bien la complexité la plus grande peut aussi provenir de l'union de substances différentes. En tout cas, la diminution de la température introduit une possibilité de combinaisons qui n'existait pas auparavant : de sorte qu'il y a production de formes de plus en plus complexes.

En discutant cette idée de l'évolution à la fois organique et inorganique, nous sommes amenés à considérer la première forme dont sont dérivées toutes les formes suivantes.

La méthode de l'évolution inorganique doit dépendre de la façon dont les complications se sont produites. Quoique, dans ce chapitre, je me sois adressé aux théories chimiques acceptées, je dois montrer maintenant que ce ne sont pas les seules à considérer. Il faut constater que les recherches rapportées dans cet ouvrage ne sont pas les seules à suggérer l'idée de l'évolution de la matière inorganique à partir de quelque élément primordial, comme je l'ai fait en 1873 pour expliquer les faits spectroscopiques établis à cette époque.

J'ai rapporté déjà les travaux récents sur les perturbations des raies spectrales.

M. Preston, en discutant l'allure de ses résultats, écrit[1] :

« Nous avons, à mon sens, un espoir légitime lorsque nous pensons que le temps est proche où des rapports étroits, sinon même une identité absolue se manifesteront entre des formes de matière considérées jusqu'ici comme

1. *Nature*, vol. LX, p. 180.

tout à fait distinctes. Des renseignements spectroscopiques importants dans le même ordre de pensée ont été recueillis par Sir Norman Lockyer, après une longue suite d'observations sur les spectres des étoiles fixes et les différents spectres produits par la même substance à différentes températures. Ces observations viennent à l'appui de l'idée, si longtemps traitée de pure spéculation, que les différentes espèces de matière, les soi-disant éléments chimiques, sont constitués, en quelque façon, de la même substance fondamentale. »

De même le professeur J. J. Thomson, en ses importantes recherches sur les rayons cathodiques, après avoir décrit une nouvelle série de faits, écrit [1] :

« L'explication qui me semble rendre compte des faits de la manière la plus simple et la plus directe est fondée sur une théorie de la constitution des éléments chimiques qui a été favorablement accueillie par beaucoup de chimistes. D'après cette théorie, les atomes des différents éléments chimiques sont les différentes agrégations d'une même espèce d'atomes. Dans la forme où l'hypothèse était énoncée par Prout ces atomes étaient ceux de l'hydrogène. Sous cette forme précise l'hypothèse n'est pas soutenable, mais si nous substituons à l'hydrogène quelque substance inconnue primordiale, quelque substance X, il n'y a aucune raison connue qui soit inconciliable avec cette hypothèse, une de celles qui ont été récemment soutenues par Sir Norman Loçkyer d'après des raisons tirées de l'étude des spectres stellaires. »

Sur ces points, nous pouvons maintenant donner d'autres détails.

1. *Phil. Mag.*, 1897, p. 311.

CHAPITRE XXII

Les relations entre les évolutions organique et inorganique.

Il est intéressant d'envisager brièvement le processus de l'évolution inorganique et de l'évolution organique. J'ai déjà rappelé la différence fondamentale des conditions de l'une et de l'autre. Dans le cas des étoiles nous avons la preuve d'une chute de température qu'on ne peut évaluer. Dans le cas de l'évolution organique qui se poursuit actuellement, nous ne pouvons pas être très loin des conditions de température de l'époque cambrienne. C'est un point que j'ai indiqué plus haut et sur lequel il est bon d'insister. Il est clair qu'il ne peut pas y avoir eu un grand changement de température durant tout le cycle de la vie organique. Antérieurement à elle nous avons trouvé la complexité produite peut-être par doublement, en tout cas par des combinaisons dont le résultat a été de compliquer les formes.

Naturellement, à l'aube de la vie organique à la surface de la terre, il peut y avoir eu des résidus des premières formes chimiques; je veux dire que la totalité des éléments que nous trouvons dans les étoiles très chaudes peut n'avoir pas été entièrement combinée pour former les substances dont la terre a été composée. En tout cas

quoique l'œuvre de l'évolution organique, à la différence
de l'inorganique, ait dû s'accomplir dans des conditions
de température très différentes, le résultat a été le même.
Il nous a fourni une autre série de formes devenant
avec le temps de plus en plus complexes, et parmi lesquelles persiste un résidu des formes primitives.

Nous sommes ainsi amenés à conclure que la vie, avec
les formes diverses qu'elle affecte sur notre planète,
aujourd'hui reconnue comme résultant d'une évolution,
a été en quelque sorte un appendice de l'œuvre de l'évolution inorganique, réalisée d'une façon tout à fait différente. Quoique les moyens soient différents, la nature est
si avare de ses procédés, — elle ne fait jamais une chose
de deux façons quand elle peut la faire d'une seule, —
que je n'ai pas de doute que lorsqu'on étudiera ces
matières à l'aide des connaissances augmentées, comme
elles le seront, on trouvera un grand nombre d'analogies,
mais je n'ai pas à m'en occuper à présent.

Je veux me placer au point de vue chimique, qui me
paraît important pour la considération de l'histoire de
l'évolution : je voudrais le relier avec le fait de l'existence
de certains éléments qui font leur apparition dans les
étoiles très chaudes.

Dans les formes inorganiques que nous rencontrons
dans les étoiles très chaudes et dans les étoiles de températures décroissantes, nous avons des formes produites
par une méthode qui amène la complexité; ce que cette
méthode a pu être, je l'examinerai plus loin. Au fur et à
mesure de cette augmentation de la complexité, les formes
anciennes ont dû disparaître, à moins qu'elles n'aient pu
accidentellement reparaître par la destruction de formes
plus récentes ; c'est un point qu'il faut avoir présent à

l'esprit. Si les formes plus simples ont dû aller toujours se combinant entre elles, pour fournir des formes plus perfectionnées, et si toutes les formes simples ont été employées dans ces combinaisons, la seule chance de réapparition de ces formes simples consiste dans la destruction de quelque chose qui avait été produit auparavant. Et nous pouvons parfaitement comprendre que beaucoup des conditions de possibilité de ces destructions se soient trouvées réalisées au moment de la formation de la croûte terrestre. Mais, quoi qu'il en soit, les éléments gazeux, ainsi que les premiers formés des éléments non gazeux, devaient être les substances principales existant à la surface et au-dessus d'elle. Or les substances restant au-dessus de la croûte terrestre, devaient naturellement être les gaz hydrogène, oxygène, azote, et le carbone combiné avec eux, comme nous pouvons le supposer d'après les preuves stellaires; il devait donc y avoir les hydrocarbures, l'acide carbonique, etc. A la surface, c'est-à-dire sur le sol ou sur les eaux, nous pouvons nous attendre à trouver du lithium et du sodium, métaux à faible point de fusion, et de plus les trois métaux que nous voyons apparaître dans les étoiles très chaudes bien avant tous les autres, le magnésium, le calcium et le silicium. L'existence du lithium est probable, et celle du sodium est certaine dans quelques étoiles relativement chaudes. Il semble qu'il y ait quelques indices de l'existence du soufre, rendue encore plus probable par la simplicité de ses séries spectrales. Ce sont là de très remarquables analogies fort différentes des considérations chimiques habituelles. Est-ce une simple coïncidence que ces substances soient justement les plus importantes de celles qu'on trouve dans l'eau de mer?

COMPOSITION DE L'EAU DE MER.

Chlorure de sodium	77,75
Chlorure de magnésium	10,87
Sulfate de magnésium	4,73
Sulfate de chaux	3,60
Sulfate de potasse	2,46
Bromure de magnésium	0,21
Carbonate de chaux	0,34

L'évolution organique la plus facile à concevoir dans ces conditions devait être celle d'organismes constitués par ces formes chimiques, principalement parce qu'ils représentaient les matériaux les plus mobiles ou les plus plastiques. Nous ne pouvons pas nous attendre à ce que l'évolution oganique ait commencé dans le fer, mais plutôt dans ce qu'il y avait de plus mobile et de plus plastique à cette époque. La matière utilisable pour cette évolution devait être les gaz et les métaux et métalloïdes dont j'ai parlé plus haut. Admettons maintenant une pareille évolution; si les formes ainsi composées se multipliaient indéfiniment, toute la matière utilisable serait employée et l'évolution organique arriverait à son point mort, tout comme l'évolution inorganique y est parvenue quand tout abaissement considérable de la température est devenu impossible. Nous devons nous attendre à une tendance des molécules organiques à s'accroître, je n'ose pas dire tendance héréditaire, mais je suis tenté de le faire en pensant à la croissance des cristaux. Si, lorsque ces nouvelles formes organiques ont été produites, les résultats, au lieu d'être stables, avaient été très instables et, mieux encore, si une dissolution ou destruction soit partielle, soit générale avait pu être amenée, le progrès aurait toujours pu continuer, et même s'accélérer [1].

1. Mon ami et collègue le professeur Howes a appelé mon attention sur les relations des idées qui précèdent avec les théories du professeur

En définitive, les nouvelles molécules organiques n'auraient plus à leur dispostion les matières chimiques utilisables laissées par l'évolution inorganique, mais seulement les gaz et autres substances produites par la dissolution des molécules qui les ont précédées. Il n'y aurait plus que des formes chimiques de pacotille, mais cela vaudrait encore mieux que rien du tout. Dans ces conditions, le règne organique pouvait marcher; en d'autres termes, la dissolution de parties d'organismes ou d'organismes entiers n'aurait pas été un simple avantage pour la race, mais une condition essentielle de sa continuation. C'est tout à fait comme si nous pouvions vraiment remonter jusqu'à ces premiers stades de la vie de notre planète pour appliquer ces vers de Tennyson :

La nature

> .. *semble autant soucieuse du type,*
> *Qu'insouciante de la vie de l'être.*

Nous sommes arrivés, alors, à la période où tous les matériaux peuvent être employés et réemployés sans

Weisman (Weisman, *Sur l'hérédité*, vol. 1, p. 112), qui semble être arrivé par des voies différentes à une conclusion analogue. Il dit dans son *Essai sur la vie et la mort* : « Dans ma pensée, la vie a été limitée dans sa durée, non parce qu'il était contraire à sa nature réelle d'être illimitée, mais parce que la persistance illimitée d'un individu aurait été un luxe sans raison ».

D'après la théorie générale que je propose, cependant, il ne s'agit pas tant de *luxe* pour le vivant que de *nécessité* pour les autres de vivre : c'est le cas de *mors janua vitæ.*

Toute la question roule sur la présence ou l'absence, en tout lieu, d'un excédent des formes chimiques primitives, utilisable *dans les proportions voulues.* Aussi la difficulté était-elle beaucoup plus grande pour les formes terrestres que pour les formes aquatiques, la dissolution des parties ou des ensembles des formes terrestres se faisant avec une rapidité plus grande.

C'est la question de la possibilité de l'assimilation continue (voir Le Dantec, *La Sexualité*, p. 11), et le mot *parties*, dont je me sers, a trait aux cellules somatiques et non à la partie « immortelle » des organismes vivants.

cesse. De cette façon les formes les plus élevées finissent par se produire. Maintenant, si, à cette dissolution, moyen de nous fournir des matériaux nouveaux, nous joignons la reproduction, nous pouvons atteindre un stade bien plus avancé.

Si nous prenons la bipartition, qui fut, comme on le sait, la première méthode de reproduction, à la fois dans le règne végétal et dans le règne animal, et que nous obtenions une multiplication des formes par dédoublement au lieu d'une multiplication par complication comme dans le monde inorganique, nous aurons un progrès beaucoup plus rapide.

En somme, voilà quelles sont les idées tirées de l'évolution organique qui nous sont suggérées à propos de l'évolution inorganique, par les constatations faites sur les étoiles et par la distribution observée des formes les plus simples dans les étoiles les plus chaudes.

Revenons enfin aux faits. Les biologistes, plus heureux que les astronomes et les chimistes, peuvent voir les unités dont ils parlent. Un chimiste fait profession de ne croire qu'à ce qu'il peut tenir dans une éprouvette, mais je n'ai jamais vu un chimiste avoir la chance de tenir dans un flacon un atome ou une molécule pris comme tels. Cependant ils gardent la superstition de ne croire qu'à ce qu'ils voient. D'autre part la cellule inorganique, unité du biologiste, est elle-même un rassemblement d'entités subordonnées, de même qu'une molécule est faite d'atomes élémentaires ; et cette unité manifeste les propriétés communes à la matière vivante sous toutes ses formes.

Le trait général qui caractérise l'activité des formes végétales est de se nourrir des gaz et liquides y compris l'eau de mer. Le progrès de la recherche fortifie la théorie qu'il y a un plasma vivant commun à partir duquel se sont développés à la fois le règne animal et le règne végétal. En tout cas, on a trouvé que les végétaux croissent aux dépens des formes chimiques que j'ai rappelées, et que les animaux se nourrissent soit de plantes, soit-d'autres animaux alimentés par les plantes, de telle façon que nous avons là la réelle structure chimique du protoplasme, c'est-à-dire de l'unité vivante réelle, de notre évolution organique.

Ici se pose une autre question. Y a-t-il quelque rapport chimique entre la composition chimique des cellules organiques et celle des couches de renversement des étoiles très chaudes, la couche de renversement étant la partie de l'anatomie d'une étoile qui caractérise les différentes espèces ?

Quand nous étudions la composition chimique de cette cellule, nous trouvons qu'elle consiste en une ou plusieurs formes d'un composé complexe de carbone, d'hydrogène, d'oxygène, d'azote avec de l'eau, composé appelé protéine, et c'est ainsi qu'est constitué le protoplasme base commune de la vie animale et végétale. Cette substance est susceptible de s'anéantir; elle se détruit par oxydation et peut se reconstruire en même temps par assimilation de matière nouvelle.

La formule de l'hémoglobine [1] nous montrera la merveilleuse complexité de ce qu'on appelle une cellule simple.

Homme................... C^{600} H^{960} Az^{154} Fe^{1} S^{3} O^{179}
Cheval..... .... C^{712} H^{1130} Az^{214} Fe^{1} S^{2} O^{245}

On a attribué des proportions assez différentes à la composition de ce protoplasma, mais je ne saurais

1. *Verworn*, p. 104.

m'arrêter à ce sujet. Il est plus important de considérer les autres substances chimiques qui concourent à le former, car il y en a parmi elles qu'il est utile d'étudier au point de vue des étoiles. Je cite M. Sheridan Léa [1] :

« Ordinairement les protéines laissent, après combustion, une quantité variable de cendres. Dans le cas de l'albumine des œufs, la cendre est principalement composée de chlorure de *sodium* et de potassium, ce dernier en plus grande quantité que l'autre. Le reste consiste en *sodium* et en potassium combinés avec des acides phosphorique, sulfurique et carbonique, et en petites quantités de *calcium*, *magnésium* et fer unis avec les mêmes acides. Il peut y avoir aussi une trace de *silice*. »

N'y a-t-il là que de pures coïncidences? ou bien est-ce que plus l'on pénètre dans la chimie de ces corps, plus on est ramené vers notre point de vue stellaire; dans ces idées, la simplicité d'une forme chimique est déterminée par l'ordre d'apparition de ces différentes substances chimiques dans les étoiles très chaudes, par opposition aux étoiles plus froides, et par les « séries » des spectres qu'elles produisent; on arrive ainsi à la conclusion que la vie organique primitive a été, de façon ou d'autre, la réaction mutuelle des formes chimiques primitives dont l'existence est indiscutable? Non seulement nous avons l'hydrogène, l'oxygène et l'azote parmi les gaz communs à la cellule organique et aux étoiles très chaudes, mais ces substances y sont jointes à celles que j'ai indiquées par des caractères italiques. N'est-il pas possible que nous ayons là un lien tout à fait nouveau entre l'homme et les étoiles?

---

1. *The Chemical bases of the animal body*, p. 5.

Il y a encore autre chose à signaler à propos de la rela-

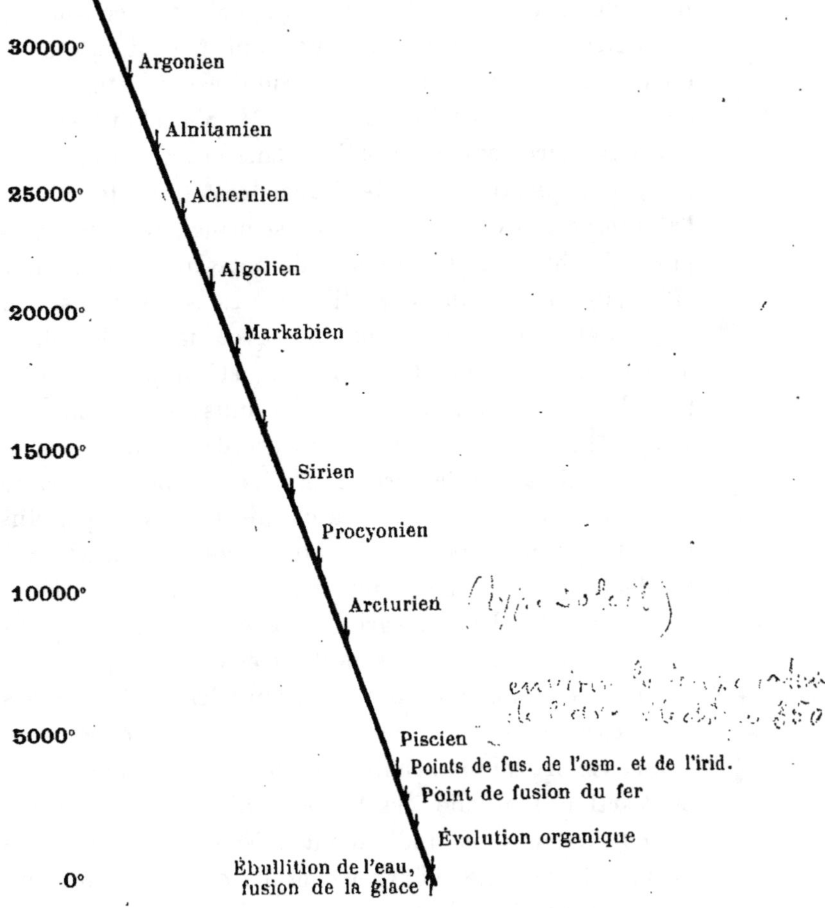

Fig. 43. — Diagramme montrant que l'évolution organique n'occupe qu'un seul point sur la ligne qui représente la durée et les changements de température nécessaires pour l'évolution inorganique.

tion entre ces deux évolutions organique et inorganique : c'est la place de l'évolution organique par rapport à l'inorganique dans l'échelle des temps. Je ne désire pas trop appeler l'attention sur le diagramme (fig. 44), parce qu'il est entièrement hypothétique; mais il est construit sur des principes très simples de façon à contenir le moins d'erreurs possible.

Je commence par tirer à la base une ligne représentant le zéro de température. Certaines valeurs de la température sont indiquées à la gauche du diagramme. Nous admettons qu'une étoile perd une quantité de chaleur égale dans des temps égaux.

Ainsi, à la base, nous avons les temps en valeur relative ; sur le côté, les températures en degrés centigrades. L'eau se congèle à une certaïne température au-dessus du zéro absolu et bout à un certain autre point qui sont marqués sur notre échelle de température. Nous devons nous rappeler que c'est à peu près à égale distance entre les points d'ébullition et de congélation que doit apparaître toute la vie organique qui nous est familière sur cette planète; d'après la preuve géologique et notre propre expérience, la vie doit avoir commencé à une température de 40 à 50° centigrades.

Nous avons donc là la limite entre la vie organique et une vie inorganique possible qui serait représentée par les divers changements chimiques survenus dans les étoiles.

Nous savons, par les résultats obtenus dans le laboratoire, que les étoiles dont la température est la plus basse sont à peu près à la même température que l'arc électrique, qui est d'environ 3 500° C.; aussi est-ce là que nous plaçons les étoiles du type Piscien.

M. Wilson a dernièrement établi que la température du soleil mesurée par plusieurs méthodes physiques était comprise entre 8 000° et 9 000° C., de façon que nous pouvons placer à ce niveau les étoiles Arcturiennes. Naturellement nous n'avons aucun moyen de déterminer les températures des étoiles plus chaudes; aussi j'avance timidement la supposition qu'il y a entre ces étoiles une différence de température égale à la moitié de celle trouvée par des expériences sur terre entre les étoiles Arcturiennes et Pisciennes. Cela nous ferait quelque chose comme 5 000° C. Alors, si nous admettons d'égales élévations de température pour chacun des genres différents d'étoiles que j'ai rassemblés dans le chapitre VII, nous aurons au sommet du diagramme une température voisine de 28 000° C. Nous n'avons plus maintenant qu'à tirer une diagonale sur laquelle nous marquerons les diverses températures que nous avons considérées : sur cette ligne, l'évolution organique, c'est-à-dire tout ce qui s'est produit relativement aux formes vivantes, sur la surface de notre terre, depuis l'époque pré-Laurentienne jusqu'à nos jours, est représenté par un petit point.

On voit quelle valeur pourront avoir dans l'avenir ces recherches d'analyse spectrale qui portent sur une quantité de changements et une période de temps en comparaison desquels tous les changements discutés par les géologues sont presque invisibles sur un diagramme de ce format.

Non seulement cette échelle peut nous servir, mais je pense que, comme je l'ai déjà indiqué, l'extraordinaire similitude entre les substances contenues dans la cellule organique et celles qui ont eu le plus de chance de rester libres, après que la majeure partie des combinaisons chimiques se furent produites à la surface du monde en train de se refroidir, jettera quelque lumière sur la base de l'évolution organique elle-même.

De cette façon nous avons simplement poussé plus loin un ensemble d'idées concernant la place de l'homme dans la nature, comparée à la place du soleil dans la nature; et nous avons trouvé une raison nouvelle de penser que plus l'étude des sciences les plus différentes nous permet de faire réagir, les unes sur les autres, les connaissances des diverses branches, plus l'unité de la nature s'imprime puissamment dans nos esprits.

CHAPITRE XXIII

L'évolution inorganique au point de vue chimique.

Parmi les faits de l'évolution inorganique que nous présentent les spectres stellaires il en est un dont l'importance est prépondérante.

Dans les problèmes de l'évolution inorganique, que nous avons maintenant à envisager, il est bien évident que nous rencontrons une complexité de formes toujours croissante, de même que le biologiste a eu affaire à un accroissement semblable de la complexité des formes organiques dont il s'est occupé avec succès. Jusqu'ici nous n'avons signalé que de façon très générale par quels procédés s'est produite cette complexité. Le moment est venu d'essayer d'obtenir des éclaircissements plus détaillés sur les méthodes par lesquelles la complexité inorganique s'est produite. Je vais discuter cette question d'abord au point de vue des théories chimiques.

Si nous posons la question de savoir comment se produit la complexité dans le cas des composés chimiques connus, la réponse est fournie aisément par l'analyse.

Le chlorure de sodium, par exemple, est formé par la combinaison du chlore et du sodium. Mais quand il s'agit

de la formation de ces prétendus « éléments » eux-mêmes
la solution est moins facile.

Si, dans la recherche de la solution de ce problème,
nous nous laissons guider par les analogies tirées de la
formation des corps composés, nous dirons que les
molécules des éléments eux-mêmes ont été produites par
la combinaison de formes hétérogènes.

Mais les chimistes savent qu'en fait cette méthode n'est
pas la seule qui produise la complexité. Il y a des corps
de même composition centésimale et qui ont des poids
moléculaires différents. La série du méthane des hydrocarbures dérivés est dans ce cas. L'augmentation du poids
moléculaire, c'est-à-dire le passage des hydrocarbures
simples aux complexes, se fait par additions successives
du radical CH_2; de sorte que les complexes élevés sont le
résultat de la combinaison de complexes plus simples, semblables entre eux. Ce processus s'appelle polymérisation.

Nous voilà familiarisés avec deux méthodes pour
accroître la complexité : nous pouvons les représenter
par $a + a$ (polymérisation) et $x + y$ (combinaison) produisant une forme A.

C'est le problème envisagé au point de vue exclusivement chimique. Par laquelle de ces méthodes se sont
formés les éléments eux-mêmes, que nous avons le droit
de considérer aujourd'hui comme des corps composés?
Je suppose que les chimistes, s'ils considéraient l'hypothèse de la dissociation des éléments chimiques, seraient
plutôt favorables à l'idée d'une dépolymérisation, c'est-
à-dire à la rupture d'une substance A en deux formes plus
subtiles a de poids $\frac{A}{2}$ ou $\frac{A}{3}$ qu'à l'hypothèse d'une simplification de A en x et y.

La méthode qui consiste à aborder le problème en premier lieu au point de vue chimique doit être en quelque manière une méthode indirecte.

LES ÉTOILES ET LA LOI PÉRIODIQUE.

Dans le chapitre XXI je parlais de l'importante hypothèse de Newlands, Mendeléef et autres, qui a trait à ce qu'on appelle la « loi périodique »; cette loi établit une relation entre certains caractères chimiques des éléments et leurs poids atomiques.

Il est bon maintenant d'étudier cette question pour la discuter à la lumière de tous les faits connus, parmi lesquels les constatations faites sur les étoiles et l'étude des séries ont, je pense, une importance toute spéciale. On peut dire, en effet, que nous avons maintenant le droit absolu de soutenir l'idée que, du nombre des raies qui apparaissent dans le spectre de substances chimiques exposées à des températures relativement élevées, une proportion variable est produite *par les constituants de la substance*, que celle-ci soit un composé comme le chlorure de magnésium par exemple, ou qu'elle soit le magnésium lui-même. La loi périodique basée sur les poids atomiques prend chaque élément tel qu'il existe à une température où les chimistes peuvent le manier. C'est-à-dire que s'il est question, par exemple, du magnésium, le chlorure ou tout autre composé du magnésium doit avoir été décomposé, et le chlore complètement éliminé avant qu'on ait entre les mains le magnésium pur; on détermine alors le poids atomique de ce magnésium pur, et considérant ses caractéristiques chimiques, on en déduit sa place dans le système périodique.

Mais le magnésium peut être lui-même un composé; dans ce cas, la place qu'on lui assigne ne concordera pas avec les constatations stellaires si la température de l'étoile étudiée est assez haute pour continuer l'œuvre de dissociation, c'est-à-dire pour réduire le magnésium en ses éléments, de même que dans le laboratoire le chlorure de magnésium avait été décomposé dès le début.

On sait maintenant qu'en opérant avec du magnésium authentique, on est mis par les hautes tensions électriques en présence d'un spectre constitué par au moins deux groupes de raies : d'un grand nombre d'entre elles qui se voient déjà à la température de l'arc et d'un nombre très restreint qui font leur apparition dans l'étincelle.

Si telle est l'œuvre de la dissociation, — et, comme je l'ai montré, les preuves en sont nombreuses, — le poids atomique de la particule, molécule, ou masse (appelez-la du nom que vous voudrez), qui produit les raies en nombre restreint (les raies renforcées), sera moindre que celui du magnésium dont la dissociation lui donne naissance.

Et ceci nous amène au point principal qui concerne la loi périodique :

Puisque les masses plus petites qui produisent les raies renforcées n'ont pas encore été isolées, que leur poids atomique et leurs caractéristiques chimiques n'ont pas encore été déterminées, leur place ne peut être indiquée dans la classification périodique telle qu'elle existe actuellement.

Par conséquent ce que je soutiens, c'est que quelques-unes des discordances, car il en existe entre les constatations stellaires et l'hypothèse périodique, n'ont pas d'autre origine.

Le magnésium, et j'y joins le calcium, que les chimistes étudient à une température relativement basse, ont res-

pectivement des poids atomiques de 24 et 40 et les constatations stellaires seraient en harmonie avec la loi périodique si le magnésium (24) faisait son apparition après le
sodium (23), et le calcium (40) après le chlore (39) ; plus
généralement une substance quelconque devrait être plus
récente que toute autre de poids atomique inférieur.

Pour plus de simplicité je me restreins pour le moment
au cas du magnésium et du calcium ; nous trouvons, dans
les étoiles, des raies de haute température du magnésium
et du calcium apparaissant avant telles raies connues du
spectre de l'oxygène dont le poids atomique est 16.

Comment concilier tout cela ? L'explication que je propose est que les substances révélées par les raies renforcées du magnésium et du calcium et observées dans les
étoiles les plus chaudes ont des poids atomiques moindres
— des masses plus petites — que l'oxygène dans la classification périodique.

Voyons ce que peuvent être ces poids atomiques. Prenons l'hypothèse $\dfrac{A}{2}$, le poids atomique du protomagnésium sera 24/2 = 12, celui du protocalcium 40/2 = 20,
en supposant qu'il y ait eu une seule dépolymérisation.

Si nous en admettons deux, nous avons 6 et 10 pour
les formes plus simples de magnésium et de calcium
observées dans les étoiles très chaudes.

De cette façon nous pouvons expliquer l'apparition de
ces formes plus subtiles de magnésium et de calcium,
avant celle de l'oxygène, et l'ordre stellaire des poids
atomiques serait :

Hydrogène.. 1
Protocalcium... 10
Protomagnésium 12
Oxygène 16

Voilà donc une conciliation possible; il faut se rendre compte maintenant si cette dépolymérisation minime est suffisante.

A cet effet, il nous faut voir d'après quelle base on a fixé à 16 le poids atomique de l'oxygène et considérer les séries relatives à ce gaz.

Revenons au chapitre x où je constatais que le cas le plus simple des séries nous est donné par le sodium et les autres corps qui parcourent le cycle de tous leurs changements spectraux connus à basse température. Dans le stade du spectre de raies, nous avons trois séries, une principale et deux secondaires (première et seconde). La première contient la raie orangée D, qu'on voit constamment à toute température; la première série secondaire contient la raie rouge, la seconde série secondaire la raie verte, représentant toutes deux les deux séries de raies qu'on voit surtout bien dans la flamme et dans l'arc.

Les deux séries secondaires du sodium, comme celles de tous les autres éléments examinés jusqu'à présent, ont cette particularité de finir presque à la même longueur d'onde, tandis que la série principale finit à une longueur d'onde différente, parfois même très différente. Nous verrons que c'est même là un point de très haute importance; il marque une solidarité des deux séries secondaires et une différence entre elles et la série principale.

Bien qu'à l'origine on ait eu l'idée que les trois séries étaient produites par les vibrations de la même molécule, l'observation des phénomènes du seul sodium est expliquée simplement et suffisamment par la supposition de trois masses différentes en vibration, dont deux, qui produisent les séries secondaires, peuvent être dissociées par la chaleur, tandis que la troisième, qui produit la série principale, ne l'est pas.

Les séries représentées par les raies du vert et du rouge se voient surtout bien à basse température et s'y voient seules, et il est d'expérience courante que la raie du jaune représentant la série principale se voit généralement toute seule. Elle ne disparaît pas comme les autres à haute température.

La masse dont les vibrations nous donnent la raie du jaune est le représentant ordinaire du sodium parce qu'elle se produit par la dissociation à une basse température, de formes plus complexes, et qu'elle ne se dissocie pas elle-même par les moyens à notre disposition.

On voit plus rarement les masses dont les vibrations produisent les deux séries secondaires (raies du rouge et du vert) parce que la chaleur les détruit aisément.

On les voit toujours à peine à haute température quand la quantité de matière est minime; en effet, comme je l'ai dit, il y a des années : « plus il y a de substance à dissocier, plus il faut de temps pour parcourir les séries et mieux on voit les premiers stades ».

Cette théorie est grandement fortifiée par la considération d'une autre substance qui, si nous acceptons les résultats de Pickering et Rydberg, a, comme le sodium, trois séries, une principale et deux secondaires, absolument régulières. Je veux parler de l'hydrogène (voir p. 145).

Jusque dans ces derniers temps nous ne connaissions qu'une des séries de l'hydrogène et, pour cette raison, Rydberg admettait que ce gaz représentait la forme la plus subtile connue de la matière, regardant comme plus complexes les autres substances qui donnaient trois séries. Cette idée est en harmonie avec la vue exprimée plus haut.

Si nous acceptons les suppositions récentes, nous devons regarder, au point de vue des séries, l'hydrogène comme identique au sodium. Mais il y a l'énorme différence suivante. Pour le sodium nous voyons facilement les trois séries à basse température — celle du bec Bunsen suffit — tandis que dans le cas de l'hydrogène, la bobine de Spottiswoode elle-même ne nous fait voir rien de plus qu'une des séries secondaires. En même temps les autres séries, secondaire et principale, sont visibles dans les étoiles que nous avons diverses raisons de croire plus chaudes que l'étincelle produite par la bobine de Spottiswoode.

L'argument tiré des observations relatives au sodium, en faveur de l'existence d'au moins 3 masses différentes produisant les 3 séries différentes, se trouve donc fortement appuyé par les connaissances actuelles relatives à l'hydrogène.

Aussi j'accepterai cet argument dans ce qui va suivre et qui se rapporte à des phénomènes plus compliqués.

L'oxygène, au lieu d'avoir trois séries comme l'hydrogène et les métaux à faible point de fusion, en a six. Ces six séries ont été divisées par Runge et Paschen en deux groupes normaux de trois, chaque groupe ayant une série principale et deux secondaires.

Il y a évidemment un nouveau problème à résoudre. Nous devons ajouter les séries du sodium à celles de l'hydrogène pour avoir un ensemble de « séries » analogue à celui obtenu pour l'oxygène.

Avant d'aller plus loin, il nous faut considérer l'ordre possible des simplifications. Prenons le cas le plus simple représenté par le sodium et l'hydrogène comme premier exemple.

Les faits sont indiqués dans la table suivante :

Haute température.

<table>
<tr><th colspan="3">SODIUM</th><th colspan="3">HYDROGÈNE</th></tr>
<tr>
<td rowspan="3">Stade
des
raies</td>
<td>Princi-
pale.</td>
<td rowspan="2">Vapeur
céleste
et
terrestre.</td>
<td rowspan="2">Stade
des raies</td>
<td>Princi-
pale.</td>
<td rowspan="2">Gaz
céleste.</td>
</tr>
<tr>
<td>Secon-
daire.</td>
<td>Secon-
daire.</td>
</tr>
<tr>
<td>Secon-
daire.</td>
<td>Vapeur
terrestre.</td>
<td>Secon-
daire.</td>
<td rowspan="3">Gaz
terrestre.</td>
</tr>
<tr>
<td colspan="3">Cannelures . . . .</td>
<td colspan="2">Spectre de structure.</td>
</tr>
<tr>
<td>Spectre continu . . .</td>
<td colspan="2">Solide
et
liquide.</td>
<td colspan="2">Spectre continu. . . . . .</td>
</tr>
</table>

Basse température.

Nous pouvons maintenant nous servir de ces résultats
pour l'oxygène. Nous apprenons d'abord d'Egeroff que ce
gaz à la température et à la pression ordinaires a une
constitution moléculaire telle qu'il produit par absorption
des cannelures dans la partie rouge du spectre. Étant
donnée la constance des résultats obtenus par les chimistes,
nous ne pouvons croire qu'il s'agisse d'un mélange de
molécules ; l'absorption cannelée doit donc être produite
par des molécules d'une même complexité ayant 16 pour
« poids atomique ».

Si nous le soumettons à un courant induit à basse
pression (l'action d'un tel courant est très faible, dans ces
conditions de pression), il se fractionne en deux groupes
normaux de trois séries, ce qui fait six séries. Connais-
sant ce qui se passe pour le sodium et l'hydrogène, il est
presque impossible d'étudier ces faits sans admettre, suivant la théorie chimique ordinaire, que la molécule qui
donne les cannelures se fractionne en deux, jusqu'à ce
que nous ayons à la fin :

Haute température.

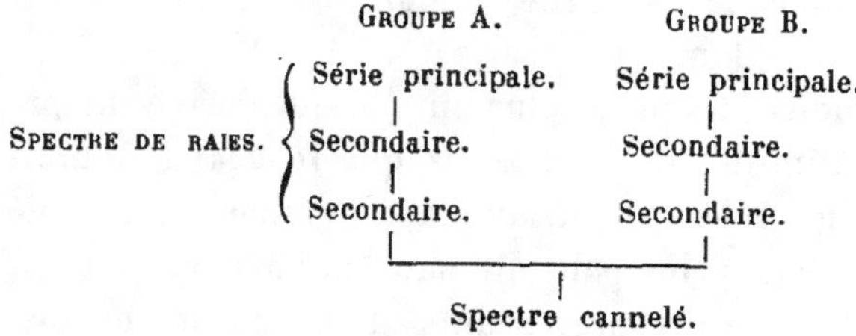

Basse température.

Mais si nous acceptons cette théorie, nous abandonnons la dépolymérisation, car les molécules des séries secondaires des groupes A et B ainsi produites ne peuvent pas être identiques puisque leurs spectres ne sont pas identiques.

Si nous conservons l'hypothèse de la dépolymérisation nous devons arranger les choses ainsi :

Groupe B ou A
- Principale.
- Secondaire.
- Secondaire.

Groupe A ou B
- Principale.
- Secondaire.
- Secondaire.

Spectre cannelé.

et nous avons six dépolymérisations.

Le nombre de raies mesurées par Runge et Paschen dans le spectre de l'oxygène à basse température était de 76. Parmi elles, les six séries en contenaient 56, laissant 20 raies résiduelles.

Maintenant, si nous employons un fort courant induit à la pression atmosphérique, nous éteignons pratiquement ces six séries et produisons un nouveau spectre contenant un nombre de raies plus grand encore : 114 d'après Neovius.

Il n'y a qu'une seule raie commune à la table de

Neovius et à celle de Runge et Paschen. Nous ignorons absolument dans quelles conditions ces nouvelles raies pourraient donner des séries.

Prenons la voie la plus simple qui dérive du principe de continuité, et supposons que le grand nombre des nouvelles raies est dû au fractionnement des molécules de la série principale du haut donnée dans le tableau précédent, en représentants d'une forme encore plus subtile, de même que l'hydrogène, tel que nous le connaissons, se fractionne aux températures stellaires les plus élevées en formes plus subtiles.

Avons-nous, dans l'ordre d'idées que nous poursuivons, quelque moyen d'évaluer le nombre de formes plus subtiles qui sont mises en œuvre pour produire ces 113 nouvelles raies?

La statistique semble nous ouvrir une voie possible.

Prenant le nombre de raies déjà relevées entre λ 7 000 et λ 2 600, en chiffres ronds, dans les spectres des substances suivantes qui nous donnent trois séries : lithium, sodium, potassium, hélium, astérium, hydrogène, nous trouvons que le nombre de raies dans chaque série et le nombre total sont :

	Nombre maximum.	Nombre minimum.	Moyenne.
Série principale............	10 Ast.	1 H	7
Première secondaire.......	17 Hel.	6 Na	9
Deuxième secondaire.......	12 Hel.	4 Li	8
Totaux	39	11	24

Cela indique que, dans l'oxygène, nous sommes légèrement au-dessus de la moyenne avec $\frac{56}{2} = 28$ raies par groupe. Si nous prenons les faits, pour l'oxygène lui-même, qui nous donne 56 raies pour deux groupes de trois, les 113 raies donneront presque exactement quatre groupes additionnels de trois séries et par suite la possibilité de douze dépolymérisations de plus si on considère ce mode de simplification. Naturellement nous pouvons diminuer de moitié le nombre des dépolymérisations en admettant que la molécule à cannelures, au lieu de se dépolymériser, se fractionne en x et y, bases de deux systèmes de séries.

Or c'est cette moisson de raies nouvelles qui, seule, figure dans les étoiles très chaudes, et personne, je pense, ne prétendra qu'aucune espèce de simplification, pouvant comporter des dépolymérisations, n'est intervenue avant que ces raies nouvelles n'eussent été mises en évidence.

Notre base de 16 s'évanouit donc et avec elle les poids atomiques considérés ci-dessus comme pouvant être ceux des formes de magnésium et de calcium qui précèdent l'apparition de l'oxygène dans les étoiles très chaudes. Nous devons donc, dans le cas de ces deux métaux, admettre un nombre de dépolymérisations plus grand que nous n'avions fait au premier abord.

J'arrive maintenant à un autre point. Comment les considérations précédentes s'accordent-elles avec le poids atomique 1 de l'hydrogène? Spectroscopiquement, nous ne savons rien de cet hydrogène. Il est prouvé qu'il se fractionne en quelque chose qui donne un spectre de structure compliqué renfermant des centaines de raies non encore réparties en séries, puis en ce qui donne la série qu'on voit dans nos laboratoires et dans les étoiles froides, puis en deux autres formes que nous ne pouvons obtenir ici-bas.

Appliquons la même méthode statistique que nous avons appliquée à l'oxygène. Dans la région explorée, le nombre des raies rapportées aux trois séries est 17. Hasselberg a mesuré 454 raies dans le spectre de structure entre $\lambda\lambda$ 642 et 441. Or, si ce spectre est constitué par des séries semblables à celles observées aux plus hautes températures, nous devons avoir (considérant que le travail de Hasselberg est limité) plus de $\frac{454}{17} = \pm$ 27 séries ou 9 groupes de trois séries. Nous aurions donc affaire à 12 dépolymérisations.

Mais, pour plus sûreté, admettons le nombre six, nous basant sur ce que, dans les séries, les raies peuvent être plus nombreuses et que certaines raies d'Hasselberg peuvent être dues aux cannelures. Il devient clair que les masses ou poids « atomiques » auxquels nous arriverons seront très petits. Voici un tableau du processus :

Spectre.	Lieux où ils existent.	Séries.	Masses.
Spectre de raies	dans le ciel	Principale	0,0019
		Secondaire	0,0039
	sur terre.	Secondaire	0,0078
Spectre cannelé.	Groupe B sur terre.	Principale	0,0156
		Secondaire	0,0312
		Secondaire	0,0625
	Groupe A sur terre.	Principale	0,125
		Secondaire	0,25
		Secondaire	0,5
Spectre continu		Hydrogène pesé à froid	1

Une telle conclusion et le raisonnement qui y mène doivent tenir ou tomber suivant ce que la science pourra apprendre au sujet de masses de ce genre.

Je dois montrer ensuite que, grâce aux recherches du professeur J.-J. Thomson, la science commence à apprendre beaucoup de choses sur des masses pareilles; le résultat de ce travail peut, par suite, être favorable à la théorie qui fait de la polymérisation la véritable cause de la complexité moléculaire, au moins pour les éléments de poids atomique faible, si nous acceptons la théorie chimique ordinaire.

Considérons le cas des éléments dont le poids atomique est plus grand. Dans les premiers degrés de l'évolution où nous avons des substances de poids atomique relativement faible, les constatations faites sur les étoiles nous donnent des limites définies parce que les spectres des étoiles très chaudes ne sont pas surchargés de raies. Quand nous avons dépassé les stades gazeux et protométallique, cependant, nous trouvons les spectres remplis des raies que nous voyons à la température de l'arc, spectres comprenant les métaux à point de fusion et poids atomique élevés. L'ordre exact de succession est naturellement plus difficile à suivre et le *procédé* de l'évolution peut nous échapper.

Kayser et Runge ont montré que le point de fusion a une influence profonde sur les séries. Les substances peu fusibles comme le baryum et l'or ne nous présentent point de séries. Il y a généralement une telle profusion de raies qu'il a été jusqu'ici impossible de les débrouiller. Nous trouvons le « spectre de structure » de l'hydrogène reproduit dans ces métaux aux températures de l'arc, dans ce qu'on appelle le « spectre d'arc ».

J'ai déjà dit que beaucoup de chimistes admettraient la formation de grandes masses plutôt par polymérisation que par combinaison d'atomes hétérogènes. Mais si nous considérons les corps composés, l'analogie est, par suite du principe de continuité, tout en faveur de cette dernière supposition, car nous ignorons le point où un procédé évolutif est substitué à un autre. La distinction actuellement admise entre les corps simples et composés mesure simplement notre ignorance et la faiblesse des ressources de nos laboratoires en ce qui concerne des températures nécessaires pour produire plus de simplifications.

J'ai discuté cette question dans ma *Chimie du Soleil* en 1887 et montré que l'analogie de la série complètement étudiée des hydrocarbures commençant par CH_2 suggérait une suite élémentaire hypothétique :

$$
\begin{array}{lll}
a \quad b & \text{séparés} \\
a + b & \text{combinés} \\
a + (b + b) & \text{écrits en chimie } ab^2 \\
a + (b^2)(b^2) & \quad - \quad - \quad ab^4, \text{ etc.}
\end{array}
$$

Dans la série des hydrocarbures nous avons des additions continues de CH_2 à CH_4 jusqu'à une molécule $C_{16}H_{34}$ et pour tracer aisément la constitution de cette molécule, nous pouvons l'imaginer simplifiée par des *mues* successives de son constituant CH_2; nous passons d'une simplification qui peut se produire par simple dédoublement à une autre qui nous fournit des masses relativement grandes et petites.

CHAPITRE XXIV

L'évolution inorganique au point de vue physique.

Avons-nous un moyen de nous éclairer mieux que par la chimie orthodoxe?

Avec les progrès de la science, l'idée d'atome a beaucoup changé.

Primitivement on regardait la différence entre les atomes d'élément à élément comme purement chimique. Les dernières recherches ont conduit à une conception nouvelle. Il n'y a plus de matière présentant des différences purement chimiques, mais de la matière qui, chimiquement différente ou non, *porte une charge électrique*. Au cours des premiers travaux faits dans cette voie, les physiciens, afin de rendre compte des phénomènes de l'électrolyse et des solutions, imaginèrent des sous-molécules ou des sous-atomes transportant dans un électrolyte une charge électrique, de l'anode à la cathode.

On appelait cela un ion (ce qui signifie *coureur* en grec).

Cette conception a été ultérieurement employée pour expliquer les mouvements des particules matérielles qui produisent la lumière et par suite des raies spectrales.

La sous-particule, l'*ion*, avec sa charge électrique e et sa masse m, est supposée se mouvoir dans une orbite elliptique sous l'attraction d'un centre.

On supposait d'abord que les ions étaient des particules électrisées, mais on les regarde à présent comme des systèmes dynamiques complexes dont les mouvements sont enregistrés par les phénomènes spectraux.

Ce que j'ai déjà dit à propos des diverses questions liées à l'étude des « séries » de raies spectrales permettra de comprendre comment l'idée de « systèmes dynamiques complexes » est également nécessaire pour expliquer les phénomènes des séries.

Ainsi j'ai montré que l'atome d'hydrogène, pesé par le chimiste, peut être constitué par des centaines d'objets, appelez-les comme vous voudrez, dont un petit nombre produit dans les étoiles très chaudes les vibrations qui nous manifestent l'existence de l'hydrogène dans les espaces célestes.

Toutes ces démonstrations modernes tendent à justifier l'idée que les divers spectres sont produits non par différentes substances, mais par des états différents de la même substance.

Ces différences d'état peuvent tenir soit à la charge électrique, soit à la masse de l'ion ou de la molécule autour de laquelle il circule. Le nombre ou le mode d'arrangement de ces unités de matière présentés dans l'ion ou dans la molécule centrale peuvent varier.

Imaginez une série de substances « chimiquement » différentes, dont la différence intrinsèque d'A, la plus simple, à Z, la plus complexe, consiste en réalité en ce qu'elles sont constituées par un nombre différent d'unités.

Quand Z est simplifié par la chaleur, le système complexe que forment le centre de force et l'ion avec leurs charges électriques changera, et le résultat que nous pouvons attendre sera la formation de systèmes moins com_ plexes, bâtis sur un patron semblable et par conséquent capables de produire des spectres. Par suite, nous sommes amenés à voir les spectres de quelques formes intermédiaires qui, lorsqu'ils sont stables et persistent de compagnie, peuvent bien avoir été reconnus déjà par les physiciens. Nous pouvons les appeler B ou C, ou R ou S, ou X ou Y, comme représentant différents degrés de complexités.

Plus complexe sera la forme sur laquelle on expérimente et plus haute la température employée au laboratoire, plus nous pourrons voir de raies spectrales indiquant des « éléments » chimiques différents aux stades intermédiaires.

Je dis au laboratoire, car dans les étoiles il en sera autrement. Là, à cause de l'effet prolongé de la chaleur et de l'action de la couche de renversement qui protège contre les effets d'une température inférieure, nous ne voyons à la plus haute température que les formes A et celles voisines de A. Nous savons maintenant quelles sont ces formes.

Pour prendre un autre exemple, admettons que les charges électriques et l'arrangement varient en même temps que le nombré des unités de matière. Dans ces conditions quand nous dissocierons Z, il n'y aura manifestation spectrale que de quelques-unes et non de toutes les formes intermédiaires possibles. Nous verrons, par exemple, les formes qui sont dans les colonnes verticales de la classification de Mendeléef; je fais cette supposition parce que Kayser a montré que l'existence des raies doubles ou triples dans les séries est liée à la position qu'occupent les éléments dans ces colonnes. On aura un exemple concret de ce cas par le contraste du sodium et du cæsium, qui représentent respectivement les substances simples et les substances complexes. Nous pourrions espérer voir les raies du sodium quand le cæsium se dissociera; nous ne pourrions pas nous attendre à voir les raies du cæsium quand le sodium se dissociera.

Il est possible que les deux cas choisis puissent illustrer la différence existant entre les « éléments » ayant et n'ayant point de parenté.

L'apparition, qui semble constante, des raies caractéristiques d'une substance d'un groupe dans le spectre des autres membres du même groupe peut s'expliquer ainsi, bien qu'on l'explique ordinairement par des impuretés, comme dans le cas de toutes les raies longues communes qu'on observe dans les spectres; cette dernière explication nous obligerait à admettre que si les spécimens les plus purs qu'on connaisse (j'ai travaillé sur des grains d'argent de Stas qui n'avaient jamais été touchés) sont si impurs, quelques-unes des décimales de leurs poids atomiques pourraient être économisées. Mais ce n'est pas là une simple question d'impuretés.

Il est possible que quelques-uns des gaz, de poids atomique faible, qui existent dans les étoiles très chaudes, puissent être représentés par A, par opposition aux métaux lourds, représentés par Z, dont on ne connaît l'existence que dans les étoiles plus froides.

Le dégagement de gaz par les métaux quand on emploie l'électricité à haute tension est un fait bien connu. On a admis pour l'expliquer que c'étaient les gaz des hauts fourneaux « occlus » dans les métaux pendant leur réduction. Mais il ne semble pas que cette explication soit suffisante car les mêmes gaz se dégagent des météorites. Nous savons maintenant qu'il pourrait se produire quelque chose d'analogue si la conception moderne de la structure de l'atome a quelque valeur; et ces faits n'expliquent-ils pas la chimie des étoiles très chaudes?

Il serait prématuré d'essayer de discuter à cet égard les effets de la charge électrique, mais on peut faire la remarque suivante. On admet que les ions portent toujours une charge électrique; or, quel que soit le mode d'association des unités qui les composent, on observe que, dès qu'on les soumet à l'action d'un courant voltaïque ou induit, les phénomènes spectraux qui accompagnent l'élévation de la température sont susceptibles de changer beaucoup en certains cas et surtout dans le cas des poids atomiques élevés. Sans aucun doute nous avons là un champ de recherches qui finalement nous fournira de précieux renseignements. J'ai déjà montré qu'avec les gaz, tels que l'oxygène et l'hydrogène, la chaleur seule ne donne pas de phénomènes spectraux, tandis que dans le cas de métaux comme le sodium, la chaleur a une action dissociatrice si efficace que l'application subséquente de l'électricité ne donne plus de phénomènes nouveaux.

Nous devons considérer en fait que les effets produits sur des substances différentes par des conditions identiques sont différents et que les étoiles nous mènent plus loin que nos laboratoires. Il y a des stades de changements spectraux hors de notre pouvoir ou dans notre pouvoir qui nous révèlent une *mue* des ions ou quelque réarrangement de la matière à des températures différentes.

Naturellement il est possible que le réarrangement de la matière ait lieu dans la molécule centrale elle-même. Il faut se rappeler, que, quoi qu'il puisse se passer, soit dans la molécule centrale, soit dans l'ion, à une plus haute température est associée une simplification de l'ensemble du mécanisme.

LES RECHERCHES DU Dr PRESTON.

Tout récemment l'étude des perturbations magnétiques des raies spectrales a conduit à de nouvelles constatations.

Il a été prouvé que les phénomènes spectraux sont différents quand la source de lumière examinée est soumise à l'action d'un champ magnétique intense qui, entre autres choses, provoque un mouvement de précession des orbites des ions dont j'ai déjà parlé.

Pour examiner l'allure du phénomène, prenons le spectre du zinc, qui contient des triplets. On a montré qu'en les désignant dans l'ordre de la réfrangibilité croissante par A_1 B_1 C_1 A_2 B_2 C_2, etc., les raies A_1 A_2, etc., manifestent un même effet magnétique et ont la même valeur du rapport $\frac{e}{m}$. Les raies B_1 B_2 B_3 et C_1 C_2 C_3, etc., forment d'autres séries et possèdent dans chaque cas pour $\frac{e}{m}$ une valeur commune.

Le Dr Preston, un des chercheurs les plus heureux dans cette nouvelle voie, dit :

« La valeur de $\frac{e}{m}$ pour les séries A diffère de celle de $\frac{e}{m}$ pour les séries B ou les séries C, et cela nous conduit à admettre que les atomes du zinc sont constitués par des ions qui diffèrent l'un de l'autre par la valeur de la quantité $\frac{e}{m}$; chacun de ces ions produisant une certaine série de raies dans le spectre du métal. »

Mais ce n'est pas tout ce que nous apprenent les recherches du Dr Preston :

« Quand nous examinons le spectre du cadmium ou du magnésium, c'est-à-dire les spectres d'autres métaux du même groupe chimique, non seulement nous trouvons que les spectres sont homologues, que leurs raies forment des groupes semblables, mais nous trouvons en outre que les raies correspondantes des divers spectres sont également affectées par le champ magnétique. Et non seulement l'effet magnétique est le même pour les raies correspondantes de métaux différents du même groupe chimique, mais l'amplitude actuelle de la révolution mesurée par la quantité $\frac{e}{m}$ est la même pour les séries correspondantes de raies dans les différents spectres. La table suivante le montre et nous fait croire ou au moins soupçonner que l'ion qui produit les raies $A_1 A_2 A_3$, etc., dans le spectre du zinc, est le même qui produit les séries correspondantes $A_1 A_2 A_3$ dans le cadmium et dans les groupes correspondants des métaux de cette famille chimique.

« En d'autres termes, nous sommes amenés à penser que non seulement l'atome est un composé complexe ou une association d'ions différents, mais que les atomes des substances de la même famille chimique sont peut-être constitués de la même espèce d'ions ou au moins d'ions ayant le même $\frac{e}{m}$; la différence existant entre les substances ainsi composées dépendant plutôt du mode d'association des ions dans l'atome que de différences dans le caractère fondamental des ions composant l'atome. »

EFFET MAGNÉTIQUE	NONETS OU TRI- PLETS COMPLEXES	SEXTETS	TRIPLETS
Cadmium ....λ =	5086	4800	4678
Zinc ....λ =	4811	4722	4680
Magnésium.........λ =	5184	5173	5167
Mouvement précessionel.	$e/m = 55$	$e/m = 87$	$e/m = 100$

[Ce tableau montre l'effet pour les 3 raies qui composent le 1er triplet naturel dans le spectre du cadmium comparées avec les raies correspondantes du zinc et du magnésium. On verra que les raies correspondantes dans les spectres différents subissent des effets magnétiques de caractère et de grandeur identiques. Ainsi les raies correspondantes 4800, 4722, 5173 sont toutes trois résolues en sextets et la précession produite sur l'orbite de l'ion est la même ($e/m = 87$). De même pour les autres raies qui se correspondent.]

C'est un résultat de première importance. Précédemment, j'ai discuté ce qui pourrait se produire, quand le système qui produit le spectre d'un élément viendrait à être brisé. J'ai montré que s'il se produisait des systèmes moins complexes, mais arrangés suivant le même modèle (consistant en un centre de force et d'un ion portant sa charge électrique) ces systèmes seraient aussi capables de produire des spectres que ceux de la rupture desquels ils proviennent. Nous aurions de nouveaux ions libres de se mouvoir et de vibrer et de nouveaux spectres qui pourraient nous révéler les constituants, c'est-à-dire la manière dont se fractionne le système complexe. Mais le Dr Preston va plus loin. Il montre que le même ion associé à différents centres de force nous donne des raies de longueurs d'ondes différentes. C'est dire qu'un certain ion qui, dans le spectre du magnésium donne b, existe aussi dans le zinc et dans le cadmium, bien qu'il n'y ait pas trace de b dans leurs spectres.

Or si les idées données par ceux qui ont travaillé dans toutes ces branches se confirment, nous serons amenés à abandonner l'hypothèse que la polymérisation est la seule cause d'une grande complexité des molécules des éléments; mais nous fortifierons en nous l'idée que tous les atomes chimiques ont une base commune et nous bâtirons, sur cette base, de nouvelles images mentales.

Je passe, maintenant, des preuves spectroscopiques à des travaux effectués dans une branche nouvelle.

Recherches du Professeur J.-J. Thomson.

J'ai rappelé plus haut le fait que la science actuelle est amenée à considérer des masses beaucoup plus petites que celle de l'atome d'hydrogène. Cela résulte non seulement des « séries », mais des recherches récentes du Prof. **J.-J.** Thomson au sujet des rayons cathodiques.

Comme les rayons cathodiques produisent des effets lumineux, il est possible de suivre leur trajectoire et l'on a pu, par suite, constater qu'ils sont déviés dans un champ magnétique.

Cette déviation dépend de la masse de chaque particule et de la charge qu'elle porte, c'est-à-dire de la quantité $\frac{m}{e}$. Le Prof. J.-J. Thomson trouve que ce rapport est environ la $\frac{1}{700}$ partie de la valeur correspondante pour l'ion d'hydrogène dans l'électrolyse ordinaire.

En même temps le Prof. **J.-J.** Thomson et M. Townsend ont trouvé que la charge électrique e est la même pour les rayons cathodiques et l'ion d'hydrogène. Le rapport $\dfrac{m}{e}$ peut être regardé comme indépendant de la nature du gaz. Puisque $\dfrac{m}{e}$ a pour l'ion d'hydrogène une valeur 700 fois plus grande que dans le cas des particules cathodiques, m, la plus petite masse dont Thomson ait entrevu l'existence, est égale à $\dfrac{1}{700}$ de l'ion d'hydrogène.

Thomson écrit :

« L'explication qui me paraît rendre compte[1] des faits de la manière la plus simple et la plus directe, est fondée sur une théorie de la constitution des éléments chimiques favorablement accueillie par beaucoup de chimistes; dans cette théorie les atomes des différents éléments chimiques sont des agrégations différentes d'atomes semblables.... »

. . . .

« Ainsi dans cette théorie nous avons dans les rayons cathodiques un nouvel état de la matière où la subdivision est poussée beaucoup plus loin que dans l'état gazeux ordinaire, où la matière, quoique dérivée de corps différents, oxygène, hydrogène, etc., est d'une même espèce, étant la substance même dont sont constitués tous les éléments....

« La petitesse de la valeur m/e est, je crois, due aussi bien à la grandeur de e qu'à la petitesse de m. Il me semble qu'il y a là une preuve que les charges transportées par le corpuscule dans l'atome sont grandes par rapport à celles portées par l'ion dans l'électrolyte. »

Ainsi le problème de la dissociation progresse par suite de ce fait que, tandis que dans la théorie chimique, les éléments sont formés de matières intrinsèquement

1. *Phil. Mag.*, vol. XLIV, p. 311, octobre 1897.

différentes, *m* est au contraire, suivant les vues du professeur J.-J. Thomson, constant pour tous les éléments. Cela rappelle une des formules générales de Rydberg pour les séries où $N°$ est pratiquement constant pour tous les éléments, sauf quelques petites variations dues probablement à des erreurs d'observation.

Le professeur J.-J. Thomson est ainsi amené à la théorie suivante des différences de construction entre l' « atome » simple et la « molécule » composée.

« Dans la molécule d'HCl, par exemple, je me représente les composants de l'atome hydrogène comme reliés les uns aux autres par un grand nombre de tubes de force électrostatique; les composants de l'atome de chlore sont de même liés ensemble, tandis qu'un seul tube lie l'atome d'hydrogène à l'atome de chlore. »

Les résultats du Dr Preston à propos de la perturbation magnétique des raies, que j'ai rapportés plus haut, le conduisent à la même conclusion générale que le professeur J.-J. Thomson en faveur de l'hypothèse de la dissociation :

« Il peut se faire que les ions soient fondamentalement les mêmes et que les différences dans la valeur de e/m ou dans le caractère de la vibration émise par eux ou dans les raies spectrales qu'ils produisent proviennent réellement de la manière dont ils sont associés pour constituer les atomes. »

LES TROIS VOIES DE L'ÉVOLUTION INORGANIQUE.

Actuellement nous nous trouvons en face de trois hypothèses sur la voie suivie par l'évolution inorganique.

D'après la théorie chimique elle peut résulter des processus suivants :

1° La polymérisation ou la combinaison de molécules chimiques semblables;

2° La combinaison de molécules chimiques dissemblables;

Dans les nouvelles théories physiques, ou substitue à tout cela :

3° La constitution graduelle de complexes physiques par des particules semblables associées en présence de l'électricité.

Dans cette dernière conception nous considérons le monde matériel jusqu'en sa plus haute complexité, comme constitué par la même matière obéissant aux mêmes lois. Dans l'analyse spectrale il n'y a pas de saut brusque entre les phénomènes présentés par les corps simples du chimiste et ceux présentés par les corps composés; de même, dans la nouvelle théorie, il n'y a pas de solution de continuité d'un bout à l'autre dans l'ordre de l'évolution de la matière. J'ai déjà rapporté les opinions exprimées par le professeur J.-J. Thomson et le Dr Preston sur la manière dont leurs travaux récents confirment les opinions que j'ai émises il y a des années.

Certainement la théorie nouvelle semble capable d'éclairer beaucoup de faits qui manquaient d'explication dans les théories anciennes, quel que fût le mode d'évolution qu'on admît pour la production des corps les plus complexes. La théorie ionique permet d'imaginer plusieurs formes primitives, de façon que la question de *filiation* ne se pose que plus tard seulement, quand on introduit les systèmes les plus complexes.

Ces formes primitives variées permettent l'évolution suivant plusieurs lignes parallèles aussi bien qu'un nombre infini d'intercroisements. A ce sujet nous ne devons pas oublier que les constituants de la couche de renversement de Bellatrix et du protoplasme sont à peu près identiques, tandis que les formes particulières de matière dont ils sont composés l'un et l'autre n'apparaissent pour ainsi dire pas dans le soleil.

Des considérations sur l'accumulation d'unités matérielles en un centre autour duquel l'ion gravite, portent à penser que c'est la structure de l'ion qui doit être la plus constante et que les changements spectraux sont dus pour une grande part à la masse et à la charge variables représentant le centre de force. Il est possible que les séries secondaires indiquent qu'il peut se produire de très petites variations de complexité aussi bien que de très grandes.

Les ions, visibles dans les spectres simples des étoiles très chaudes, peuvent être ceux qui sont associés aux plus petits centres de force. Ce sont, dans les limites de nos connaissances actuelles, l'hydrogène, l'hélium, l'astérium, l'oxygène et l'azote parmi les gaz; le carbone, le silicium, le calcium, le magnésium, le sodium parmi les métaux sous les formes que nous étudions à l'aide de leurs spectres aux plus hautes températures de nos laboratoires.

Au fur et à mesure du refroidissement des étoiles, il peut se produire de plus grands agrégats d'unités matérielles, dans les centres de force autour desquels tournent les ions, et ainsi s'explique par un même processus la complexité du spectre de l'uranium et de celui du soleil, étoile en refroidissement; les différents stades de ce processus peuvent être reproduits en sens inverses par divers degrés de dissociation.

63-05. — Coulommiers. Imp. PAUL BRODARD. — 6-05

tous les problèmes si complexes soulevés par la colonisation moderne. Les premières migrations des hommes à travers le monde, l'expansion des races européennes au delà des mers, la substitution des races par le métissage, la colonisation par la propagande religieuse, la conduite à tenir envers les indigènes, envers les autorités locales, envers les colons, la défense militaire et maritime des colonies, les pouvoirs des gouverneurs, et mille autres questions y sont traitées à un point de vue tout moderne.

C'est un livre de doctrine appuyé sur des faits observés et vécus, un livre unique dans son genre, que tous ceux qui s'occupent de colonisation, aussi bien en France qu'à l'étranger, voudront lire et méditer et qui ne tardera pas à devenir classique.

Introduction à la science sociale, par HERBERT SPENCER. 1 vol. in-8, 13ᵉ éd. 6 fr.

L'auteur démontre d'abord la nécessité de cette science et en étudie la nature. Il prémunit ensuite celui qui veut se livrer à cette étude contre les difficultés qu'elle présente : difficultés objectives, difficultés subjectives, intellectuelles et émotionnelles. Ces dernières sont développées dans les chapitres intitulés : Préjugés de l'éducation, préjugés du patriotisme, préjugés de classes, préjugés politiques, préjugés théologiques.

Enfin il indique la discipline à observer dans la science sociale et montre comment les études biologiques et psychologiques en sont la préface nécessaire.

Les bases de la morale évolutionniste, par HERBERT SPENCER. 1 vol. in-8, 6ᵉ édit. . . . . 6 fr.

Aujourd'hui que les prescriptions morales perdent une partie de l'autorité qu'elles devaient à leur origine surnaturelle, la sécularisation de la morale s'impose.

Le changement que promet ou menace de produire parmi nous cet état de choses, désiré ou craint, fait de rapides progrès : ceux qui croient possible et nécessaire de remplir le vide sont donc appelés à agir en conformité avec leur foi. C'est cette pensée qui a décidé le célèbre philosophe anglais à détacher de ses *Études sociologiques* ce travail, dans lequel il montre la base scientifique des principes du bien et du mal qui dirigent la conduite des hommes.

Les conflits de la science et de la religion, par DRAPER, professeur à l'Université de New-York. 1 vol. in-8, 11ᵉ édit. . . . . 6 fr.

L'histoire de la science n'est pas seulement l'histoire de ses découvertes, c'est encore celle du conflit existant entre ces deux puissances contraires : d'une part, la force expansive de l'intelligence humaine; d'autre part, la compression exercée par la foi traditionnelle et par les intérêts humains. Personne, avant Draper, n'avait traité le sujet à ce point de vue où il apparaît comme un événement actuel on ne peut plus important. Aussi, cet ouvrage a-t-il eu un grand succès et est-il arrivé en peu d'années à sa 10ᵉ édition.

Lois scientifiques du développement des nations, dans leurs rapports avec les principes de l'hérédité et de la sélection naturelle, par W. BAGEHOT. 1 vol. in-8, 6ᵉ édit. . . . . 6 fr.

L'auteur a cru pouvoir utilement, en quelques chapitres, montrer comment, sur un ou deux points, les idées nouvelles travaillent à modifier deux vieilles sciences, la politique et l'économie politique. Si sur ce point les idées sont encore un peu incomplètes, c'est que le sujet est nouveau; du moins, l'auteur met sur la voie de quelques conclusions et montre ainsi, en admettant qu'il ne le fasse pas lui-même, ce qui devrait être fait.

L'évolution des mondes et des sociétés, par F.-C. DREYFUS. 1 vol. in-8, 3ᵉ édit. . . . . 6 fr.

Pour l'auteur, l'évolution, que les progrès des sciences naturelles ont établie sur une base inébranlable, a renouvelé la conception générale de l'univers physique et social; elle a mis en lumière le trait d'union entre le présent et le passé, et, en joignant le point de vue dogmatique au point de vue historique, elle a démontré l'enchaînement des époques successives que l'on considérait jusqu'ici comme n'ayant entre elles aucun rapport immédiat.   (*Revue bleue.*)

Histoire de l'habillement et de la parure, par L. BOURDEAU. 1 vol. in-8. 6 fr.

L'auteur montre comment l'industrie du vêtement et de la parure, qui pourvoit à de si grands besoins chez l'homme, et qui, à raison de son importance générale, constitue une des principales occupations de l'activité humaine, est parvenue par une évolution continue durant tous le cours de la civilisation, à réaliser un aussi vaste programme. Suivant l'ordre même des faits, M. Bourdeau étudie la préparation des peaux, celle des textiles, leur conversion en fils, le tissage des étoffes, la teinture et l'impression des tissus, enfin la confection des vêtements.

La sociologie, par DE ROBERTY. 1 vol. in-8, 3e édit. . . . . 6 fr.

Ce volume n'est ni une œuvre de polémique ni un exposé dogmatique, c'est un essai de philosophie sociale où l'auteur a surtout cherché à définir la place, le caractère, la méthode et les tendances de la science toute nouvelle qui étudie les sociétés humaines avec les procédés précis des sciences naturelles. M. de Roberty se rattache à l'école positiviste d'Auguste Comte et de Littré, ce qui ne l'empêche pas de s'écarter, à l'occasion, des voies tracées par ses illustres maîtres et d'avouer une haute estime pour les doctrines de M. Herbert Spencer, même quand il les attaque un peu rudement.

La science de l'éducation, par ALEX. BAIN, professeur à l'Université d'Aberdeen (Écosse). 1 vol. in-8, 10e édit. . . . . 6 fr.

Dans une première partie, M. Bain examine la nature de l'éducation et ses rapports avec la physiologie, l'éducation de l'intelligence, des sens, de la mémoire et de l'imagination, la discipline. La seconde partie est consacrée aux méthodes que l'auteur étudie dans toutes les sciences et dans les différentes branches de l'éducation littéraire. Enfin, dans une troisième partie, M. A. Bain trace le plan complet d'une *éducation moderne* en rapport avec les conditions particulières des sociétés contemporaines.

La vie du langage, par WHITNEY, professeur de philosophie comparée à Yale-College, Boston (États-Unis). 1 vol. in-8, 4e édit. . . . . 6 fr.

Les linguistes ont longtemps différé d'opinions sur la question de savoir si l'étude du langage est une branche de la physique ou de l'histoire. Ce différend est à peu près réglé maintenant : toute matière dans laquelle les circonstances, les habitudes et les actes des hommes constituent un élément prédominant, ne peut être que le sujet d'une science historique ou morale. C'est à ce point de vue que l'auteur s'est placé pour étudier la vie du langage.

La monnaie et le mécanisme de l'échange, par W. STANLEY JEVONS, professeur d'économie politique à l'Université de Londres. 1 vol. in-8, 5e édit. 6 fr.

L'auteur décrit les différents systèmes de monnaies anciennes ou modernes du monde entier, les matières premières employées à faire de la monnaie, la réglementation du monnayage et de la circulation, les lois naturelles qui régissent cette circulation et les divers moyens appliqués ou proposés pour la remplacer par de la monnaie de papier. Il termine par un exposé du système des chèques et des compensations, maintenant si étendu et si perfectionné, et qui a tant contribué à diminuer l'usage des espèces métalliques.

II. — PHILOSOPHIE SCIENTIFIQUE

Les maladies de l'orientation et de l'équilibre, par le Dr GRASSET, professeur de clinique médicale à l'Université de Montpellier, associé national de l'Académie de médecine. 1 vol. in-8, avec gravures. . . . . 6 fr.

L'importante et difficile question de *l'orientation* et de *l'équilibre* est de celles qui intéressent tous les biologistes. Cette fonction complexe ne peut être étudiée qu'avec les cas cliniques et par la méthode anatomoclinique. Car l'expérimentation chez les animaux ne suffit plus pour les fonctions élevées du système nerveux et la maladie est la seule vraie source d'expérimentation *chez l'homme*. C'est cette *étude physiopathologique de l'appareil nerveux de l'équilibration* chez l'homme que M. Grasset a voulu faire en décrivant les maladies de l'orientation et de l'équilibre. Il s'est efforcé d'expliquer par l'anatomophysiologie de cet appareil complexe les symptômes, nombreux et variés, que l'on rencontre fréquemment au lit du malade (vertiges, ataxies, troubles du sens musculaire...). On peut dire qu'il a écrit ainsi, pour la première fois, un chapitre de neuropathologie et de neuroséméiologie, qui intéressera particulièrement tous les médecins. Les éléments en étaient épars dans les chapitres du cervelet, du labyrinthe, des cordons postérieurs de la moelle, de l'écorce cérébrale. Faute de groupement synthétique, leur unité fonctionnelle et clinique n'avait pas jusqu'ici suffisamment frappé le pathologiste et le clinicien.

L'audition et ses organes, par le Dr GELLÉ, membre de la Société de Biologie. 1 vol. in-8, avec 70 gravures dans le texte. . . . . 6 fr.

Les *sourds* ont toujours été un sujet d'observations aussi intéressant pour les philosophes et les savants que curieux pour les gens du monde. Dans cet ouvrage, l'auteur examine successivement les caractères des vibrations sonores et les organes auditifs. Puis il arrive aux sensations auditives qu'il étudie dans toutes leurs variétés, dans leurs formes normales et dans leurs déformations morbides, si curieuses pour le public et si intéressantes pour ceux qui étudient les maladies de l'oreille. De nombreuses illus-

---

trations permettent de suivre les descriptions et reproduisent les phénomènes les plus
importants. La signature dit ce que vaut l'œuvre, la richesse des matériaux qui y sont
accumulés et le soin avec lequel ils ont été triés.   (*Mercure de France.*)

L'évolution régressive en biologie et en sociologie, par MM. DEMOOR,
MASSART et VANDERVELDE, professeurs à l'Université de Bruxelles. 1 vol. in-8.
avec 84 gravures dans le texte. . . . . 6 fr.

Les analogies qui existent, au point de vue de l'évolution, entre la biologie et la
sociologie, résultent de ce que l'évolution des sociétés, aussi bien que des organismes,
est le concours des deux facteurs : *la ressemblance* et *l'adaptation*. Sans pousser jusqu'à l'exagération l'assimilation entre les organismes sociaux et les organismes végétaux ou animaux, MM. Demoor, Massart et Vandervelde ont réussi à découvrir des analogies très curieuses dans l'étude de la régression dans ces trois ordres de phénomènes.

L'esprit et le corps, considérés au point de vue de leurs relations ; suivi d'études
sur les *Erreurs généralement répandues au sujet de l'esprit*, par ALEX. BAIN, professeur à l'Université d'Aberdeen (Ecosse). 1 vol. in-8, 6e édit. . . . . . 6 fr.

Dans cet ouvrage, M. Bain examine le grand problème de l'âme, surtout au point de vue
de son action sur le corps. Il fait l'histoire de toutes les théories émises sur la nature
de l'âme et sur la nature du lien qui peut l'unir au corps. Il étudie ensuite les sentiments, l'intelligence et la volonté, ce qui lui donne l'occasion d'exposer des vues fort
originales, et il est conduit à indiquer une solution nouvelle du grand problème qu'il
a abordé.

Les illusions des sens et de l'esprit, par JAMES SULLY. 1 vol. in-8, 3e édit. 6 fr.

Cette étude embrasse le vaste domaine de l'erreur. L'auteur s'est constamment tenu
au point de vue strictement scientifique, c'est-à-dire à la description, à la classification
des erreurs reconnues telles, qu'il explique en les rapportant à leurs conditions psychi-
ques et physiques. C'est ainsi qu'après les illusions de la perception, il étudie celles
des rêves, de l'introspection, de la pénétration, de la croyance, de l'amour-propre, de
l'attente, de la mémoire, les erreurs de l'esthétique et de la poésie, etc.

Le magnétisme animal, par MM. ALFRED BINET, directeur du laboratoire de
psychologie physiologique de la Sorbonne, et CH. FÉRÉ, médecin de Bicêtre.
1 vol. in-8, 4e édit. . . . . 6 fr.

Les auteurs de ce livre sont deux des élèves de M. le professeur Charcot; ils furent
ses collaborateurs les plus assidus, et ont pu expérimenter toutes les méthodes de
magnétisme, reproduire toutes les expériences relatées par les magnétiseurs et les sou-
mettre à une analyse critique et sévère.

Les altérations de la personnalité, par ALFRED BINET, directeur du labora
toire de psychologie physiologique de la Sorbonne. 1 vol. in-8, avec fig., 2e éd. 6 fr,

M. Binet montre que le fameux *moi* indivisible de la vieille philosophie peut se dédou-
bler en plusieurs personnalités coexistantes ou successives parfaitement distinctes, en
un mot qu'un même homme peut être à la fois plusieurs personnes. Ces faits extraordinaires, constatés scientifiquement, conduisent M. Binet à expliquer d'une manière
naturelle des faits réputés miracles ou impostures, comme les phénomènes du spiritisme.

Le cerveau et ses fonctions, par le Dr J. LUYS. 1 vol. in-8, avec gravures,
7e édit. . . . . 6 fr.

Dans une première partie purement anatomique, M. Luys expose d'abord l'ensemble
des procédés techniques par lesquels il a obtenu des coupes régulières du tissu cérébral, qu'il a photographiées avec des grossissements successivement gradués, procédés
qui lui ont permis de pénétrer plus avant dans les régions encore inexplorées des centres nerveux.

La seconde partie est physiologique ; elle comprend la mise en valeur des appareils
cérébraux préalablement analysés, et donne l'exposé physiologique des diverses propriétés fondamentales des éléments nerveux considérés comme unités histologiques
vivantes. Enfin l'auteur montre comment, grâce à la combinaison, à la participation
incessante, à la totalisation des énergies de tous ces éléments, le cerveau sent, se sou-
vient et réagit.

Le cerveau et la pensée chez l'homme et chez les animaux, par CHARLTON
BASTIAN, prof. à l'Univ. de Londres. 2 vol. in-8, avec 184 gravures, 2e édit. 12 fr.

M. Charlton Bastian examine successivement les différentes classes d'animaux, avant
d'arriver au cerveau de l'homme, et montre la gradation de toutes les fonctions intellectuelles, au fur et à mesure qu'on monte dans l'échelle animale. Les chapitres consacrés aux singes supérieurs et à l'homme sont très curieux ; dans l'intelligence humaine,

l'auteur a fait une grande place à l'examen de toutes les déviations intellectuelles, et cite un grand nombre d'observations qui ne sont pas des moindres attraits du livre.

Théorie scientifique de la sensibilité, par LÉON DUMONT. 1 vol. in-8, 4ᵉ éd.   6 fr.

Dans une première partie, l'auteur s'occupe de l'analyse générale, et passe en revue les théories sur le plaisir et la peine; il examine le caractère essentiel de ces deux affections, ainsi que leur relativité.

Dans la seconde division, M. Dumont aborde la synthèse particulière; il classe les émotions, distingue les plaisirs et les peines en plaisirs et peines positifs et plaisirs et peines négatifs. Il traite de l'expression de l'émotion chez l'homme et les animaux, de la contagion des émotions, de l'influence des émotions sur la volonté, et termine par une intéressante étude sur la production volontaire des causes de plaisir et, en particulier, sur l'art.

Le crime et la folie, par H. MAUDSLEY, professeur à l'Université de Londres. 1 vol. in-8, 7ᵉ édit. . . . . 6 fr.

L'auteur procède à une démarcation précise de la zone mitoyenne entre la sanité et l'insanité; puis il traite des diverses formes de l'aliénation mentale, des rapports de la loi et de la folie, de la folie partielle, de la folie épileptique et de la folie sénile. Il termine sa savante étude par une détermination nette des moyens qui permettent de se préserver de la folie. Il montre les pernicieux effets de l'intempérance, et préconise une éducation solide, doublée de croyances fortes et éclairées.

III. — PHYSIOLOGIE

Les virus, par le Dʳ ARLOING, membre correspondant de l'Institut, directeur de l'École vétérinaire et professeur à la Faculté de médecine de Lyon. 1 vol. in-8, avec 47 gravures dans le texte. . . . . 6 fr.

M. Arloing étudie l'organisme dans la lutte avec les microbes; il montre le malade succombant ou résistant et acquérant alors d'ordinaire une immunité spéciale contre le retour du mal qui l'a touché une première fois. Il étudie ensuite les différents moyens de produire chez l'homme cette immunité contre les terribles maladies qui sont le fléau de notre espèce, depuis la variole jusqu'à la rage et à la phtisie. Il termine par une critique des travaux de Koch sur la fameuse lymphe préservatrice de la tuberculose qui a tant passionné le monde.

Les sensations internes, par H. BEAUNIS, professeur de physiologie à la Faculté de médecine de Nancy. 1 vol. in-8. . . . . 6 fr.

Sous ce nom, l'auteur comprend toutes les sensations qui arrivent à la conscience par une autre voie que les cinq sens spéciaux. Il est ainsi amené à examiner les manifestations suivantes : *la sensibilité organique,* c'est-à-dire la sensibilité des tissus et organes, à l'exclusion des organes des sens; *les besoins* (besoins d'activité musculaire ou psychique, des fonctions digestives, de sommeil, de repos, etc.); *les sensations fonctionnelles* (respiratoires, circulatoires, etc.); *le sentiment de l'existence*; *les sensations émotionnelles*; les sensations de nature indéterminée, comme le sens de l'orientation, de la pensée, de la durée; *la douleur* et *le plaisir.*

Le corps robuste et l'esprit dispos, par A. MOSSO, professeur à l'Université de Turin, traduit de l'italien par *Claudius Jacquet.* 1 vol. in-8. . . . . . . 6 fr.

M. Mosso montre dans son livre le moyen d'élever parallèlement le corps et l'esprit; *l'éducation physique des Romains et de la jeunesse italique, l'agonistique moderne, l'œuvre du gouvernement, l'art d'élever, l'éducation physique dans l'Université, la démocratie et l'éducation physique, l'éducation moderne des femmes,* tels sont les titres des différents chapitres au cours desquels M. Mosso montre la nécessité de combiner les deux cultures, afin d'obtenir des êtres moralement et physiquement solides, capables de résister aux nécessités de l'heure présente.

Physiologie des exercices du corps, par le docteur FERNAND LAGRANGE, lauréat de l'Institut. 1 vol. in-8, 8ᵉ édit. . . . . 6 fr.

M. Lagrange a écrit sous ce titre un livre tout à fait original dont on ne saurait trop recommander la lecture. Il examine avec de très grands détails le travail musculaire, la fatigue, la cause de l'essoufflement, de la courbature, le surmenage, l'accoutumance au travail, l'entraînement, les différents exercices et leurs influences, les exercices qui déforment et ne déforment pas le corps, le rôle du cerveau dans l'exercice, l'automatisme. Certains chapitres sur les dépôts uratiques, sur le rôle du travail musculaire dans la production des sédiments, sont très fouillés. M. Lagrange a observé par lui-même, et l'on voit qu'il s'est rendu maître d'un sujet peu exploré et difficile. Tous les

faibles, les débilités par l'air et la vie des grandes villes, ont intérêt à méditer cet
excellent traité de physiologie spéciale.   (*Les Débats.*)

Les sens, par BERNSTEIN, professeur à l'Université de Halle. 1 vol. in-8, avec 91 grav.
   dans le texte, 5e édit. . . . . 6 fr.
   Cet ouvrage est divisé en quatre livres : le premier est consacré au sens du toucher
sous ses différentes formes; le second, consacré au sens de la vue, contient une étude
détaillée de la constitution et du fonctionnement de l'œil et de toutes les maladies
qu'il peut subir; le troisième traite du sens de l'ouïe et le quatrième termine l'ouvrage
par l'étude de l'odorat et du goût.

**Les organes de la parole et leur emploi pour la formation des sons du
   langage,** par H. DE MEYER, professeur à l'Université de Zurich; traduit de l'allemand et précédé d'une introduction sur l'*Enseignement de la parole aux sourds-
   muets,* par M. O. CLAVEAU, inspecteur général des établissements de bienfaisance.
   1 vol. in-8, avec 51 gravures dans le texte . . . . 6 fr.
   L'étude de la structure et des dispositions des organes de la parole s'impose aux
philosophes avec un caractère de nécessité qui devient de jour en jour plus marqué;
chaque jour, en effet, on voit s'affermir cette conviction qu'une intelligence exacte des
lois relatives à la modification des éléments du langage ne peut s'acquérir sans le
secours des lois physiologiques de la production des sons.

La physionomie et l'expression des sentiments, par P. MANTEGAZZA, professeur au Muséum d'histoire naturelle de Florence. 1 vol. in-8, avec gravures et
   8 planches hors texte, 3e édit. . . . . 6 fr.
   Ce livre est une page de psychologie, une étude sur le visage et sur la mimique
humaine. L'auteur s'est donné pour tâche de séparer nettement les observations positives
de toutes les divinations hardies qui ont jusqu'ici encombré la voie de ces études.
   Scientifique dans le fond, l'ouvrage de M. Mantegazza est cependant d'une lecture
agréable; le psychologue et l'artiste y trouveront beaucoup de faits nouveaux et des
interprétations ingénieuses d'observations que chacun pourra vérifier.

Théorie nouvelle de la vie, par FÉLIX LE DANTEC, docteur ès sciences, chargé
   du cours d'Embryologie générale à la Sorbonne. 1 vol. in-8, 3e édit. . . 6 fr.
   Comment définir la vie? « Il n'y a pas de définition des choses naturelles, » a dit
Claude Bernard. On ne définit pas la vie, parce que la définition serait trop complexe.
M. Le Dantec l'a tenté, et je n'oserais pas affirmer qu'il n'ait pas réussi. Seulement il
a posé de nombreux corollaires préliminaires. Il faut d'ailleurs, avec lui, se faire une
conception tout autre que celle que l'on possédait autrefois sur la vie. La vie de l'individu n'est pas unique; elle se compose d'une multitude d'éléments qui vivent aussi.
Et ce que nous appelons la vie est la résultante de toutes ces vies particulières. N'in-
sistons pas. L'ouvrage de M. Le Dantec est extrêmement remarquable. Il mérite d'être
médité, et celui qui le lira verra s'agrandir considérablement l'horizon de ses connaissances. C'est un des livres les plus saillants de l'année.   (*Journal des Débats.*)

La machine animale, par E.-J. MAREY, membre de l'Institut, professeur au Collège de France. 1 vol. in-8, avec 117 grav. dans le texte, 6e édit. augmentée. 6 fr.
   L'adaptation des organes du mouvement chez les animaux à leurs diverses conditions d'existence, les allures chez l'homme et chez le cheval, l'analyse du mécanisme
du vol des insectes et des oiseaux, l'appareil reproduisant les mouvements des ailes :
tels sont les principaux sujets traités dans ce livre.
   Il n'est pas besoin d'insister sur les applications utiles de ces recherches scientifiques, lesquelles ont d'ailleurs valu à leur auteur le grand prix de physiologie de
dix mille francs, fondé par M. Lacaze.

La locomotion chez les animaux (*marche, natation* et *vol*), suivi d'une étude
   sur l'*Histoire de la navigation aérienne,* par J.-B. PETTIGREW, professeur au Collège royal de chirurgie d'Edimbourg (Ecosse). 1 vol. in-8, avec 140 gravures dans
   le texte, 2e édit. . . . . 6 fr.
   Une partie de cet ouvrage est consacrée aux questions traitées dans la *Machine animale,* par M. Marey, avec qui l'auteur est en désaccord sur un certain nombre de
points. Il se place d'ailleurs à un point de vue différent. Il étudie la locomotion dans
et par l'eau, dont M. Marey ne s'est pas occupé, et donne de curieux détails sur la
natation de l'homme.
   Mais ce qu'il faut signaler tout particulièrement, c'est son histoire de toutes les
machines et de tous les systèmes essayés pour arriver à naviguer dans l'air, depuis
les montgolfières jusqu'aux machines actuelles.

La chaleur animale, par Ch. Richet, professeur à la Faculté de médecine de
Paris. 1 vol. in-8, avec 47 graphiques dans le texte. . . . . 6 fr.
L'auteur justifie la théorie de Lavoisier, que la vie est une fonction chimique : les
phénomènes de chaleur dont les êtres vivants sont le siège, sont phénomènes physico-
chimiques. Tout phénomène est accompagné de chaleur; il y a en outre production
d'énergie mécanique et mouvement.

Les bases scientifiques de l'éducation physique, par G. Demeny, professeur
du cours d'Education physique de la Ville de Paris, et de physiologie appliquée
à l'École militaire de gymnastique de Joinville-le-Pont. In-8, avec 98 gravures.
2e édit. . . . . 6 fr.

Mécanisme et éducation des mouvements, par *le même.* 1 vol. in-8, avec
565 gravures. . . . . 9 fr.
Dans le premier ouvrage l'auteur développe particulièrement l'éducation de la respi-
ration, l'ampliation de la poitrine, la fatigue et l'entrainement, l'éducation des mouvements et des sens. Il relie l'éducation physique à l'éducation morale en montrant l'effet
de la première sur le caractère et, dans une troisième partie, il indique les procédés
techniques de mensuration pour contrôler les résultats obtenus.
Dans le second volume, les mouvements gymnastiques sont analysés et étudiés sous
le rapport de leur effet utile. On y trouve l'exposé des études sur la locomotion au
moyen de la chronophotographie et de la dynamographie. On y constate aussi les rapports de la science et de l'art dans ce qui peut constituer la physiologie artistique;
toute une partie importante est consacrée aux conditions économiques de l'utilisation
de la force musculaire, à la mesure du travail dans les cas simples et à des expériences
intéressant spécialement la locomotion dans l'armée.

Évolution individuelle et hérédité (*Théorie de la variation quantitative*), par
F. Le Dantec, chargé du cours d'Embryologie générale à la Sorbonne.
1 vol. in-8 . . . . 6 fr.
Le but de M. F. Le Dantec en écrivant cet ouvrage, a été d'arriver, par une méthode
purement déductive, à la compréhension de l'hérédité des caractères acquis, et c'est
par cette méthode que son livre diffère entièrement des autres ouvrages publiés sur la
question si controversée de l'hérédité.

IV. — ANTHROPOLOGIE

Formation de la Nation française (*Textes, linguistique, paléthnologie, anthropologie*), par Gabriel de Mortillet, professeur à l'École d'Anthropologie,
ancien président de la Société d'Anthropologie. 1 vol. in-8, avec 153 gravures et 18 cartes dans le texte, 2e édit. . . . . 6 fr.
Critique chronologique des anciens textes. Populations sédentaires et populations
mobiles. Gaulois et Germains formant un seul et même type. Langues parlées. Evo-
lution de l'écriture en France. Précurseur de l'homme. Naissance et développement de
l'industrie et de la civilisation. Absence de culte. Invasion et révolution sociologique.
Protohistorique et métallurgie. Races humaines primitives de la France. Dolichocé-
phales et brachycéphales. Origine et variations des cultes. Les premiers habitants
apparaissent il y a 230 à 240 mille ans. Races françaises pures pendant le paléolithique.
Mélange des races autochtones avec les races envahissantes. Formation de la population
française : telles sont les matières traitées dans cet ouvrage.

L'espèce humaine, par A. de Quatrefages, membre de l'Institut, professeur au
Muséum d'histoire naturelle. 1 vol. in-8, 13e édit. . . . . 6 fr.
« Ce livre m'a beaucoup intéressé, et il intéressera tous ceux qui le liront. Il expose avec une
pleine compétence les faits et les questions. On peut n'être pas toujours de son avis, mais il fournit
des éléments de discussion sur lesquels il est légitime de compter. Les diverses races humaines sont
bien étudiées : l'homme fossile, cette découverte des temps modernes, n'est pas oublié. Des détails
très instructifs sont donnés sur les influences du milieu et de la race, sur les acclimatations, sur les
croisements et sur les curieux phénomènes de l'hybridité.   (E. Littré, *Philosophie positive.*)

Darwin et ses précurseurs français, par A. de Quatrefages. 1 vol., 2e édit. 6 fr.

Les émules de Darwin, par A. de Quatrefages; précédé de notices sur la vie
et les travaux de l'auteur, par MM. E. Perrier et Hamy, de l'Institut. 2 vol. 12 fr.
Les idées évolutionnistes qui, depuis un tiers de siècle, ont renouvelé toutes les
sciences et même la philosophie, ont reçu évidemment de Darwin leur impulsion

décisive. Mais ce n'est pas à dire que le grand naturaliste anglais ait tout inventé d'emblée. M. de Quatrefages montre dans ces ouvrages que Darwin a eu des précurseurs et des émules de premier rang, en France même. Il analyse et critique les théories de Darwin à côté de celles de ses précurseurs, Lamarck, Et. Geoffroy Saint-Hilaire, Buffon et quelques autres comme Telliamed, Robinet, Bory de Saint-Vincent. Parmi les savants qu'il cite comme émules de Darwin, nous rappellerons Wallace, Naudin, Romanes, Carl Vogt, Haeckel, Huxley, d'Omalius d'Halloy, etc.

La France préhistorique, par E. CARTAILHAC. 1 vol. in-8, avec 150 gravures dans le texte, 2ᵉ édit. . . . . 6 fr.

Ce qui distingue le livre de M. Cartailhac de tant d'autres livres sur le même sujet, c'en est le caractère uniquement et rigoureusement scientifique. Ni les conjectures n'y sont données pour des vérités, ni les hypothèses pour des certitudes; au contraire, M. Cartailhac s'y fait un point d'honneur de distinguer soigneusement le certain d'avec le probable, et le probable d'avec le douteux. Rien de moins ordinaire aux anthropologistes, dont l'intrépidité d'affirmation n'a d'égale au monde que celle des métaphysiciens. Et c'est ce qui suffirait à recommander *la France préhistorique*, si d'ailleurs le nom de M. Cartailhac n'était assez connu pour ses heureuses découvertes, ses nombreux travaux, et sa rare compétence.   (*Revue des Deux Mondes*.)

L'homme préhistorique, étudié d'après les monuments et les costumes retrouvés dans les différents pays d'Europe; suivi d'une *Étude sur les mœurs et coutumes des sauvages modernes*, par sir JOHN LUBBOCK, membre de la Société royale de Londres, 2 vol. in-8 avec 228 grav. dans le texte, 4ᵉ édit. . . . . . . 12 fr.

Rappeler les grandes divisions de l'ouvrage montrera suffisamment son importance, tant au point de vue scientifique qu'au point de vue historique. Les principaux chapitres traitent des questions suivantes : *De l'emploi du bronze dans l'antiquité, de l'âge du bronze, de l'emploi de la pierre dans l'antiquité, monuments mégalithiques, tumuli, les anciennes habitations lacustres de la Suisse, les amas de coquilles du Danemark, les graviers des rivières, de l'ancienneté de l'homme.*

La famille primitive, ses origines et son développement, par C. N. STARCKE, professeur à l'Université de Copenhague. 1 vol. in-8. . . . . 6 fr.

Dans une première partie, l'auteur examine l'organisation de la famille, de la propriété et de l'héritage chez tous les peuples primitifs ou anciens. Dans la seconde partie, il fait la théorie de la famille primitive, de son origine et de son évolution. Il étudie successivement la filiation, la polyandrie et la polygamie, le matriarcat et le patriarcat, le lévirat et le niyoga, l'hérédité et le droit d'aînesse, les formes différentes de famille dans les principales races, etc. L'origine et le régime du mariage attirent principalement son attention; il développe soigneusement le système de l'exogamie et l'évolution du mariage. Il termine enfin par la théorie du clan, de la tribu et de la famille qui a provoqué, comme celle du mariage, bien des controverses. Ce livre est donc comme un résumé des principales questions sociales.

L'homme dans la nature, par P. TOPINARD. 1 vol. in-8, avec 101 grav. 6 fr.

L'ouvrage de M. Topinard se divise en deux parties distinctes. Dans la première, il expose les résultats de ses recherches personnelles sur l'anthropologie, les questions que soulève cette science, les résultats positifs qu'elle a obtenus et aussi les déceptions qu'elle a rencontrées. Dans la seconde partie de son ouvrage, M. Topinard expose et discute, à la lumière des derniers progrès de la science, toutes les données du grand problème de l'origine de l'homme. Malgré l'abîme profond qui sépare aujourd'hui le genre humain du reste des animaux, M. Topinard montre avec détails que l'homme est le produit d'une longue évolution commencée dans les classes inférieures des vertébrés et dont il suit toutes les phases jusqu'à l'ordre des Primates où l'Espèce humaine forme un rameau distinct.

Les races et les langues, par ANDRÉ LEFÈVRE, professeur à l'École d'Anthropologie de Paris. 1 vol. in-8 . . . . 6 fr.

L'auteur ne sépare pas le langage de l'organisme qui l'a produit, des êtres qui l'ont façonné à leur usage. Le langage, contre-coup sonore de la sensation, a débuté par le cri animal, cri d'émotion, cri d'appel. Varié par l'onomatopée, enrichi par la métaphore, il a évolué dans la mesure même du développement cérébral et des aptitudes intellectuelles. Tous les groupes ethniques passés en revue par l'auteur ont su mettre la parole en exacte correspondance avec leurs facultés et leurs besoins. Une grande partie de l'ouvrage est, comme de juste, consacrée à la puissante famille indo-européenne dont les nombreux idiomes ont refoulé, pour ainsi dire, et rejeté en marge de la civilisation des langues moins souples et moins bien ordonnées. M. André Lefèvre a proposé des vues nouvelles et originales. Toujours il s'est inspiré de ces lignes qui terminent l'ouvrage : « Tout ensemble facteur et expression de nos progrès, créateur de la conscience et de la science, le langage relie la zoologie à l'histoire, l'anthropologie physiologique à l'anthropologie morale. »

Les singes anthropoïdes, et leur organisation comparée à celle de l'homme, par R. HARTMANN, professeur à l'Université de Berlin. 1 vol. in-8, avec 63 gravures dans le texte. . . . . 6 fr.

L'auteur déduit de son étude la confirmation de la proposition de Huxley qu'il y a plus de différence entre les singes les plus inférieurs et les singes les plus élevés, qu'il n'y en a entre ceux-ci et les hommes. Toutefois si, au point de vue corporel, il constate une parenté très proche entre l'homme et le singe anthropoïde, il résulte également de ses observations qu'au point de vue psychique l'abîme entre les deux est très considérable.

Le centre de l'Afrique : *Autour du Tchad*, par P. BRUNACHE, administrateur de commune mixte en Algérie. 1 vol. in-8, avec 45 gravures dans le texte et une carte. . . . . 6 fr.

M. P. Brunache a été le second de MM. Dybowski et Maistre dans leurs missions célèbres de 1892 et de 1894. Il raconte ses impressions de voyage et constate les résultats acquis dans les explorations auxquelles il a pris part; il expose en même temps ses idées sur l'influence que la France peut et doit exercer dans les régions si disputées de l'Afrique centrale. Des dessins, pris sur place par l'auteur, donnent à son travail un cachet particulier, et constituent des documents authentiques qui intéresseront tous ceux, et ils sont nombreux, qui suivent avec ardeur les progrès de notre développement en Afrique.

V. — ZOOLOGIE

La culture des mers en Europe (*piscifacture, pisciculture, ostréiculture*), par GEORGES ROCHÉ, inspecteur général des Pêches maritimes. 1 vol. in-8, avec 81 gravures dans le texte. . . . . 6 fr.

M. Roché n'a pas eu la prétention d'écrire un traité d'aquiculture, mais il a pensé qu'il était intéressant d'initier le public au fonctionnement des industries maritimes et à la technique des méthodes piscicoles et ostréicoles. Il expose d'abord les procédés de pêche modernes et les résultats qu'ils fournissent dans les mers d'Europe, puis il passe en revue les essais de piscifacture et de pisciculture pratiqués dans les divers pays, la reproduction des homards et des langoustes, l'ostréiculture si développée en France que ses débouchés actuels sont devenus insuffisants. Un dernier chapitre est consacré à la culture des éponges industrielles.

L'intelligence des animaux, par G.-J. ROMANES, secrétaire de la Société Linnéenne de Londres pour la zoologie; précédé d'une préface sur *l'Évolution mentale*, par EDM. PERRIER, membre de l'Institut, directeur du Muséum d'histoire naturelle de Paris. 2 vol. in-8, 3ᵉ édit. . . . . 12 fr.

Cet ouvrage a été composé, presque sous les yeux de Darwin, par un des hommes qui se sont le plus scrupuleusement imprégnés de sa méthode : Georges-J. Romanes; il étudie les manifestations de l'instinct ou de la raison chez les différentes espèces, depuis les plus inférieures jusqu'aux grands mammifères, et il rapporte, avec un luxe de détails vraiment remarquable, quantité de curieuses observations.

La philosophie zoologique avant Darwin, par EDMOND PERRIER, membre de l'Institut, directeur du Muséum d'histoire naturelle de Paris. 1 vol. in-8, 3ᵉ édit. . . . . 6 fr.

Le savant professeur du Jardin des plantes a traité une des parties les plus intéressantes des sciences naturelles : l'Histoire des doctrines des grands zoologistes depuis Aristote jusqu'aux hommes les plus marquants de l'époque contemporaine. Il y a abordé chacun des grands problèmes que cherchent à résoudre en ce moment les sciences naturelles et a fait de ce livre un véritable résumé de la zoologie actuelle.

Descendance et Darwinisme, par O. SCHMIDT, professeur à l'Université de Strasbourg. 1 vol. in-8, avec 26 gravures, 6ᵉ édit. . . . . 6 fr.

La théorie nouvelle de la parenté et de la descendance n'est pas uniquement soumise aux controverses de ses partisans; elle est discutée par des adversaires dont la vue est troublée par l'image plus ou moins nette des dangers qu'elle prépare à leur science fondée sur le miracle. L'opposition a été grande en Angleterre contre l'homme éminent au nom duquel se rattache cette révolution, surtout depuis qu'il est notoire que, fidèle à lui-même, il veut comprendre l'homme dans ses recherches et lui appliquer les conséquences de ses théories. L'auteur s'est proposé de mettre le lecteur à même d'embrasser l'état de ce problème si compliqué de la théorie de la descendance ; il a voulu débrouiller cette trame confuse, établir les points cardinaux rencontrés en Darwin. Le succès de cet ouvrage semble prouver que le but a été atteint.

Les mammifères dans leurs rapports avec leurs ancêtres géologiques, par O. Schmidt, professeur à l'Université de Strasbourg. 1 vol. in-8, avec 51 gravures dans le texte. 6 fr.

Quels ont été nos ancêtres et ceux des mammifères actuels ? Il n'y a pas de question scientifique qui puisse intéresser davantage le public tout entier ni prêter à des découvertes plus piquantes. Le principe même des doctrines darwiniennes n'est plus contesté aujourd'hui. Il faut maintenant développer leurs conséquences et tracer la généalogie des êtres vivants actuels au travers des temps géologiques. C'est ce que fait M. O. Schmidt pour toutes les catégories de mammifères, depuis les moins élevés jusqu'aux grands singes anthropoïdes et jusqu'à l'homme lui-même. Il termine en décrivant à grands traits l'homme de l'avenir.

L'écrevisse, *Introduction à l'étude de la zoologie*, par Th.-H. Huxley, membre de la Société royale de Londres et de l'Institut de France, prof^r d'histoire naturelle à l'Ecole royale des mines de Londres. 1 vol. in-8, avec 82 grav., 2ᵉ éd. 6 fr.

L'auteur n'a pas voulu simplement écrire une monographie de l'écrevisse, mais montrer comment l'étude attentive de l'un des animaux les plus communs peut conduire aux généralisations les plus larges, aux problèmes les plus difficiles de la zoologie, et même de la science biologique en général. Avec ce livre, le lecteur se trouve amené à envisager face à face toutes les grandes questions zoologiques qui excitent aujourd'hui un si vif intérêt.

Les commensaux et les parasites dans le règne animal, par P.-J. Van Beneden, professeur à l'Université de Louvain (Belgique). 1 vol. in-8, avec 82 grav. dans le texte, 3ᵉ édit. . . . . 6 fr.

Dans une première partie, l'auteur étudie les *Commensaux*, qu'il divise en commensaux libres et commensaux fixes ; dans une deuxième partie, les *Mutualistes*, c'est-à-dire ceux qui vivent ensemble en se rendant de mutuels services.

Dans la troisième partie, sont traités les *Parasites*, ainsi divisés : parasites libres à tout âge, dans le jeune âge, pendant la vieillesse ; parasites à transmigrations et à métamorphoses ; parasites à toutes les époques de la vie.

Une table alphabétique contenant les noms de 450 animaux environ, cités dans le cours de l'ouvrage, le termine utilement pour les recherches.

Les sens et l'instinct chez les animaux et principalement chez les insectes, par Sir John Lubbock. 1 vol. in-8, avec 150 grav. dans le texte. . . . . . 6 fr.

La principale originalité de ce livre, ce sont les nombreuses expériences imaginées par l'auteur, avec une ingéniosité et une patience sans égales, pour mettre en lumière l'intelligence et les instincts moraux ou sociaux des bêtes de tout ordre. C'est ce qui rend la lecture de ce livre aussi attachante pour les gens du monde que pour les savants.

VI. — BOTANIQUE — GÉOLOGIE

Les végétaux et les milieux cosmiques (*adaptation*, *évolution*), par J. Costantin, professeur au Muséum d'histoire naturelle. 1 vol. in-8, avec 171 gravures dans le texte. . . . . 6 fr.

Guidé par les idées profondes de Gœthe, M. Costantin nous fait assister aux variations incessantes des êtres qu'on observe partout dans la nature ; il établit, en outre, comment les caractères nouveaux ainsi produits se fixent peu à peu et deviennent héréditaires. Il élucide par des arguments probants le point capital et si ardemment débattu, dans ces dernières années, de la fixation des caractères acquis. La portée des questions ainsi discutées n'échappera pas à tous les esprits qu'intéressent la science et la philosophie.

Au point de vue de l'enseignement, ce livre mérite d'être recommandé, car il permet de grouper tous les faits épars en les enchaînant entre eux, en rendant leur étude aussi claire qu'attachante.

La géologie expérimentale, par Stanislas Meunier, professeur au Muséum d'histoire naturelle. 2ᵉ édit. 1 vol. in-8, avec 56 gravures dans le texte.   6 fr.

Il est une branche d'études, la géologie, qui, jusqu'en ces derniers temps, ne demandait à l'expérience à peu près aucun contrôle. M. Stanislas Meunier, estimant que les phénomènes géologiques aussi bien que ceux de la physique, de la chimie ou de la biologie relèvent de l'expérimentation, s'est ingénié durant des années à créer des expériences propres à donner sur les circonstances des formations géologiques des lumières précises. Pour ces raisons, l'ouvrage qu'il vient de publier mérite tout particulièrement d'attirer l'attention. Il est en effet la première manifestation d'une orientation nouvelle et des plus fructueuses que vont subir les études géologiques.

G. Vitoux (le Rappel).

La nature tropicale, par J. Costantin, professeur au Muséum d'histoire naturelle. 1 vol. in-8, avec 166 gravures dans le texte. . . . .   6 fr.

L'importance sans cesse croissante des questions coloniales vient ajouter un véritable intérêt d'actualité à l'intérêt scientifique de ce livre curieux. L'auteur nous révèle tous les secrets de la végétation puissante des forêts vierges, si différentes des petits bois de nos climats, et surtout les associations de vie qui s'établissent entre les plantes les plus différentes. Comme dans les sociétés humaines, on y voit toutes les formes de la charité, du parasitisme et de la solidarité. L'ouvrage se termine par l'étude scientifique des légendes sur le déluge qui existent dans toutes les religions, et montre à quels phénomènes réels on peut les rattacher.

Introduction à l'étude de la botanique (*Le sapin*), par J. de Lanessan, professeur agrégé à la Faculté de médecine de Paris, ancien gouverneur général de l'Indo-Chine, député. 1 vol. in-8, avec 103 grav. dans le texte, 2ᵉ édit.   6 fr.

L'auteur a écrit ce livre surtout pour faire connaître au grand public les principes et les traits généraux des sciences, mais il rendra aussi service à ceux qui débutent dans l'étude de la botanique, en leur montrant que cette science ne se compose pas seulement de détails arides et fastidieux. En prenant comme sujet l'étude du *Sapin*, M. de Lanessan n'a pas voulu faire une monographie de cet arbre; il s'est proposé seulement de développer par un exemple spécial les théories les plus importantes de la Botanique.

L'origine des plantes cultivées, par A. de Candolle, correspondant de l'Institut. 1 vol. in-8, 4ᵒ édit. . . . .   6 fr.

Le but de l'auteur, digne héritier d'un nom réputé en botanique, a été de chercher l'état et l'habitation de chaque espèce avant sa mise en culture. Il a dû, pour cela, distinguer parmi les innombrables variétés, celle qu'on peut estimer la plus ancienne, et voir de quelle région du globe elle est sortie. Il montre, en outre, comment la culture des diverses espèces s'est répandue dans différentes directions, à des époques successives.

Les champignons, par Cooke et Berkeley. 1 vol. in-8, avec 110 grav., 4ᵉ éd.   6 fr.

Cet ouvrage, écrit pour les étudiants et les gens du monde, apporte des lumières sur un point de la botanique généralement ignoré. Dans la première partie, l'auteur donne d'intéressants détails sur la nature des champignons, sur leur structure et leur classification; il enseigne leurs divers usages. Il fait suivre aux lecteurs les phases successives du développement de ces cryptogames et insiste sur les phénomènes remarquables. La seconde partie, plus pratique, a trait à l'influence des champignons, à leurs habitats et à leur culture, aux procédés de récolte et de conservation généralement pratiqués. L'ouvrage est présenté aux lecteurs par M. Berkeley, dont les conseils éclairés ont encore ajouté à l'intérêt de ce livre.

L'évolution du règne végétal, par G. de Saporta, correspondant de l'Institut, et Marion, professeur à la Faculté des sciences de Marseille.

> I. *Les Cryptogames*. 1 vol. in-8, avec 85 gravures dans le texte. . . . .   6 fr.
> II. *Les Phanérogames*. 2 vol. in-8, avec 136 gravures dans le texte. . . . .   12 fr.

Depuis vingt ans que la théorie de Darwin a bouleversé toutes les théories scientifiques, bien des livres ont été consacrés à sa défense. Mais c'est la première fois qu'on trace dans son cadre un tableau d'ensemble du monde végétal. MM. de Saporta et Marion montrent comment la flore actuelle *tout entière* s'est constituée peu à peu par la transformation d'un type primitif. C'est la généalogie du règne végétal.

Les régions invisibles du globe et des espaces célestes, par A. Daubrée, membre de l'Institut. 1 vol. in-8, avec 89 gravures, 2ᵉ édit. . . . .   6 fr.

Livre écrit pour le grand public, dans lequel l'éminent professeur du Muséum fait l'étude des eaux souterraines, de la formation des roches sédimentaires ou cristallisées, des tremblements de terre, des météorites ou pierres tombées du ciel, etc. Les sources, les eaux minérales, les cours d'eau souterrains, le rôle minéralisateur de l'eau aux époques géologiques constituent autant de chapitres d'un vif intérêt. Les tremblements de terre et les météorites conduisent M. Daubrée à l'examen de la constitution du globe. En un mot, c'est bien, comme l'indique le titre, une excursion dans les régions de l'invisible. *(Les Débats.)*

Les volcans et les tremblements de terre, par Fuchs, professeur à l'Université de Heidelberg, 1 vol. in-8, avec 30 gravures et une carte en couleurs, 6e édit.. . . . . 6 fr.

On trouve dans ce livre un historique détaillé des tremblements de terre connus, des études sur les tremblements de mer, les volcans boueux et les geysers, une description pétrographique des laves; enfin il se termine par une description géographique des volcans, comprenant une énumération complète et tenant compte de toutes les découvertes et de tous les événements récents.

Le pétrole, le bitume et l'asphalte, par A. Jaccard, professeur de géologie à l'Académie de Neuchâtel. 1 vol. in-8, avec 70 gravures dans le texte. . 6 fr.

M. Jaccard fait dans ce livre l'histoire critique de toutes les théories scientifiques relatives au pétrole, décrit son mode de formation, expose la découverte successive de ses gisements dans les deux mondes. Il fait ensuite l'histoire du bitume et de l'asphalte. Enfin il cherche à déterminer l'avenir industriel du pétrole. De nombreuses figures placées dans le texte permettent notamment de suivre les descriptions des principaux gisements géologiques.

La géologie comparée, par Stanislas Meunier, professeur au Muséum d'histoire naturelle. 1 vol. in-8, avec 35 gravures dans le texte. . . . . . . 6 fr.

L'étude des météorites, qui sont des échantillons de masses extra-terrestres, et les renseignements de plus en plus abondants que nous fournit l'astronomie physique. aidée par l'analyse spectrale, sur la constitution des corps célestes, permettent d'entrevoir une géologie considérable, dont la géologie terrestre forme un cas particulier. C'est ce nouveau chapitre de la science que le savant professeur du Muséum s'attache, depuis des années, à développer et à constituer en corps de doctrine. Il en a donné un excellent résumé dans le volume que nous avons sous les yeux.

(Revue des Deux Mondes.)

La géologie générale, par *le même*. 1 vol. in-8, avec 43 grav. dans le texte. 6 fr.

L'auteur débute par un exposé de l'évolution des idées en géologie générale pendant le xixe siècle et passe en revue les théories de Cuvier, de Lyell, de Constant Prévost et de leurs écoles, pour aboutir à l'activisme qui constitue à l'heure actuelle le dernier stade de cette évolution. Pour justifier cette doctrine qu'il a faite sienne, il étudie les principaux phénomènes actuels en essayant de retrouver pour chacun d'eux la cause prochaine d'où ils dérivent. Il recherche ensuite dans les dépôts des époques antérieures à la nôtre, des témoignages analogues à ceux qu'il a ainsi interprétés, puis il examine si toutes les actions actuelles se sont fait sentir alors et si, à leur influence, ne s'est pas ajoutée celle des causes qui n'agiraient plus maintenant.

Il établit ainsi, pour ainsi dire, la physiologie tellurique de l'époque actuelle et la physiologie comparée des époques précédentes, et fait enfin ressortir entre les unes et les autres les points communs et les contrastes dont se dégage, comme d'elle-même. toute la philosophie de la géologie.

VII. — PHYSIQUE

Les glaciers et les transformations de l'eau, par J. Tyndall, professeur de chimie à l'Institution royale de Londres; suivi d'une étude sur le même sujet, par Helmholtz, professeur à l'Université de Berlin. 1 vol. in-8, avec 27 gravures dans le texte et 8 planches tirées à part sur papier teinté, 6e édit. . . . 6 fr.

La conservation de l'énergie, par Balfour Stewart, professeur de physique au Collège Owen de Manchester (Angleterre); suivi d'une étude sur la *Nature de la force*, par P. de Saint-Robert (de Turin). 1 vol. in-8, 6e édit. 6 fr.

La matière et la physique moderne, par Stallo; précédé d'une préface par Ch. Friedel, de l'Institut, professeur à la Faculté des sciences de Paris. 1 vol. in-8, 3e édit.. . . . . 6 fr.

L'auteur critique, au point de vue purement expérimental, les principales théories de la science contemporaine : la théorie mécanique de la chaleur, la théorie atomique, etc., enfin les surprenantes doctrines des géomètres allemands et italiens sur l'espace à quatre dimensions. M. Friedel a placé en tête de ce livre une préface où il prend la défense de l'École atomique dont il est le chef incontesté en France depuis la mort de Wurtz.

VIII. — CHIMIE

La synthèse chimique, par M. BERTHELOT, membre de l'Institut, professeur de chimie organique au Collège de France. 1 vol. in-8, 9ᵉ édit. . . . . . . 6 fr.

C'est en 1860 que M. Berthelot a exposé, pour la première fois, les méthodes et les résultats généraux de la synthèse chimique appliquée aux matériaux immédiats des êtres organisés, et qu'il a fait connaître au monde savant les procédés qu'il avait découverts pour réaliser les combinaisons de carbone et d'hydrogène.

Il était bon que ces principes de la synthèse organique qui ont pris une place si importante dans le domaine de la chimie et qui, chaque jour, produisent des découvertes nouvelles, fussent mis à la portée du grand public.

La théorie atomique, par AD. WURTZ, membre de l'Institut, professeur à la Faculté des sciences et à la Faculté de médecine de Paris. Précédé d'une introduction sur *la Vie et les travaux* de l'auteur, par CH. FRIEDEL, de l'Institut. 1 vol. in-8, 8ᵉ édit. . . . . 6 fr.

Dans cet ouvrage, le chef de l'Ecole atomique française, Ad. Wurtz, résume l'ensemble des travaux et des théories qui ont rendu son nom célèbre dans toute l'Europe savante. Il expose le développement successif des théories chimiques depuis Dalton, Gay-Lussac, Berzélius et Proust, jusqu'à Dumas, Laurent et Gerhardt, Avogrado, Mendeleef, et termine par les études les plus curieuses et les plus nouvelles sur la constitution des corps et la nature de la matière.

Les fermentations, par P. SCHUTZENBERGER, membre de l'Institut, professeur de chimie au Collège de France. 1 vol. in-8, avec 28 grav., 6ᵉ édition refondue.   6 fr.

M. Schutzenberger a divisé son travail en deux parties : dans la première, il traite des fermentations attribuées à l'intervention d'un ferment organisé ou figuré, telles sont les fermentations alcoolique, visqueuse, lactique, ammoniacale, butyrique et par oxydation ; la seconde partie est consacrée aux fermentations provoquées par des produits solubles, élaborés par les organismes vivants.

Microbes, ferments et moisissures, par le Dʳ L. TROUESSART. 1 vol. in-8, avec 107 gravures dans le texte, 2ᵉ édit. 6 fr.

Le rôle des microbes intéressant chacun de nous, il fallait un livre où l'avocat, forcé de traiter en face d'experts une question d'hygiène, l'ingénieur, l'architecte, l'industriel, l'agriculteur, l'administrateur, pussent trouver des notions claires et précises sur les questions d'hygiène pratique se rattachant à l'étude des microbes, notions qu'ils trouveraient difficilement, dispersées qu'elles sont dans les livres destinés aux médecins ou aux botanistes de profession. Bien qu'il ne soit pas écrit spécialement pour ces derniers, ce livre peut cependant leur être d'une grande utilité.

Il a été donné une large place à la partie botanique, trop souvent négligée dans les ouvrages de pathologie microbienne.

La révolution chimique. Lavoisier, par M. BERTHELOT. 1 vol. in-8, ill., 2ᵉ éd. 6 fr.

A côté de la Révolution politique de 1789, il y a donc eu une révolution chimique, personnifiée par Lavoisier, et qui sépare deux mondes scientifiques entièrement différents par leurs méthodes, leur esprit et leurs principes. C'est cette révolution que raconte M. Berthelot.

L'ouvrage se termine par des notices et extraits des registres inédits du laboratoire de Lavoisier qui offrent un intérêt particulier en mettant le lecteur en présence de la méthode de travail de l'illustre savant.

La photographie et la photochimie, par G.-H. NIEWENGLOWSKI, préparateur à la Faculté des sciences de Paris, directeur du journal *La Photographie*. 1 vol. in-8, avec 128 gravures dans le texte et 1 planche en phototypie hors texte. 6 fr.

Les principes de photochimie qui sont la base des procédés photographiques sont d'abord décrits aussi clairement que possible. L'auteur passe ensuite en revue les diverses phases des nombreuses recherches qui ont abouti à la fixation des images de la chambre noire, avec leur triple caractère de forme, de couleurs et de mouvement, et donne un aperçu des nombreuses applications de l'invention française la plus féconde de ce siècle. Les travaux les plus récents sont analysés dans cet ouvrage ; c'est ainsi que des chapitres ont été réservés à *l'art photographique*, à la *photographie directe et indirecte des couleurs*, à la *chromo-photographie* et au *cinématographe*, à la *photographie de l'invisible*, aux *rayons de Rœntgen* et aux radiations qui s'en rapprochent par leurs propriétés. Les applications de la photographie à *l'astronomie*, à *l'art militaire*, aux *sciences physiques*, *naturelles et médicales,* à la *décoration*, etc., font aussi l'objet de chapitres spéciaux.

L'eau dans l'alimentation, par le Dr F. MALMÉJAC, pharmacien de l'armée, docteur en pharmacie. Préface de M. SCHLAGDENHAUFFEN, directeur honoraire de l'Ecole supérieure de pharmacie de Nancy. 1 vol. in-8, avec gravures. . 6 fr.

La question de l'eau de boisson occupe aujourd'hui une place capitale en hygiène et il n'est pas trop de la géologie, de la chimie et de la bactériologie pour la résoudre. Ce sont les résultats de toutes les recherches entreprises depuis vingt ans que M. Malméjac expose; il a également consigné des travaux personnels encore inédits; ainsi composé, le livre résume fidèlement les connaissances que toute personne instruite doit posséder sur la matière. Nul n'oserait, en effet, se désintéresser d'une question qui a pour but de débarrasser à jamais le genre humain des redoutables épidémies d'origine hydrique et, comme conséquence, de faire diminuer dans de grandes proportions la mortalité.

IX. — ASTRONOMIE — MÉCANIQUE

Les étoiles. *Notions d'astronomie sidérale*, par le Père A. SECCHI, directeur de l'Observatoire du Collège romain. 2 vol. in-8, avec 68 gravures dans le texte et 16 planches en noir et en couleurs, 3e édit. . . . . 12 fr.

L'auteur, après avoir décrit l'aspect général du ciel, étudie toutes les questions qui se rattachent à la grandeur des étoiles, à la distance qui les sépare de nous, à leur couleur, à leurs changements d'éclat et de teinte. Un chapitre est consacré au soleil, qui appartient à la classe des étoiles variables. Il aborde ensuite l'histoire des nébuleuses, l'étude et la détermination des mouvements propres des étoiles. Il est ainsi conduit à traiter de l'immensité de l'espace stellaire, du nombre des étoiles, des distances qui les séparent de nous et de celles qui les séparent les unes des autres. Enfin, dans un dernier chapitre, le P. Secchi expose ses vues sur la constitution de l'univers.

Histoire de la machine à vapeur, de la locomotive et des bateaux à vapeur, par R. THURSTON, professeur de mécanique à l'Institut technique de Hoboken, près New-York ; revue, annotée et augmentée d'une Introduction, par M. HIRSCH, ingénieur en chef des ponts et chaussées, professeur de machines à vapeur à l'École des ponts et chaussées de Paris. 2 vol. in-8, avec 160 gravures dans le texte et 16 planches à part. 3e édit. . . . . 12 fr.

On peut dire que l'industrie moderne tout entière dérive de la machine à vapeur, et cependant l'histoire de ce merveilleux engin n'avait pas encore été écrite d'une manière complète. M. Thurston a comblé cette lacune. Cet ouvrage est orné de 16 planches, d'une foule de portraits d'inventeurs, et d'une immense figure représentant tous les types de machines à vapeur, de bateaux à vapeur ou de locomotives depuis les premières tentatives de l'antiquité jusqu'aux perfectionnements les plus récents.

Les aurores polaires, par A. ANGOT, météorologiste titulaire au Bureau météorologique de France. 1 vol. in-8, avec 15 gravures dans le texte et hors texte. 6 fr.

Les aurores boréales, que M. Angot appelle avec raison aurores polaires, puisqu'elles se produisent aussi bien au pôle sud qu'au pôle nord, et descendent même de temps à autre dans les latitudes tempérées, forment l'un des sujets les plus curieux des sciences physiques. M. Angot les décrit, en fait l'histoire, en discute la théorie, avec la clarté de style et l'élégance d'exposition qui lui ont donné une place éminente dans la littérature scientifique comme dans la science technique. Des gravures, exécutées avec le plus grand soin, représentent les plus belles aurores boréales observées.

X. — BEAUX-ARTS

Les débuts de l'art, par E. GROSSE, professeur à l'Université de Fribourg-en-Brisgau. Traduit de l'allemand par *A. Dirr*. Introduction de M. *L. Marillier*. 1 vol. in-8, avec 32 gravures dans le texte et 3 planches hors texte. . . 6 fr.

L'art, à ses débuts, a été nettement réaliste, visant seulement à représenter, de façon exacte, les principaux faits de la vie courante. Ce sont des facteurs secondaires qui ont fait naître la tendance à la simplification, au choix entre les détails, au *style.* Rien de tout cela n'a existé dans les reproductions premières des objets que l'homme voyait tous les jours. L'ouvrage de M. Grosse est conçu sur un plan des plus simples :

après une étude préliminaire sur *le but et la voie de la science de l'art,* sur *les peuples primitifs,* et sur *l'art* en général, l'auteur examine *la parure, l'art ornementaire, la sculpture et la peinture, la danse, la poésie, la musique*; une *conclusion* rapide permet de mesurer l'étendue du champ parcouru.

Les idées maîtresses de l'ouvrage, inséparablement unies les unes aux autres, consistent essentiellement en cette notion que, pour s'élever à la dignité de science, la connaissance d'un ensemble de faits ou d'individus doit être surtout explicative; or, nulle part cette méthode ne trouve de plus utiles applications que dans le domaine de l'art. Écrit en une langue alerte, le livre de M. Grosse est accessible à tous : il intéressera les savants, et les hommes les moins initiés aux recherches et aux méthodes de l'ethnographie comparée pourront le lire sans un instant d'ennui, sans un effort d'attention.

La céramique ancienne et moderne, par E. GUIGNET, directeur des teintures
à la manufacture des Gobelins, et E. GARNIER, conservateur du Musée de la manufacture de Sèvres. 1 vol. in-8, avec 100 gravures dans le texte. . . . . 6 fr.

Ce gros livre est formé de deux parties distinctes : un manuel des procédés de fabrication employés par les céramistes, et une histoire rétrospective de la céramique. La première de ces deux parties est l'œuvre de M. Guignet, directeur des teintures aux manufactures des Gobelins, et c'est M. Garnier, l'éminent conservateur du Musée de Sèvres, qui s'est chargé d'écrire la seconde. Tous deux se sont, comme on pouvait le prévoir, acquittés de leur tâche avec beaucoup de conscience. L'ensemble de l'ouvrage est d'un extrême intérêt, aussi bien pour les fabricants que pour les collectionneurs.

(Illustration.)

Le son et la musique, par P. BLASERNA, professeur à l'Université de Rome;
suivi des *Causes physiologiques de l'harmonie musicale,* par H. HELMHOLTZ, prof.
à l'Univ. de Berlin. 1 vol. in-8, avec 41 gravures dans le texte, 5e édit. 6 fr.

Ce livre n'a pas la prétention de donner une description complète des phénomènes sonores, ni d'exposer toute l'histoire des lois musicales; l'auteur a cherché seulement à réunir deux sujets qui jusqu'alors avaient été traités séparément. Exposer brièvement les principes fondamentaux de l'acoustique et en montrer les plus importantes applications, tel est le but de cet ouvrage. Il se trouve présenter ainsi un grand intérêt pour ceux qui aiment à la fois l'art et la science.

Principes scientifiques des beaux-arts, par E. BRUCKE, professeur à l'Université de Vienne; suivi de *l'Optique et les Arts,* par H. HELMHOLTZ, professeur à l'Université de Berlin. 1 vol. in-8, avec 39 gravures, 4e édit. . . . . . . 6 fr.

Dans ce volume sont réunies les recherches principales de deux savants, MM. Brucke et Helmholtz, et les matériaux qui y sont contenus montrent, par leur diversité et leur importance, que la peinture et la sculpture ne perdent rien à devenir savantes tout en demeurant artistiques. *La perspective, la distribution de la lumière et des ombres, la couleur avec ses harmonies et ses contrastes,* sont autant de sujets scientifiques que les peintres ne sauraient se dispenser d'étudier. Les auteurs donnent également d'intelligents conseils sur le mode d'*éclairement des modèles* qui est déterminé par des lois rigoureuses et dont on ne s'écarte qu'au détriment de la vérité des effets; ils traitent également la question connexe de l'*éclairement des galeries de tableaux.*

Théorie scientifique des couleurs et leurs applications aux arts et à l'industrie, par O.-N. ROOD, professeur de physique à Columbia-College de New-York (Etats-Unis). 1 vol. in-8, avec 130 gravures dans le texte et une planche en couleurs, 2e édit. . . . . 6 fr.

Ce livre convient à la fois, grâce aux aptitudes variées de son auteur, aux artistes et aux gens du monde. On y trouve, sous une forme accessible, l'exposé des diverses théories sur les couleurs et sur leur perception dans l'œil humain, ainsi que les applications si variées et si curieuses de beaucoup de ces théories dans l'industrie. Enfin le rôle des couleurs dans la peinture, les moyens de les employer et l'étude des divers genres, forment une partie importante de l'ouvrage.

LISTE GÉNÉRALE PAR ORDRE D'APPARITION DES 101 VOLUMES
DE LA

BIBLIOTHÈQUE SCIENTIFIQUE INTERNATIONALE

1. TYNDALL. Les Glaciers et les Transformations de l'eau, *illustré*. 7e éd.
2. BAGEHOT. Lois scientifiques du développement des nations. 6e éd.
3. MAREY. La Machine animale, *illustré*. 6e éd.
4. BAIN. L'Esprit et le Corps. 6e éd.
5. PETTIGREW. La Locomotion chez les animaux, *illustré*. 2e éd.
6. HERBERT SPENCER. Introduction à la science sociale. 13e éd.
7. SCHMIDT. Descendance et Darwinisme, *ill.* 6e éd.
8. MAUDSLEY. Le Crime et la Folie. 7e éd.
9. VAN BENEDEN. Les Commensaux et les Parasites du règne animal, *illustré*. 4e éd.
10. BALFOUR STEWART. La Conservation de l'énergie, *illustré*. 6e éd.
11. DRAPER. Les Conflits de la science et de la religion. 11e éd.
12. LÉON DUMONT. Théorie scientifique de la sensibilité. 4e éd.
13. SCHUTZENBERGER. Les Fermentations, *illustré*. 6e éd..refondue.
14. WHITNEY. La vie du langage. 4e éd.
15. COOKE et BERKELEY. Les Champignons, *ill.* 4e éd.
16. BERNSTEIN. Les Sens, *illustré*. 5e éd.
17. BERTHELOT. La Synthèse chimique. 9e éd.
18. NIEWENGLOWSKI. La Photographie et la Photochimie, *illustré*.
19. LUYS. Le Cerveau et ses Fonctions, *illustré*. 7e éd.
20. STANLEY JEVONS. La Monnaie et le Mécanisme de l'échange. 5e éd.
21. FUCHS. Volcans et Tremblements de terre, *illustré*. 6e éd.
22. BRIALMONT (le général). La Défense des États et les Camps retranchés. (*Épuisé*.)
23. DE QUATREFAGES. L'Espèce humaine. 13e éd.
24. P. BLASERNA et HELMHOLTZ. Le Son et la Musique, *illustré*. 5e éd.
25. ROSENTHAL. Les Nerfs et les Muscles. (*Épuisé*.)
26. BRUCKE et HELMHOLTZ. Principes scientifiques des Beaux-Arts, *illustré*. 4e éd.
27. WURTZ. La Théorie atomique. 8e éd.
28-29. SECCHI (le Père). Les Étoiles, 2 vol. *illust.* 3e éd.
30. JOLY. L'Homme avant les métaux. (*Épuisé*.)
31. A. BAIN. La Science de l'éducation. 10e éd.
32-33. THURSTON. Histoire de la machine à vapeur, 2 vol. *illustrés*. 3e éd.
34. HARTMANN. Les Peuples de l'Afrique. (*Épuisé*.)
35. HERBERT SPENCER. Les Bases de la morale évolutionniste. 6e éd.
36. HUXLEY. L'Écrevisse (Introduction à la zoologie), *illustré*. 2e éd.
37. DE ROBERTY. La Sociologie. 3e éd.
38. ROOD. Théorie scientifique des couleurs, *ill.* 2e éd.
39. DE SAPORTA et MARION. L'Évolution du règne végétal (les Cryptogames), *illustré*.
40-41. CHARLTON BASTIAN. Le Cerveau et la Pensée chez l'homme et les animaux, 2 vol. *illustrés*. 2e éd.
42. JAMES SULLY. Les Illusions des sens et de l'esprit, *illustré*. 3e éd.
43. YOUNG. Le Soleil. (*Épuisé*.)
44. DE CANDOLLE. Origine des plantes cultivées. 4e éd.
45-46. LUBBOCK. Fourmis, Abeilles et Guêpes. (*Ép.*)
47. PERRIER. La Philosophie zoologique avant Darwin. 3e éd.
48. STALLO. Matière et Physique moderne. 3e éd.
49. MANTEGAZZA. La Physionomie et l'Expression des sentiments, *illustré*. 3e éd.

50. DE MEYER. Les Organes de la parole et leur emploi pour la formation des sons du langage, *ill.*
51. DE LANESSAN. Le Sapin, *illustré*. 2e éd.
52-53. DE SAPORTA et MARION. L'Évolution du règne végétal (les Phanérogames), 2 vol. *illustrés*.
54. TROUESSART. Les Microbes, les Ferments et les Moisissures, *illustré*. 2e éd.
55. HARTMANN. Les Singes anthropoïdes, leur organisation comparée à celle de l'homme, *illustré*.
56. SCHMIDT. Les Mammifères dans leurs rapports avec leurs ancêtres géologiques, *illustré*.
57. BINET et FÉRÉ. Le Magnétisme animal, *ill.* 4e éd.
58-59. ROMANES. L'Intelligence des animaux, 2 vol. *illustrés*. 3e éd.
60. LAGRANGE. Physiologie des exercices du corps. 8e éd.
61. DREYFUS. L'Évolution des mondes et des sociétés.
62. DAUBRÉE. Les Régions invisibles du globe et des espaces célestes, *illustré*. 2e éd.
63-64. LUBBOCK. L'Homme préhistorique, 2 vol. *illustrés*. 4e éd.
65. RICHET. La Chaleur animale, *illustré*.
66. FALSAN. La Période glaciaire. (*Épuisé*.)
67. BEAUNIS. Les Sensations internes.
68. CARTAILHAC. La France préhistorique, *ill.* 2e éd.
69. BERTHELOT. La Révolution chimique. 2e éd.
70. LUBBOCK. Sens et instincts des animaux, *illustré*.
71. STARCKE. La Famille primitive.
72. ARLOING. Les Virus, *illustré*.
73. TOPINARD. L'Homme dans la nature, *illustré*.
74. BINET (ALF.). Les Altérations de la personnalité. 2e éd.
75. DE QUATREFAGES. Darwin et ses précurseurs français. 2e éd.
76. ANDRÉ LEFÈVRE. Les Races et les Langues.
77-78. DE QUATREFAGES. Les Émules de Darwin.
79. BRUNACHE. Le Centre de l'Afrique, *illustré*.
80. ANGOT. Les Aurores polaires, *illustré*.
81. JACCARD. Le Pétrole, l'Asphalte et le Bitume, *ill.*
82. STANISLAS MEUNIER. La Géologie comparée, *ill.*
83. LE DANTEC. Théorie nouvelle de la vie, *ill.* 2e éd.
84. DE LANESSAN. Principes de colonisation.
85. DEMOOR, MASSART et VANDERVELDE. L'Évolution régressive, *illustré*.
86. DE MORTILLET. Formation de la nation française, *illustré*. 2e éd.
87. G. ROCHÉ. La culture des mers, *illustré*.
88. COSTANTIN. Les végétaux et les milieux cosmiques (adaptation, évolution), *illustré*.
89. LE DANTEC. L'Évolution individuelle et l'hérédité.
90. E. GUIGNET et E. GARNIER. La Céramique ancienne et moderne, *illustré*.
91. E. GELLÉ. L'audition et ses organes, *illustré*.
92. STAN. MEUNIER. La Géologie expérimentale, *ill.*
93. COSTANTIN. La Nature tropicale, *illustré*.
94. GROSSE. Les débuts de l'art, *illustré*.
95. GRASSET. Les maladies de l'orientation et de l'équilibre, *illustré*.
96. DEMENY. Les bases scientifiques de l'éducation physique, *illustré*. 2e éd.
97. MALMÉJAC. L'eau dans l'alimentation.
98. STANISLAS MEUNIER. La géologie générale, *ill.*
99. DEMENY. Mécanisme et éducation des mouvements, *illustré*.
100. BOURDEAU. Hist. de l'habillement et de la parure.
101. MOSSO. Le corps robuste et l'esprit dispos.

Prix de chaque volume, cartonné à l'anglaise **6 fr.**, hormis le volume 99, vendu **9 fr.**

6-01. — Coulommiers. Imp. PAUL BRODARD. — 1-04.